高职高专计算机教学改革 新体系 教材

数据库应用技术

李 可 王 杰 主编
蔡 斌 杨媛媛 副主编

清华大学出版社
北京

内 容 简 介

基于当前市场对接信创数据库技术的需要，本书以SQL语言作为重点内容，以项目化实践为手段，采用10个实践性项目，以逐级加深的形式进行数据库应用技术相关内容的展开。本书按照人们的认知规律，将内容由浅入深分为四级，并分别对应不同的项目或项目组合。

本书配备立体化资源，包括微课视频、课件、源代码、习题等配套资源，读者可根据自身的基础和技术需求，进行学习内容的灵活选择。

本书封面贴有清华大学出版社防伪标签，无标签者不得销售。
版权所有，侵权必究。举报：010-62782989，beiqinquan@tup.tsinghua.edu.cn。

图书在版编目(CIP)数据

数据库应用技术/李可,王杰主编. —北京：清华大学出版社,2023.8(2024.3重印)
高职高专计算机教学改革新体系教材
ISBN 978-7-302-64188-9

Ⅰ.①数… Ⅱ.①李…②王… Ⅲ.①数据库系统一高等职业教育一教材 Ⅳ.①TP311.132.3

中国国家版本馆 CIP 数据核字(2023)第 135477 号

责任编辑：颜廷芳	
封面设计：常雪影	
责任校对：袁 芳	
责任印制：丛怀宇	

出版发行：清华大学出版社
    网　　址：https://www.tup.com.cn，https://www.wqxuetang.com
    地　　址：北京清华大学学研大厦A座   邮　　编：100084
    社 总 机：010-83470000   邮　　购：010-62786544
    投稿与读者服务：010-62776969，c-service@tup.tsinghua.edu.cn
    质 量 反 馈：010-62772015，zhiliang@tup.tsinghua.edu.cn
    课 件 下 载：https://www.tup.com.cn,010-83470410
印 装 者：涿州汇美亿浓印刷有限公司
经　　销：全国新华书店
开　　本：185mm×260mm 印　张：16.5 字　数：397千字
版　　次：2023年9月第1版   印　次：2024年3月第3次印刷
定　　价：49.00元

产品编号：101155-01

前　言

　　党的二十大报告指出,推进职普融通、产教融合、科教融汇,优化职业教育类型定位,对职业教育发展提出了新要求。目前,数据库管理系统广泛应用于公安、电力、铁路、航空、审计、通信、金融、海关、国土资源、电子政务等多个领域,为国家机关、各级政府和企业信息化建设发挥了积极作用。数据库技术作为计算机信息系统与应用系统的核心技术和重要基础,近年来是我国信息技术应用创新产业的重点发展对象,也是信息类专业人员应掌握的基础技术。

　　大多数的数据库课程往往从理论开始,或从数据库的设计开始,这导致课程的学习效率较低,技术迁移能力弱,一旦换一种产品就无从下手。究其原因,就在于该课程的学习者对学习对象"数据库"是没有感性认知基础的。所以,本书最大的特色就在于为学习者先建立感性认知基础,再推进理性认知发展。

　　为此,我们采用螺旋式的教学法,可帮助学习者逐级加深对数据库系统的认识和理解。同时结合项目式教学,将学习置于具体的工作情景中。

　　在螺旋认知曲线的第一级是先结合简单易学的可视化工具介绍数据库的基础应用,以建立感性认知基础。基于感性认知,再结合相关基本理论的学习,这一过程对应本书的项目1和项目2。螺旋认知曲线的第二级是介绍数据库领域的通用技能——SQL语言的使用,为学生以后学习不同的数据库产品(特别是信创数据库)打下坚实的基础。这一过程对应本书的项目3～项目8。螺旋认知曲线的第三级是介绍更具难度的数据库设计技能。在这里将会涉及数据库规范化理论,以及关系数据模型理论等。这一过程对应本书的项目9。螺旋认知曲线的第四级是介绍数据库技能的迁移,为学习者开启信创数据库应用技术的大门,对应本书的项目10。

　　为提高学习效率,项目2～项目8的应用场景均采用学生熟悉的"学生选课"业务,使用统一的数据逻辑结构。项目9介绍数据库设计的方法和范式,其实操过程则是完成一份数据库设计说明书,使理论学习最终又落实为具体的实践过程。

　　经过对本书内容的精心设计和编排,大大降低了学习门槛,提升了学习效果。另外,本书依托"广东省精品资源共享课",配套的视频、课件、习题均可在课程网站获取到。

　　编者在本书的编写过程中参阅了大量的图书和文献资料,在此向参考资料的作者表示衷心的感谢。

　　由于编者水平有限,疏漏与不足之处在所难免,希望各位专家、读者和老师批评、指正。

编　者
2023 年 6 月

课程学习网址

目　录

项目1　数据库系统安装 ………………………………………………………… 1

　任务1.1　数据库管理系统的安装和配置 ………………………………… 1
　　1.1.1　相关知识 ……………………………………………………… 1
　　1.1.2　项目实施 ……………………………………………………… 11
　任务1.2　启动和连接数据库系统 ………………………………………… 20
　　1.2.1　相关知识 ……………………………………………………… 20
　　1.2.2　任务实施 ……………………………………………………… 22
　　1.2.3　知识拓展：MySQL Workbench ………………………………… 24

项目2　数据库基础应用——基于图形界面 ………………………………… 26

　任务2.1　创建和修改数据库 ……………………………………………… 26
　　2.1.1　相关知识 ……………………………………………………… 26
　　2.1.2　任务实施 ……………………………………………………… 28
　任务2.2　数据表管理 ……………………………………………………… 30
　　2.2.1　相关知识 ……………………………………………………… 30
　　2.2.2　任务实施 ……………………………………………………… 35
　任务2.3　数据约束的使用 ………………………………………………… 40
　　2.3.1　相关知识 ……………………………………………………… 40
　　2.3.2　任务实施 ……………………………………………………… 41
　任务2.4　图形界面下管理数据 …………………………………………… 45
　　2.4.1　相关知识 ……………………………………………………… 45
　　2.4.2　任务实施 ……………………………………………………… 46
　任务2.5　图形界面下管理用户与权限 …………………………………… 48
　　2.5.1　相关知识 ……………………………………………………… 48
　　2.5.2　任务实施 ……………………………………………………… 49

项目3　SQL基础应用 ………………………………………………………… 53

　任务3.1　SQL创建和管理数据库 ………………………………………… 53
　　3.1.1　相关知识点 …………………………………………………… 53

3.1.2　项目实施 ………………………………………………………………… 55
　任务3.2　变量、运算符、函数的使用 ……………………………………………… 60
　　　3.2.1　相关知识点 ………………………………………………………………… 60
　　　3.2.2　项目实施 ………………………………………………………………… 67

项目4　使用 SQL 添加、删除、更新数据 …………………………………………… 71

　任务4.1　数据表插入数据 …………………………………………………………… 73
　　　4.1.1　相关知识点：INSERT 语句语法 ……………………………………… 73
　　　4.1.2　项目实施 ………………………………………………………………… 74
　　　4.1.3　知识拓展：CREATE TABLE…SELECT 语句 ……………………… 75
　任务4.2　数据表更新数据 …………………………………………………………… 76
　　　4.2.1　相关知识点：UPDATE 语句语法 …………………………………… 76
　　　4.2.2　项目实施 ………………………………………………………………… 76
　任务4.3　数据表删除数据 …………………………………………………………… 79
　　　4.3.1　相关知识点：DELETE 语句语法 …………………………………… 79
　　　4.3.2　项目实施 ………………………………………………………………… 79

项目5　查询数据 ……………………………………………………………………… 82

　任务5.1　查询语句入门 ……………………………………………………………… 83
　　　5.1.1　相关知识点 ………………………………………………………………… 83
　　　5.1.2　项目实施 ………………………………………………………………… 85
　　　5.1.3　拓展知识：LIMIT 子句的使用 ………………………………………… 87
　任务5.2　设定查询条件 ……………………………………………………………… 87
　　　5.2.1　相关知识点 ………………………………………………………………… 87
　　　5.2.2　任务实施 ………………………………………………………………… 91
　　　5.2.3　知识拓展：关于通配符的深入讨论 ……………………………………… 94
　任务5.3　分组统计查询 ……………………………………………………………… 95
　　　5.3.1　相关知识点 ………………………………………………………………… 95
　　　5.3.2　项目实施 ………………………………………………………………… 96
　　　5.3.3　知识拓展：使用 AS 子句为查询结果建立新表 ………………………… 99
　任务5.4　内连接查询 ………………………………………………………………… 100
　　　5.4.1　相关知识点 ………………………………………………………………… 100
　　　5.4.2　项目实施 ………………………………………………………………… 103
　任务5.5　交叉连接和外连接查询 …………………………………………………… 107
　　　5.5.1　相关知识点 ………………………………………………………………… 107
　　　5.5.2　项目实施 ………………………………………………………………… 108
　任务5.6　嵌套查询 …………………………………………………………………… 110
　　　5.6.1　相关知识点 ………………………………………………………………… 110
　　　5.6.2　项目实施 ………………………………………………………………… 114

5.6.3　拓展知识：在 DML 语句中使用子查询 ················· 118

项目6　使用 SQL 语言管理数据库对象 ························ 120

　任务6.1　使用 SQL 语言创建表 ····························· 120
　　6.1.1　相关知识点 ································· 120
　　6.1.2　任务实施 ·································· 121

　任务6.2　使用 SQL 语言修改表 ····························· 125
　　6.2.1　相关知识点 ································· 125
　　6.2.2　任务实施 ·································· 127
　　6.2.3　知识拓展：关于表中约束的命名及查看 ················· 133

　任务6.3　索引的添加与删除 ······························· 135
　　6.3.1　相关知识点 ································· 135
　　6.3.2　任务实施 ·································· 140

　任务6.4　视图的添加与删除 ······························· 144
　　6.4.1　相关知识点 ································· 144
　　6.4.2　任务实施 ·································· 147

项目7　DCL 管理用户与权限 ····························· 153

　任务7.1　用户管理 ··································· 153
　　7.1.1　相关知识点 ································· 153
　　7.1.2　任务实施 ·································· 154

　任务7.2　权限管理 ··································· 157
　　7.2.1　相关知识点 ································· 157
　　7.2.2　任务实施 ·································· 158

项目8　数据库恢复 ································· 161

　任务8.1　数据库事务管理 ······························· 161
　　8.1.1　相关知识点 ································· 161
　　8.1.2　任务实施 ·································· 165

　任务8.2　命令方式备份/恢复数据库 ·························· 174
　　8.2.1　相关知识点 ································· 174
　　8.2.2　任务实施 ·································· 175

　任务8.3　Navicate 备份/恢复数据库 ·························· 179
　　8.3.1　相关知识点 ································· 179
　　8.3.2　任务实施 ·································· 179
　　8.3.3　拓展提升：物理文件备份方法 ······················ 185

项目9　数据库设计项目 ······························· 186

　任务9.1　应用系统结构布局 ······························ 186

  9.1.1 相关知识 …… 186
  9.1.2 任务实施 …… 187
 任务9.2 数据库设计 …… 201
  9.2.1 相关知识点 …… 201
  9.2.2 任务实施 …… 211
 任务9.3 关系规范化 …… 215
  9.3.1 相关知识点 …… 215
  9.3.2 项目实施 …… 218
  9.3.3 知识拓展：关系模型理论与关系代数 …… 220

项目10 信创数据库入门 …… 233

 任务10.1 达梦数据库的安装与配置 …… 233
  10.1.1 相关知识 …… 233
  10.1.2 任务实施 …… 235
 任务10.2 达梦数据库的启动和连接 …… 245
  10.2.1 相关知识 …… 245
  10.2.2 任务实施 …… 245
 任务10.3 openGauss数据库的安装 …… 251
  10.3.1 相关知识点 …… 251
  10.3.2 任务实施 …… 253

参考文献 …… 255

项目 1

数据库系统安装

◆ **项目提出**

要使用数据库,一般有两种方式,方式 1 是在设备上安装好数据库管理系统,然后使用客户端进行本地或者远程的连接并获取数据库服务,这也是比较传统的做法,代表性的产品有 MySQL 数据库、达梦数据库、Oracle 数据库等。而方式 2 是采购远程的云数据库服务,这是随着网络通信能力的提升和云技术的发展在近些年才出现的一种产品服务形式。代表的产品有华为的 GaussDB 数据库。安装数据库是计算机专业技术人员必备的基础技能,从数据库管理系统的安装开始学习数据库技术也是非常有必要的。

◆ **项目分析**

人们在开始接触数据库时,就会遇到各种各样的术语,如数据库、数据库技术、数据库系统、数据库管理系统等都是在行业中工作、交流经常要使用的术语。正确使用术语是专业人士的基本修养,也是后续开展工作和继续学习所必需的基础,所以应首先规范术语和概念。

其次要使用数据库,首先要确定使用什么产品,而数据库技术经过多年的发展和技术衍化,产品类型、品牌繁多,因此,需要从总体上对该项技术的起源、发展脉络以及今后的技术趋势有一个总体的了解,同时要对我国信创数据库技术发展有所了解,才能为具体的应用场景进行产品选型。

最后要确定获取数据库服务的方式。上文所述的第 1 种方式仍然是目前大部分企业更倾向于采用的。所以,在对数据库选型之后,数据库管理系统的安装和配置往往也是必不可少的步骤,也是专业人士必须掌握的基本技能。

任务 1.1　数据库管理系统的安装和配置

1.1.1　相关知识

1. 数据库的概念

数据库技术是信息系统的核心技术,是一种计算机辅助管理数据的方法,它研究如何组织和存储数据,如何高效地获取和处理数据。即数据库技术是研究、管理和应用数据库的一门软件科学。

(1) 数据。数据(Data)是人们用来反映客观世界而记录下来的可以鉴别的数字、字母、符号、图形、声音、图像、视频信号等的总称。我们这里所说的数据是经编码后可存入计算机中进行相关处理的符号集合。数据一般分为数值型数据和

数据库的概念

非数值数据两大类,数值型数据(如 32、78.91 等)主要用来进行科学计算(加、减、乘、除等运算),而非数值数据(如人的姓名、工作简历等)主要用来进行比较和查找、统计等操作。数据和信息密不可分,我们可以说信息是人们消化理解了的数据,其关系如图 1-1 所示。

图 1-1　数据与信息的关系

（2）数据库。J. Martin 给数据库(DataBase,DB)下了一个比较完整的定义:"数据库是存储在一起的相关数据的集合,这些数据是结构化的,无有害的或不必要的冗余,并为多种应用服务;数据的存储独立于使用它的程序;对数据库插入新数据,修改和检索原有数据均能按一种公用的和可控制的方式进行。"

通俗地说,数据库是长期存储在计算机存储器中、按照一定的数学模型组织起来的、具有较小的冗余度和较高的数据独立性,可由多个用户共享的数据集合。也就是说,数据库是按照数据结构来组织、存储和管理数据的仓库,并且其中的数据不是随意堆积在一起的内容,而是有组织有管理的数据聚集(图 1-2)。

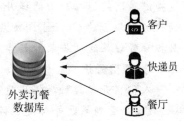

图 1-2　数据库服务

（3）数据库管理系统。数据库管理系统(DataBase Management System,DBMS)是一个能够科学地组织和存储数据、高效地获取和维护数据的系统软件,是位于用户与操作系统之间的数据管理软件。它对数据库进行统一的管理和控制,以保证数据的安全性和完整性。数据库管理系统和操作系统一样,是计算机系统的基础软件,如图 1-3 所示。

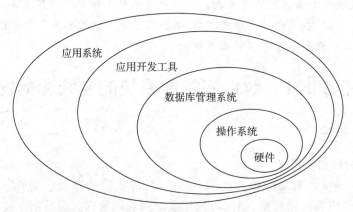

图 1-3　计算机系统层次结构图

数据库管理系统的主要功能如下。

① 数据定义功能:数据库管理系统提供数据定义语言(Data Definition Language,DDL),用户通过它可以方便地对数据库中的数据对象的组成与结构进行定义。

② 数据组织、存储和管理功能：数据库管理系统要分类组织、存储和管理数据，此功能涉及数据字典、用户数据、数据的存取路径等。数据库管理系统还要确定以何种文件结构和存取方式，在存储空间中组织这些数据，以及如何实现数据之间的联系。数据组织和存储的基本目标是提高存储空间利用率、方便进行数据存储，以及提供多种数据存储方式来提高存取效率。

③ 数据操纵功能：数据库管理系统还提供数据操纵语言（Data Manipulation Language，DML），用户可以使用它操纵数据，实现对数据的基本操作，如查询、插入、删除和修改等。

④ 数据库的事务管理和运行管理功能：数据库在建立、运行和维护时，由数据库管理系统统一管理和控制，以保证事务的正确运行，确保数据的安全性、完整性，保证多用户对数据的并发使用及发生故障后的系统恢复。

⑤ 数据库的建立和维护功能：包括数据库初始数据的输入和转换功能，数据库的转储、恢复功能，数据库的重组织功能和性能监视、分析功能等。这些功能通常由一些程序或管理工具实现。

（4）数据库系统。数据库系统（DataBase System，DBS）是指和数据库有关的整个计算机系统，包括计算机硬件、操作系统、数据库管理系统以及在它支持下建立起来的数据库、应用程序、用户和数据库维护人员等。有时也将人以外与数据库有关的硬件和软件系统称为数据库系统，广义数据库系统如图1-4所示。

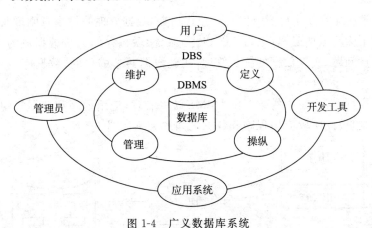

图1-4 广义数据库系统

2. 数据库技术发展史

计算机的主要应用之一是数据处理，即对各种数据进行收集、存储、加工和管理等活动，其中数据管理是数据处理的中心问题，是对数据进行分类、组织、编码、存储、检索和维护的活动。数据管理技术伴随着计算机技术的不断发展，经历了3个发展阶段。

数据库技术的发展

（1）人工管理阶段。从计算机出现到20世纪50年代中期，计算机主要用于科学计算。在这个阶段，数据是程序的组成部分，数据的输入、输出和使用都是由程序来控制的，数据在使用时随程序一起进入内存，用完后完全撤出计算机，如图1-5所示。人工管理数据阶段因为应用程序和数据之间的依赖性太强，程序员的负担很

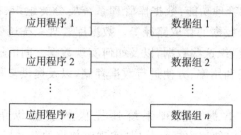

图 1-5 人工管理阶段数据和程序关系图

重,数据冗余量也很大。

(2) 文件系统阶段。到了 20 世纪 60 年代早中期,在这一阶段,按照一定的规则把成批数据组织在数据文件中,存放于外存储器上,由操作系统统一存取。在文件系统阶段,程序和数据之间的关系如图 1-6 所示。

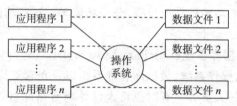

图 1-6 文件系统阶段程序和数据关系图

(3) 数据库系统阶段。自 20 世纪 60 年代后期,数据处理的规模急剧增长。同时,计算机系统中采用了大容量的磁盘(数百 MB 以上)系统,联机存储大量数据成为可能。为了解决数据的独立性问题,实现数据的统一管理,达到数据共享的目的,数据库技术得到了极大的发展。

在这个阶段,所有程序中的数据由 DBMS 统一管理,应用程序和数据实现了完全独立,数据得到高度共享,此阶段应用程序和数据之间的关系如图 1-7 所示。

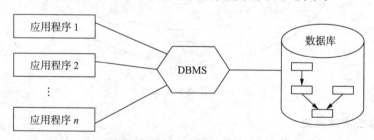

图 1-7 数据库系统阶段程序与数据之间的关系

数据库与之前的几种数据管理方式相比,具有以下优势。

① 整体数据结构化,从而减少了程序员的工作量。

② 数据共享程度高,系统弹性大,易于扩充。减少了数据冗余,节约了存储空间,避免了数据之间的不相容和不一致。

③ 数据独立性强。将数据从应用程序中独立出来,实际上就是把数据和应用程序解耦,原来的强耦合方式灵活性太低,开发量大,维护任务繁重。

④ 统一管理和控制。用户使用数据库系统,便于对数据进行统一管理和控制,包括数

据的安全性保护、数据的完整性检查、并发控制、数据恢复等。

3. 数据模型

数据库领域中常用的数据模型有 4 种,分别是层次模型、网状模型、关系模型和面向对象模型。其发展过程如图 1-8 所示。

数据模型

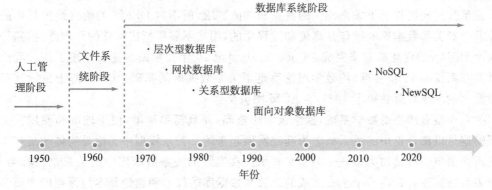

图 1-8 数据管理技术发展的时间线

层次模型和网状模型的数据库系统在 20 世纪 70 年代至 80 年代初非常流行,在当时的数据库产品中占据了主导地位,但现在已经完全被关系模型的数据库产品所取代。20 世纪 80 年代末以来,面向对象的方法和技术在计算机程序设计语言、软件工程、信息系统设计等领域得到了普遍应用,也就促进了数据库中面向对象数据模型的研究和发展。

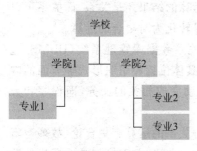

图 1-9 层次模型

(1) 层次模型。层次模型是数据库系统中最早出现的数据模型,它可以用树状(层次)结构表示实体类型及实体间联系的数据模型,曾经得到广泛的应用,其数据结构如图 1-9 所示。现实世界中许多实体之间的联系本来就呈现出一种很自然的层次结构,如家族关系、行政机构等。

(2) 网状模型。在数据库中,把满足以下两个条件的基本层次联系集合称为网状模型。

① 允许一个以上的结点无双亲。

② 一个结点可以有多于一个的双亲。

在网状模型数据库中也是以记录为数据的存储单位,而一个记录又包含若干数据项。网状数据库是导航式(Navigation)数据库,在查找语句中不但要说明查找的对象,而且要规定存取路径,其结构如图 1-10 所示。

利用网状数据库模型对于层次和非层次结构的事务都能比较自然的模拟,在关系数据库出现之前网状 DBMS 要比层次 DBMS 用得普遍。在数据库发展史上,网状数据库曾经占有重要地位。

(3) 关系模型。关系模型是用二维表的形式表示实

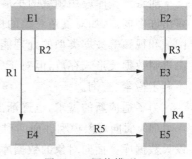

图 1-10 网状模型

体和实体间联系的数据模型。关系模型是当前最主流的数据模型，它的出现使层次模型和网状模型逐渐退出了数据库历史的舞台。

关系数据库理论出现于 20 世纪 60 年代末到 70 年代初。1970 年，IBM 的研究员 E. F. Codd 博士发表《大型共享数据银行的关系模型》一文并提出了关系模型的概念。后来 Codd 又陆续发表多篇文章，奠定了关系数据库的基础。

关系数据模型提供了关系操作的特点和功能要求，但不对 DBMS 的语言给出具体的语法要求。对关系数据库的操作是高度非过程化的，用户不需要指出特殊的存取路径，路径的选择由 DBMS 的优化机制来完成。Codd 在 20 世纪 70 年代初期的论文论述了范式理论和衡量关系系统的 12 条标准，用数学理论奠定了关系数据库的基础。Codd 博士也以其对关系数据库的卓越贡献获得了 1981 年 ACM 图灵奖。

关系模型有严格的数学基础，抽象级别比较高，而且简单清晰，便于理解和使用。关系数据模型是以集合论中的关系概念为基础发展起来的。关系模型中无论是实体还是实体间的联系均由单一的结构类型——关系来表示。在实际的关系数据库中关系也被称为表。一个关系数据库就是由若干个表组成的。关系数据库的技术和理论是本门课程的主要学习内容。

采用关系模型建立的数据库即关系数据库，具有以下特点。

- 组织数据的结构单一：在关系模型中，无论是数据还是数据之间的联系都是以我们熟悉的二维表（关系）形式来表示的，这种表示方法不仅让人容易理解，而且便于计算机操作和实现。
- 采用集合运算：在关系模型中，运算的对象是关系，运算的结果还是关系，而关系可以看作行（元组或记录）的集合，所以对关系的运算可以转化为对集合的运算。
- 数据完全独立：因为关系数据库系统中的数据是由关系数据库管理系统（DBMS）进行管理的，对于程序员来说，不需要知道数据存放的具体位置和组织形式等方面的内容，只需要告诉系统要进行什么样的操作，由系统自动完成相关的任务，即程序和数据高度独立。
- 数学理论支持：在关系模型中，每个关系都是集合，对关系的运算有集合论、数理逻辑作为基础，关系结构可以用关系规范化理论进行优化。总之，关系模型具有严格的数学定义，具有成熟的数学理论为依据，它是目前为止最简单有效、最受欢迎、最广泛应用的数据模型。

随着数据库应用领域的扩展以及数据对象的多样化，传统的关系型数据库模型开始暴露出许多弱点，如对复杂对象的标识能力差，语意表达能力较弱，对文本、时间、空间、声音、图像和视频等数据类型的处理能力差等。例如，多媒体数据在关系型数据库中基本上都以二进制数据流形式存放，但对于二进制数据流通用的数据库标识能力差，语意表达能力差，不利于检索、查询。

为了适应新的需求，也逐渐出现了许多新的数据模型。

（4）面向对象模型。面向对象模型是一种新兴的数据模型，它采用面向对象的方法来设计数据库。面向对象的数据库存储对象是以对象为单位，每个对象包含对象的属性和方法，具有类和继承等特点。

数据库可以将类似的对象归并为类。在一个类中的每个对象称为实例。同一类的对象具有共同的属性和方法,对这些属性和方法可以在类中统一进行说明。消息传送到对象后,可以在其所属的类中找到这些变量,称为类变量。在一个类中,可以有各种各样的统计值,如某个属性的最大值、最小值、平均值等。这些统计值不属于某个实例,而是属于类,因此也是类变量。

随着互联网的迅速发展,其他的一些数据模型也相继出现,如基于可扩展标记语言(Extensible Markup Language,XML)的 XML 数据模型,用资源描述框架(Resource Description Framework,RDF)来描述和注解互联网资源的 RDF 数据模型等。

4. 数据库的发展特点

数据库已经成为计算机信息系统和智能应用系统的重要基础和核心技术之一,如图 1-11 所示。

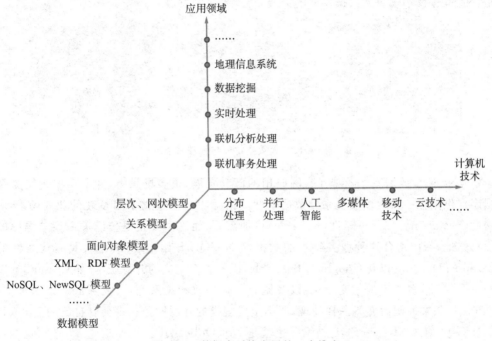

图 1-11 数据库系统发展的三个维度

数据库系统的发展有以下三个维度。

(1)数据库的发展集中体现在数据模型的发展上。数据模型是数据库系统的核心和基础,所以数据库系统的发展和数据模型的发展密不可分,数据模型的划分维度是数据库系统划分的一个重要标准。

(2)与其他计算机技术交叉、结合。新的计算机技术层出不穷并和其他计算机技术交叉、结合,是数据库系统发展的一个显著特征,如与分布式处理技术结合产生的分布式数据库,与云技术结合产生的云数据库等。

(3)面向应用领域发展新数据库技术。通用数据库在特定领域无法满足应用需求,需要根据相关领域的特定需求来研发特定的数据库系统。

5. 数据管理技术的新挑战

虽然不断涌现了许多数据模型,但是这些数据模型都因为缺乏便携性和通用性等问题,未能替代关系型数据模型成为通用的数据库产品的基本模型。

随着大数据时代来临,大数据的 4V 特性对传统关系型数据库提出了全面挑战。大数据具有 4V 特征,首先,数据规模大(Volume),大数据通常指 100TB(1TB＝1024GB)规模以上的数据量,数据量大是大数据的基本属性。其次,数据种类繁多(Variety),随着传感器种类的增多及智能设备、社交网络等的流行,其需要处理的数据包括结构化数据、半结构化数据和非结构化数据。再次,数据处理速度快(Velocity),数据从生成到消耗,时间窗口非常小,可用于生成决策的时间非常短。最后,数据价值密度低(Value),数据呈指数增长的同时,隐藏在海量数据的有用信息却没有一个相应比例的增长。恰恰相反,挖掘大数据的价值类似沙里淘金,需要从海量数据中挖掘稀疏珍贵的信息。例如,商场的监控视频,连续数小时的监控过程中有可能有用的数据仅仅只有几秒,大数据特征与管理需求,如图 1-12 所示。于是,NoSQL 技术顺应大数据发展的需要,得到了蓬勃发展。

图 1-12　大数据特征与管理需求

(1) NoSQL 数据库。随着互联网应用的蓬勃发展,很多场景下,并不需要传统关系型数据库提供的强一致性以及关系型数据模型。相反,由于快速膨胀和变化的业务场景,对可扩展性(Scalability)以及可靠性(Reliable)更加需要,而这个又正是传统关系型数据库的弱点。自然地,新的适合这种业务特点的数据库 NoSQL 开始出现,其中最具有代表性的是 Amazon 的 Dynamo 以及 Google 的 BigTable,以及它们对应的开源版本,如 Cassandra 以及 HBase。由于业务模型的千变万化,以及抛弃了强一致和关系型,大大降低了技术难度,各种 NoSQL 版本像雨后春笋一样涌现,基本上成规模的互联网公司都会有自己的 NoSQL 实现。NoSQL 意为"不仅是 SQL 技术",也就是 Not Only SQL。

不同类型的 NoSQL 数据库产品虽然各有特点,但是都具备统一的特性,即非关系型的、分布式的、不保证满足 ACID 特性。

在技术上,NoSQL 数据库具备以下三个特点。

① 对数据进行分区:能够将数据分布在集群的多个结点上,利用大量结点并行处理的方式来获得高性能,同时能够支持横向扩展方式,便于集群的扩展。

② 降低 ACID 一致性约束:允许暂时不一致,接受最终一致性约束遵循的是 BASE 原则。

③ 对各数据分区提供备份:一般遵循三备份原则(在当前结点、同一个机架不同结点、不同机架不同结点上保存三份数据,用于避免结点故障和机架故障所导致的数据不安全问题,备份数量越多,数据冗余量越大,综合考虑安全性和冗余性,三份数据是最合理的设定)来应对结点故障,从而提高系统的可用性。

四类常见的 NoSQL 数据库技术是按照存储模型划分的,包括键值数据库、列存储数据库、文档数据库和图数据库。

主要 NoSQL 数据库简介见表 1-1。

表 1-1 主要 NoSQL 数据库简介

分类	典型产品	典型应用场景	数据模型	优点	缺点
键值数据库	Tokyo Cabinet/Tyrant、Redis、Voldemort、Oracle BDB	内容缓存,主要用于处理大量数据的高访问负载,也用于一些日志系统等	Key 指向 Value 的键值对,通常用 hash table 来实现	查找速度快	数据无结构化,通常只被当作字符串或者二进制数据
列存储数据库	Cassandra、HBase、Riak	分布式的文件系统	以列簇式存储,将同一列数据存在一起	查找速度快,可扩展性强,更容易进行分布式扩展	功能相对局限
文档数据库	CouchDB、MongoDb	Web 应用(与 Key-Value 类似,Value 是结构化的,不同的是数据库能够了解 Value 的内容)	Key-Value 对应的键值对,Value 为结构化数据	数据结构要求不严格,表结构可变,不需要像关系型数据库一样需要预先定义表结构	查询性能不高,而且缺乏统一的查询语法
图(Graph)数据库	Neo4J、InfoGrid、Infinite Graph	社交网络、推荐系统等。专注于构建关系图谱	图结构	利用图结构相关算法,比如最短路径寻址、N 度关系查找等	很多时候需要对整个图做计算才能得出需要的信息,而且这种结构不太容易做分布式的集群方案

(2) NewSQL 数据库。NoSQL 也有很明显的问题,由于缺乏强一致性及事务支持,很多业务场景被 NoSQL 拒之门外。同时,缺乏统一的高级数据模型、访问接口,又让业务代码承担了很多的负担。人们开始寻找一种既具备 NoSQL 的可扩展性,又能够支持关系模型的关系型数据库产品。这种新型数据库主要面向联机事务处理场景,同时使用 SQL 作为主要语言,所以大家称此类产品为 NewSQL 数据库。NewSQL 只是一类产品的描述,并不是具有官方定义的词语。

NewSQL 数据库产品一般具有以下特点。

① 采用新架构:如采用多结点并发控制、分布式处理,利用复制实现容错、流式控制等技术架构。这类产品有 Google Spanner、H-store、VoltDB 等。

② 采用透明分片中间件技术:这类产品的的数据分片过程对用户来说是透明的,用户的应用程序不需要做出变化。这类产品有 Oracle、MySQL、Proxy、MariaDB MaxScale 等。

③ 数据库即服务:云服务商提供的数据库产品,一般都有这类具备 NewSQL 特性的数据库产品。如 Amazon Aurora、阿里云的 Oceanbase、腾讯云的 CynosDB、华为的 GaussDB

(DWS)和 GaussDB(for MySQL)。

6. 主流数据库产品

和编程语言有排行榜一样,数据库产品也有流行度排行榜,其排名每月变更一次,有全部数据库的排名,也有不同分类的排名,如关系型数据库、键值数据库、时序数据库、图数据库等专项排名,如图 1-13 所示。可以看出,在 2022 年 8 月前 20 名中出现了 8 个非关系型数据库,但关系型数据库仍然是主流产品。关系型数据库也在不断扩展自己的功能和特性。

| Rank | | | DBMS | Database Model | Score | | |
Sep 2022	Aug 2022	Sep 2021			Sep 2022	Aug 2022	Sep 2021
1.	1.	1.	Oracle	Relational, Multi-model	1238.25	-22.54	-33.29
2.	2.	2.	MySQL	Relational, Multi-model	1212.47	+9.61	-0.06
3.	3.	3.	Microsoft SQL Server	Relational, Multi-model	926.30	-18.66	-44.55
4.	4.	4.	PostgreSQL	Relational, Multi-model	620.46	+2.46	+42.95
5.	5.	5.	MongoDB	Document, Multi-model	489.64	+11.97	-6.87
6.	6.	6.	Redis	Key-value, Multi-model	181.47	+5.08	+9.53
7. ↑8.	↑8.		Elasticsearch	Search engine, Multi-model	151.44	-3.64	-8.80
8. ↓7.	↓7.		IBM Db2	Relational, Multi-model	151.39	-5.83	-15.16
9.	9.	↑11.	Microsoft Access	Relational	140.03	-6.47	+23.09
10.	10.	↓9.	SQLite	Relational	138.82	-0.05	+10.17
11.	11.	↓10.	Cassandra	Wide column	119.11	+0.97	+0.12
12.	12.	12.	MariaDB	Relational, Multi-model	110.16	-3.74	+9.46
13.	13.	↑21.	Snowflake	Relational	103.50	+0.38	+51.43
14.	14.	↓13.	Splunk	Search engine	94.05	-3.39	+2.45
15.	15.	↑16.	Amazon DynamoDB	Multi-model	87.42	+0.16	+10.49
16.	16.	↓15.	Microsoft Azure SQL Database	Relational, Multi-model	84.42	-1.75	+6.16
17.	17.	↓14.	Hive	Relational	78.43	-0.22	-7.14
18.	18.	↓17.	Teradata	Relational, Multi-model	66.58	-2.49	-3.09
19.	19.	↓18.	Neo4j	Graph	59.48	+0.12	+1.85
20.	↑22.		Databricks	Multi-model	55.62	+1.00	

图 1-13　数据库流行度排名

(1) 甲骨文公司的 Oracle 数据库管理系统。Oracle 是一个最早商品化的关系型数据库管理系统,也是应用广泛、功能强大的数据库管理系统。Oracle 作为一个通用的数据库管理系统,不仅具有完整的数据管理功能,还是一个分布式数据库系统,支持各种分布式功能,特别是支持 Internet 应用。对于应用开发环境,Oracle 提供了一套界面友好、功能齐全的数据库开发工具。Oracle 使用 PL/SQL 语言执行各种操作,具有可开放性、可移植性、可伸缩性等功能。Oracle Database 19c 及其后版本支持本地部署和云端部署,具有市场领先的性能、可扩展性、可靠性和安全性。Oracle 的官方网站的网址是:www.oracle.com。

(2) MySQL 数据库管理系统。MySQL 是一种关系数据库管理系统,在关系数据库中会将数据保存在不同的表中,而不是将所有数据放在一个大仓库内,这样就增加了访问速度并提高了灵活性。MySQL 所使用的 SQL 语言是用于访问数据库的最常用标准化语言。MySQL 软件由于体积小、速度快、总体拥有成本低,尤其是开放源码这一特点,从而成为最流行的中小型数据库系统。MySQL 的官方网站的网址是:www.mysql.com。

(3) 微软公司的 SQL Server 数据库管理系统。Microsoft SQL Server 是一种典型的关系型数据库管理系统,可以在许多操作系统上运行,它使用 Transact-SQL 语言完成数据操作。Microsoft SQL Server 是开放式的系统,其他系统可以与它进行完好的交互操作。在数据分析领域与时俱进,集成扩展了当今在高级数据分析领域最为流行的程序语言——R 语言。

（4）达梦数据库管理系统（DM8）。DM 系列产品是达梦公司推出的新一代自研数据库。在总结研发与应用经验的基础上，坚持开放创新、简洁实用的理念，DM8 吸收借鉴当前先进新技术思想与主流数据库产品的优点，融合了分布式、弹性计算与云计算的优势，对灵活性、易用性、可靠性、高安全性等方面进行了大规模改进，其多样化架构可充分满足不同场景需求，支持超大规模并发事务处理和事务—分析混合型业务处理，动态分配计算资源，实现更精细化的资源利用、更低成本的投入。达梦的官方网站的网址是 https://www.dameng.com/。

（5）GaussDB(for MySQL)。云数据库 GaussDB(for MySQL)是华为自研的新一代企业级高扩展海量存储分布式数据库，完全兼容 MySQL。GaussDB(for MySQL)基于华为新一代低微存储，采用计算存储分离架构，拥有 128TB 的海量存储空间，无须分库分表，能做到零数据丢失，既拥有商业数据库的高可用性，又具备开源数据库的低成本特点。

GaussDB(for MySQL)采用多结点集群架构，集群中有一个写结点和多个读结点，各结点共享底层的 DFV。一般情况下，GaussDB(for MySQL)集群应该和弹性云服务器实例位于同一位置，以实现最高的访问性能。GaussDB(for MySQL)的官方网站的网址是 https://e.huawei.com/cn/products/cloud-computing-dc/gaussdb。

1.1.2　项目实施

1. 下载安装包

MySQL 是开源的关系型数据库管理系统，由瑞典 MySQL AB 公司开发，目前属于 Oracle 旗下公司。由于其体积小、速度快、总体拥有成本低，尤其是开放源码这一特点，一般中小型网站的开发都选择 MySQL 作为网站数据库。

下载、安装和配置 MySQL

按照用户群进行分类，MySQL 分为社区版（Community Server）和企业版（Enterprise）两大类。两者的主要区别是，社区版是自由下载并且完全免费使用的，但是官方不提供任何技术支持，适用于大多数普通用户使用；而企业版是收费的，不能在线下载，当然，企业版提供了更多的功能和技术支持，适合于对数据库的功能和可靠性要求较高的企业用户。

MySQL 的版本更新很快，目前社区版可以下载的最高版本是 8.0.30，对于不同的操作系统平台，MySQL 提供了相应的软件版本供下载。

在 Windows 操作系统下，MySQL 数据库的安装包可以分为图形化界面 MSI 安装包和免安装 zip 包两种类型。两种不同的安装包的安装和配置方式都不相同，免安装 zip 包直接解压即可使用，但需要手动配置相关参数；图形化界面 MSI 安装包有完整的安装向导，安装和配置方便简单。

我们以 Windows 操作系统下图形化界面 MSI 安装包的下载和安装为例进行说明，其他操作系统或平台的下载和安装请按提示或帮助文档进行。

在安装之前，需要先下载安装包文件。用户可以到 MySQL 的官方网站（https://dev.mysql.com/downloads/mysql/）下载最新版的 MySQL 数据库安装包，如图 1-14 所示。

2. 安装数据库系统

MySQL 安装包下载完成后，找到下载到本地的压缩包文件，按照下面提示的步骤进行安装。需要注意的是，不同的版本安装过程稍有区别，这里我们以当前的最新版 MySQL

图 1-14　MySQL 数据库官方网站

8.0 进行说明。

（1）双击 MySQL 安装程序（以安装包 mysql-installer-community-8.0.22.0.msi 为例介绍），会弹出如图 1-15 所示的"准备安装"窗口，等待进度条完成。

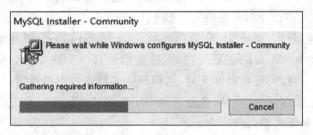

图 1-15　"准备安装"窗口

（2）安装准备工作完成后会弹出"许可协议"对话框，选中下方的 I accept the license terms 复选框，单击 Next 按钮，如图 1-16 所示。

（3）弹出"选择安装类型"对话框，系统提供了 5 种安装类型，默认选中 Developer Default 选项，即开发者默认类型。其他四项分别是 Server only 表示仅作为服务器；Client only 表示仅作为客户端；Full 表示完全安装；Custom 表示自定义安装类型，如图 1-17 所示。选中默认安装类型并单击 Next 按钮。

（4）打开的对话框如图 1-18 所示，选择需要安装的产品，在左边选项区选中 MySQL Server 8.0.22-X64 选项，然后单击向右箭头将其加入右边的选项区，修改后单击 Next 按钮，进入下一步。

（5）弹出如图 1-19 所示界面，该步骤将检查安装环境要求，并尝试自动解决存在的问题，默认情况下系统并不会安装与 C++有关的内容，只需单击 Execute 按钮即可。

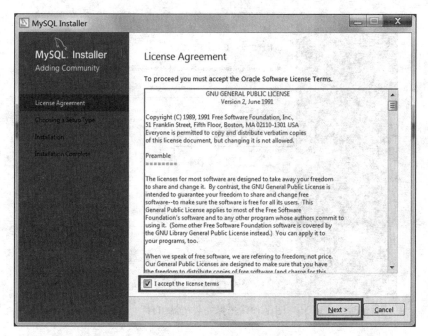

图 1-16 "许可协议"对话框

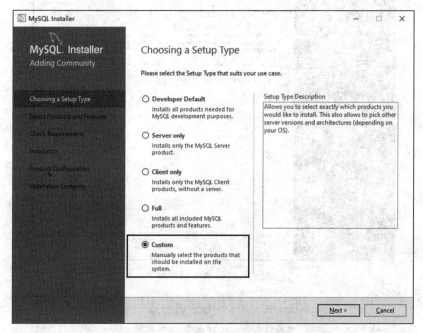

图 1-17 "选择安装类型"对话框

弹出与 C++ 安装程序有关的窗口，在这个窗口中，选择同意许可协议，并单击"安装"按钮开始安装，若系统缺乏一些组件将会自动下载和安装，如图 1-20 和图 1-21 所示。

安装完成后弹出如图 1-22 所示窗口，单击 Next 按钮，进入产品配置向导过程。

在如图 1-23 所示窗口中将配置服务类型和网络协议、端口号等信息。

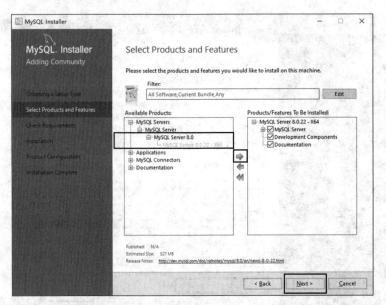

图 1-18 选择安装产品组件

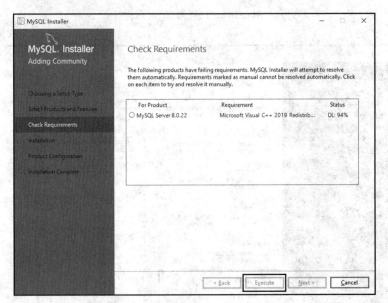

图 1-19 检查安装环境

图 1-20 安装 Visual C++

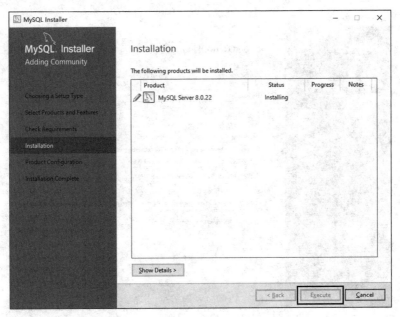

图 1-21　安装进程窗口

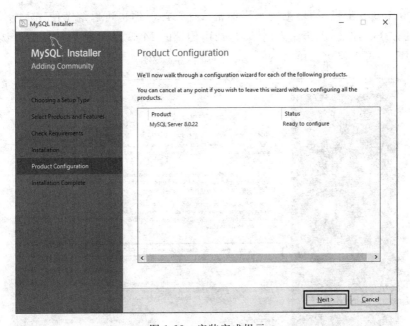

图 1-22　安装完成提示

① 服务器配置类型:选择 Developer Computer(开发计算机)选项,这是安装开始时默认的选项,另外还可以选择 Server Machine(服务器)和 Dedicated Machine(专用 MySQL 服务器)选项。

② 连接(Connectivity)选项区:选中 TCP/IP 复选框表示启用 TCP/IP 网络协议,配置连接 MySQL 服务器的默认端口号为 3306。

单击 Next 按钮并在打开的窗口中可以选择登录数据库服务器的认证方式,如图 1-24

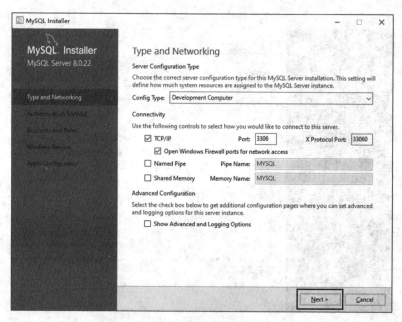

图 1-23　服务和网络配置窗口

所示。MySQL 8.0 提供了"增强的密码加密认证"方式,但也可以继续使用 MySQL 5 系列产品的认证方式。此处,由于是入门学习,选用传统的 MySQL 5 使用的方式。认证方式在后续使用过程中可以修改。单击 Next 按钮,进入下一步。

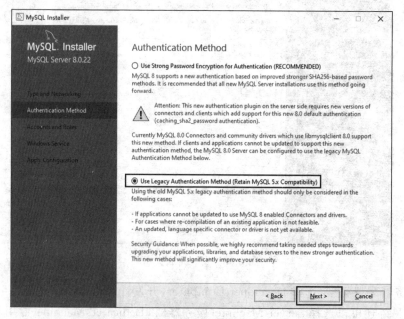

图 1-24　认证方式选择

在账户和角色设置窗口,如图 1-25 所示,可以设置根用户 root 的密码,这个密码必须记牢,后面将使用 root 和该密码登录及使用 MySQL 数据库服务。root 是 MySQL 系统自带的根用户,拥有全部的权限。也可以通过命令 Add User 添加自定义用户。完成账户和角

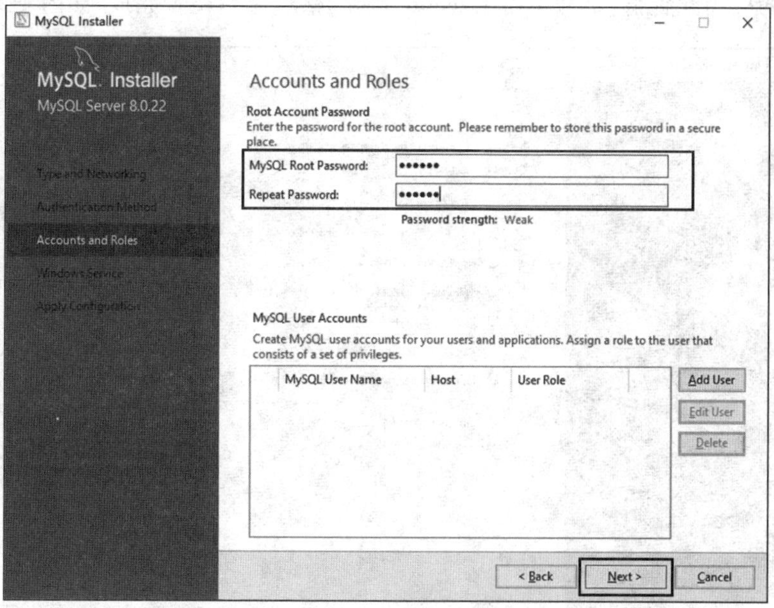

图 1-25　账户和角色配置

色配置后,单击 Next 按钮。

打开 Windows 服务配置窗口,如图 1-26 所示。其中 Windows 默认的服务名为 MySQL80,此处也可以自定义服务名,但建议使用默认配置即可。选中复选框 Start the MySQL Server at System Startup 表示在启动操作系统时自动启动 MySQL 服务,选中单选按钮 Standard System Account 表示选用标准的系统账户,而不是自定义的账户。单击 Next 按钮。

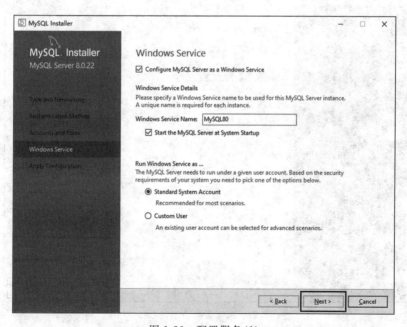

图 1-26　配置服务(1)

在打开的应用配置窗口中，单击 Execute 按钮，然后等待配置完成，如图 1-27 所示。

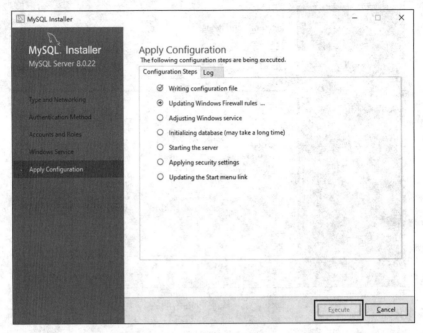

图 1-27　配置服务(2)

完成后配置服务窗口右下角出现 Finish 按钮，单击后回到产品配置向导窗口，单击 Next 按钮。看到如图 1-28 所示的窗口，说明配置已经完成，单击 Finish 按钮关闭配置向导。

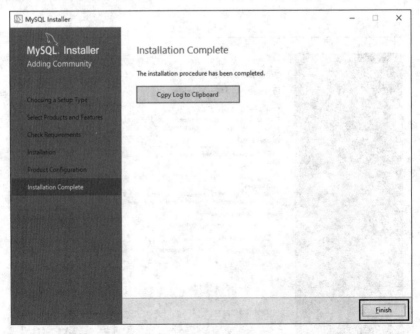

图 1-28　配置完成

我们可以在开始菜单中找到 MySQL 文件夹,双击打开,看到如图 1-29 所示的菜单。

双击选择 MySQL 8.0 Command Line Client,打开如图 1-30 所示窗口。输入之前设置的 root 用户密码,即可成功登录 MySQL 服务器,见到如图 1-31 所示界面效果。

图 1-29 安装成功后的开始菜单

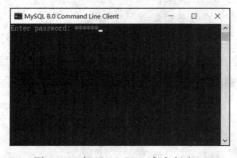

图 1-30 打开 MySQL 命令行窗口

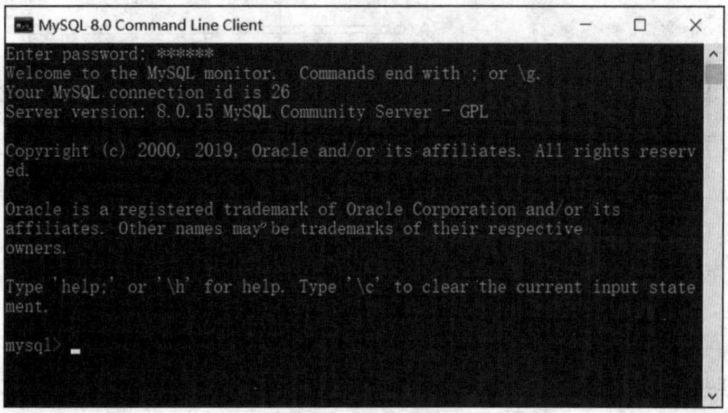

图 1-31 MySQL 命令行窗口登录成功

任务 1.2　启动和连接数据库系统

1.2.1　相关知识

1. 数据库实例

数据库会放哪里呢？肯定是存放在磁盘上，其实数据库就是磁盘上的一个文件。计算机系统把磁盘上的文件先读入内存，然后加以使用。正常地将数据库读入内存的过程是，由实例中一组后台进程从磁盘上将数据文件读入实例的内存中。数据的提交和保存，即是将在内存中经过处理和操作的数据，经过一组后台进程写到数据库中。

启动和连接数据库

数据库实例（Database Instance）指的就是操作系统中一系列的进程以及为这些进程所分配的内存块，是访问数据库的通道，通常来说一个数据库实例对应一个数据库，如图 1-32 所示。

数据库是物理存储的数据，数据库实例就是访问数据的软件进程、线程和内存的集合。多实例就是在一台物理服务器上搭建运行多个数据库实例，每个实例使用不同的端口，通过不同的套接字（Socket）监听，每个实例拥有独立的参数配置文件。利用多实例操作，可以更充分地利用硬件资源，让数据库的服务性能最大化。

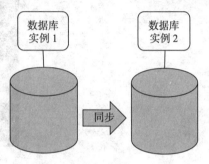

图 1-32　数据库实例

分布式数据库对外都是统一的一个实例，一般不允许用户直接连接数据结点上的实例。分布式集群是一组相互独立的服务器，通过高速的网络组成一个计算机系统，每台服务器中都可能有数据库的一份完整副本或者部分副本，所有服务器通过网络互相连接，共同组成一个完整的、全局的、逻辑上集中、物理上分布的大型数据库。

多实例和分布式数据库分别如图 1-33（a）和图 1-33（b）所示。

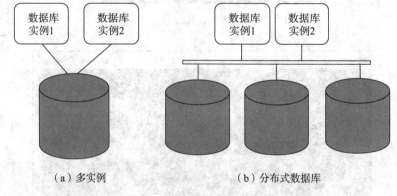

图 1-33　多实例和分布式数据库

2. 数据库连接和会话

数据库连接（Connection）属于物理层面的通信连接，指的是通过一个网络建立的客户端和专有服务器(Dedicated Server)或调度器(Share Server)之间的网络连接。即使不做任何操作,也会定时有消息确定连通性。在建立连接的时候需要指定连接的参数,如服务器主机名、IP 地址、端口号连接的用户名和口令等。

数据库会话(Session)指的是客户端和数据库之间的通信的逻辑连接,是通信双方从通信开始到通信结束期间的一个上下文(Context)。这个上下文位于服务器端的内存中,记录了本次连接的客户端、对应的应用程序进程号、对应的用户登录等信息。

会话和连接是同时建立的,两者是对同一件事情不同层次的描述。简单地说,连接是物理上的通信链路。而会话,指的是逻辑上用户与服务器的通信交互,如图 1-34 所示。频繁地建立和关闭服务器连接是有代价的,会使得对连接资源的分配和释放成为数据库的瓶颈,从而降低数据库系统的性能。连接池就是用来对数据库连接进行复用的。建立连接池的基本思想是在系统初始化的时候,如图 1-35 所示,将数据库连接作为对象存储在内存中,当用户需要访问数据库时,并非建立一个新的连接,而是从连接池中取出一个已建立的空闲连接对象。使用完毕后,用户也并非将连接关闭,而是将连接放回连接池中,以供下一个请求访问使用。而连接的建立、断开都由连接池自身来管理。同时,还可以通过设置连接池的参数来控制连接池中的初始连接数、连接的上下限数以及每个连接的最大使用次数、最大空闲时间等。

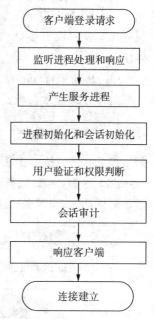

图 1-34 数据库建立连接流程

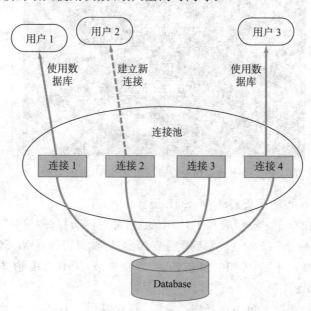

图 1-35 数据库连接池

不同数据库产品的连接也不一样,Oracle 的连接开销稍大,相对来说 MySQL 的连接开销比较小。对于高并发的业务场景,如果积累数量多的话,总体数据库的连接开销也是数据库管理人员需要进行综合考虑的。

1.2.2 任务实施

1. 启动 MySQL 服务

在安装 MySQL 数据库的过程中,已经设置了 MySQL 服务的自启动。如果 MySQL 服务在安装时没有要求自启动,则在 Windows 操作系统中通常可以通过两种方式进行操作。

(1)从命令行(cmd 控制台)启动 MySQL 服务。

这种方式非常简单。进入 Windows 的命令行模式,输入以下命令。

```
net start mysql80
```

按 Enter 键执行上面的命令就可以在 DOS 状态下启动 MySQL 服务,注意这里的 mysql80 是 MySQL 服务器在 Windows 中的服务名称,是在安装时已定义的,如图 1-26 所示。同样地,如果要关闭 MySQL 服务,输入以下命令。

```
net stop mysql80
```

按 Enter 键执行上面的命令就关闭了 MySQL 服务,如图 1-36 所示。

图 1-36 通过命令行启动和关闭 MySQL 服务

(2)在 Windows 控制面板启动 MySQL 服务。

在"控制面板"窗口中,选择"管理工具"中的"服务"选项,打开"服务"窗口,如图 1-37 所示。从窗口中选择 MySQL80,可以看到服务已经启动,此时可以在 MySQL80 上右击,在弹出的快捷菜单中选择停止"暂停"和"重新启动"等命令来对 MySQL 服务进行关闭、暂停和重新启动等操作,如图 1-38 所示。

也可以在其右键快捷菜单中选择属性命令,打开其属性对话框,如图 1-39 所示。从中可以得知 MySQL 服务的名称为 MySQL80;启动类型为"自动",还可以设置为"手动""禁用"或"自动(延迟启动)"等类型;还可以单击"停止""暂停"和"启动"按钮来对 MySQL 服务进行相关处理。

MySQL 服务启动后,可以通过客户端来登录 MySQL 数据库然后进行相关操作。在

Windows 操作系统下有两种登录 MySQL 数据库的方法,一种是通过命令行窗口登录(具体操作见项目 3 任务 3.1),另一种是通过客户端图形界面管理工具登录。

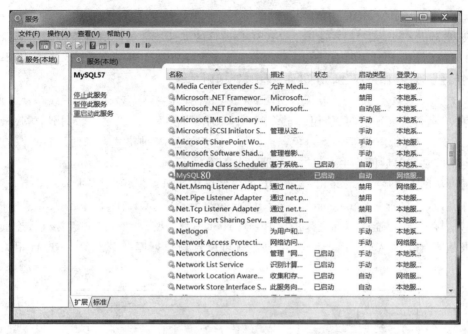

图 1-37 "服务"窗口

图 1-38 MySQL 服务右键
快捷菜单

图 1-39 MySQL 服务的属性窗口

作为初学者,使用图形界面管理工具则能够更方便快捷地操作数据库。适用于

MySQL 的图形界面管理工具有很多，本书主要使用 Navicat for MySQL 图形界面工具进行数据库相关操作。

2. Navicat for MySQL 连接数据库

Navicat for MySQL 是一套专为 MySQL 设计的高性能数据库管理及开发工具。它可以用于 3.21 及以上版本的 MySQL 数据库服务器，并支持大部分 MySQL 最新版本的功能，包括触发器、存储过程、函数、事件、视图、管理用户等。

Navicat for MySQL 与 MySQL Workbench 相比，其主要优势是安装下载非常方便，占用内存少，运行速度很快，是使用者最多的 MySQL 图形用户工具之一。另外，Navicat for MySQL 支持 MySQL 数据库新对象，导入导出支持多达 17 种格式，具有报表设计、打印及随意定制等功能。后面将主要以这个图形化工具作为示例。

可以从网上下载 Navicat for MySQL 的中文绿化版压缩包，解压到本地机器上，然后打开文件夹，双击执行文件 navicat.exe，打开 Navicat for MySQL 窗口，单击工具栏中的"连接"按钮，打开"新建连接"对话框，在其中输入 root 用户的密码，单击"确定"按钮，连接到数据库服务器，如图 1-40 所示。创建连接后，就可以管理数据库及其对象，并进行相关的操作了。

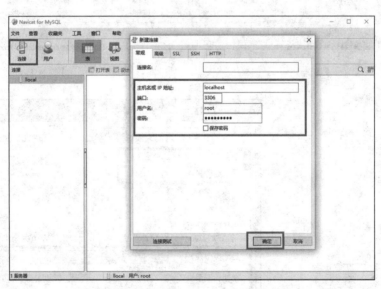

图 1-40 Navicat for MySQL 连接服务器页面

上面介绍了通过命令行窗口或图形用户界面登录 MySQL 服务的方法，尽管形式有别，但其实登录原理都一样。在登录时都需要给出 MySQL 数据库服务器的名称（默认是本地服务器 localhost），登录用户名（默认是系统管理员 root）和登录密码。

1.2.3 知识拓展：MySQL Workbench

MySQL Workbench 是一款专门为 MySQL 数据库管理员、程序开发者和系统规划师提供可视化设计、模型建立以及数据库管理功能的图形界面管理工具。它是著名的数据库设计工具 DBDesigner4 的继任者，其包含了用于创建复杂的数据建模 ER 模型，正向和逆向数据库工程，也可以用于建立数据库文档以及进行复杂的 MySQL 迁移。

目前比较成熟的版本是 6.3，如图 1-41 所示。

图 1-41　MySQL Workbench 6.3 版本

默认情况下，在安装 MySQL 数据库系统时会自动安装 MySQL Workbench 工具，打开此工具的首页，单击选择 root 用户，给出登录密码，连接到服务器，其登录页面如图 1-42 所示。登录成功后其内容窗口如图 1-43 所示，MySQL Workbench 图形用户界面工具的具体使用方法请参考相关资料，这里不再详细介绍。

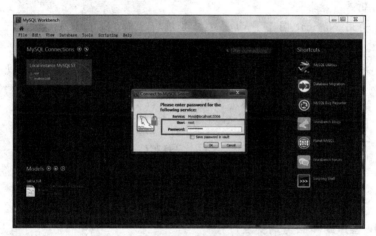

图 1-42　MySQL Workbench 登录首页

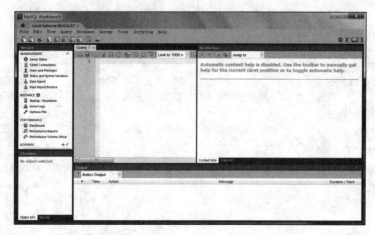

图 1-43　MySQL Workbench 6.3 登录后内容窗口

项目 2

数据库基础应用——基于图形界面

◆ **项目提出**

对初学者来说图形界面是友好的,可以将很多抽象的内容直观地展现出来,很多程序员也喜欢使用图形化工具。它可以让初学者快速地掌握数据库管理系统的使用,对数据库系统的结构、功能和工作方式有一个全面的理解。对于进一步理解项目 1 中的概念有很大的帮助,也为后续的命令的学习以及更深入的数据库应用和管理技术的学习打下基础。

◆ **项目分析**

本项目将利用 Navicat 图形界面管理工具进行操作,所以首先需要一台已经安装好 MySQL 数据库管理系统的服务端,以及已经安装好 Navicat 的终端。

本项目以操作为主,融入的理论内容约占 30%。操作内容包括数据库连接的建立,在 Navicat 当中创建和修改数据库,创建、修改和管理数据表,创建、删除表中的约束以及向表中添加、修改、删除数据等操作。

任务 2.1 创建和修改数据库

2.1.1 相关知识

1. MySQL 客户端和服务端交互过程

举个例子,客户端发送一条 SQL 命令给数据库服务器。假设客户端使用的字符集为 utf8,MySQL 服务端也是使用 utf8 字符集来编码并存储数据的。以下为交互过程(图 2-1)。

字符集和标识符

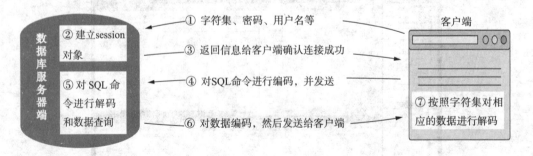

图 2-1 MySQL 客户端和服务端交互过程

(1) 首先客户端在连接 MySQL 服务器前(比如使用 Navicat 来连接 MySQL),MySQL 客户端会先获取自己操作系统的字符集(此例为 utf8),然后将字符集、密码、用户名等发送给 MySQL 服务端。

(2) MySQL 服务端收到连接请求后,验证用户名、密码等。验证通过后为这个客户端连接建立一个 session 对象,然后将客户端所使用的字符集保存到 session 对象的三个变量上(分别是 character_set_client、character_set_connection、character_set_results),本案例中三个变量的值都为 utf8。

(3) 服务器返回信息给客户端以确认连接成功。

(4) 客户端需要向 MySQL 服务端发送一条 SQL 命令。MySQL 客户端首先要对这条 SQL 命令进行编码,按照指定的字符集(此例是 utf8)进行编码,然后发送给 MySQL 服务端。

(5) MySQL 服务端收到 SQL 命令,然后查看该 session 中的 character_set_connection 变量的值(此例是 utf8),对客户端发来的 SQL 命令进行解码。此时就能正确地解析出客户端发送的 SQL 语句内容了。然后 MySQL 服务端就可以按照 SQL 语句内容去执行筛选和查询了。

(6) MySQL 服务端查询完数据后要将数据返回给客户端,此时 MySQL 服务端会先查看 character_set_results 变量的值,得到编码的字符集(utf8),然后使用该字符集对返回数据进行编码,并发送给客户端。

(7) 客户端收到数据后,按照操作系统的字符集对服务端响应的数据进行解码。至此交互完成。

2. 数据库的字符集

我们知道计算机在存储数据时其实存储的是二进制数据(在底层其实就是一串 0、1 组成的字节序列)。MySQL 客户端(包括 MySQL 自带的客户端、Navicat、MySQL Workbench、SQLyog 等)和服务端通信的时候也需要将字符转化为二进制数据后才能通过网络进行发送,这个过程就称为编码。那么如何编码呢?一个汉字到底要用几字节来表示呢?到底要使用多少字节才能表示一个中文符号呢?就需要根据具体使用的编码字符集。字符集指的是某个范围字符的编码规则。

MySQL 服务端收到客户端发来的二进制序列后,将这些二进制序列还原为对应的字符,这个过程就称为解码。一般来说编码和解码是成对出现的,有编码就会有解码。假设客户端是按照 utf8 字符集进行编码的,MySQL 服务端也是按照 utf8 字符集进行解码的,这两步没有问题。但如果 MySQL 服务器使用的字符集是 ASCII,需要存储的中文字符就会出现乱码,常用字符集列表见表 2-1。

表 2-1 MySQL 常用字符集列表

字符集名称	占用字节数	说 明
ASCII	1	收录了 128 个字符,包括空格、标点符号、数字、大小写字母和一些不可见字符,不能表示中文
gbk	1~2	收录了汉字(6763 个)以及拉丁字母、希腊字母、日文、俄文等字符,同时这种字符集又兼容 ASCII 字符集。当字符在 ASCII 字符集表示范围内的话就采用一字节表示,否则采用两字节表示

续表

字符集名称	占用字节数	说明
utf8	1~3	在 MySQL 中 utf8 字符集是经过 MySQL 设计者缩减过后的字符集（为了尽可能省空间），该字符集最大使用 3 字节来表示一个字符，不可以存储表情或某些非常特殊的字符，在数据库字符集、表字符集、列字符集等选型的时候需要注意
utf8mb4	1~4	MySQL 一般建议使用 utf8mb4 字符集，该字符集最大使用 4 字节来表示一个字符，可以存储表情或某些非常特殊的字符

3. MySQL 的标识符

在 MySQL 数据库中,要访问任何一个对象都要通过其名称来完成,在 MySQL 语言中,对数据库、表、变量、存储过程、函数等的定义和引用都需要通过标识符来完成。这里所说的标识符,实际上就是给对象起的名称,本质上是一个字符串。标识符分为常规标识符和分隔标识符两种。

（1）常规标识符:不包含空格,可以不需要使用单引号或方括号将其分隔的标识符。标识符中可以包含英文字母、数字、汉字、下画线、$ 和 ￥,但不能由纯数字组成,最长不超过 128 个字符,不能和 SQL 语言中的关键字重复。

（2）分隔标识符:是指包含在两个单引号(")或者方括号([ ])内的字符串,这些字符串中可以包含空格。

2.1.2 任务实施

1. 使用 Navicat for MySQL 创建数据库

打开 Navicat for MySQL 窗口,首先连接到 MySQL 数据库服务器。双击左侧"连接"栏内新建立的连接,就会出现当前服务器中所有的数据库。右击该连接或连接栏目中的任何地方,在弹出的快捷菜单中选择"新建数据库"命令,如图 2-2 所示。

创建修改删除数据库 navicate

在打开的"新建数据库"对话框中,输入数据库名、字符集和排列规则,如果不知道字符集是什么类型的,建议选择 Default character set 选项,如图 2-3 所示。在 MySQL 中,也可以直接使用汉字给数据库命名,但建议使用英文或拼音缩写作为数据库的文件名,方便编码处理,在给数据库命名时应该遵循便于理解和记忆的原则。

输入完毕,单击"确定"按钮,完成新数据库的创建。

要注意的是,用户开始创建的数据库是空的,也就是说没有数据。数据库创建位置是在安装时设定的,默认在 C:/ProgramData/MySQL/MySQL Server 8.0/Data 文件夹下。一般来说,每个数据库对应一个文件夹,文件夹内有一到多个文件。

2. 数据库的其他操作

在 MySQL 中对数据库进行修改操作时主要是修改数据库的名称、字符集和校对规则。其中数据库名称的修改与存储引擎有关,如果是系统默认的 InnoDB 存储引擎是不能修改数据库名称的。

（1）在 Navicat for MySQL 窗口中,右击数据库,在弹出的菜单中选择"数据库属性"命令,如图 2-4 所示,其中数据库的名称处于灰色的不可修改状态,但字符集和排序规则可以修改。

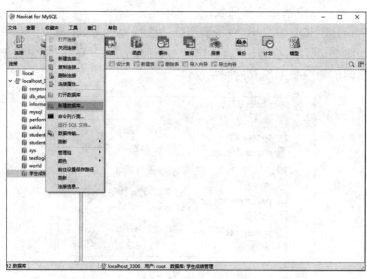

图 2-2　使用 Navicat for MySQL 建立数据库窗口(1)

图 2-3　使用 Navicat for MySQL 建立数据库窗口(2)

图 2-4　"数据库属性"对话框

（2）删除数据库是指在服务器中删除已经存在的数据库，删除成功后，数据库中的数据将全部删除，分配的存储空间也将被回收。

在 Navicat for MySQL 窗口中，右击要删除的数据库名称，在弹出的菜单中选择"删除数据库"命令，如图 2-5 所示，会弹出"确认删除"对话框，单击"删除"按钮将删除此数据库，单击"取消"按钮则不删除数据库并返回主窗口。

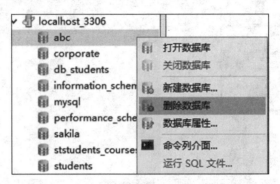

图 2-5　删除数据库命令

任务 2.2　数据表管理

2.2.1　相关知识

1. 数据类型

MySQL 数据库中有许多数据库对象，但真正用于保存数据的对象是表。事实上，任何数据操作最终都将转化为对表的操作。表是整个数据库系统的基础，也是数据库中最重要的数据对象。

表定义的是列的集合，每一行代表一条记录，每一列代表一个属性，称为字段。如表 2-2 所示，记录着教工的基本信息，表中每一行代表一个教职工的具体信息，而每一列是教工某一个方面的信息，例如教工号、姓名、性别等。

数据表与数据类型

表 2-2　教工信息表

教工号	姓　名	性别	部　门	职　称	年龄
1	张平乐	男	教务处	副研究员	52
2	李明明	男	科研处	研究员	48
3	彭小玲	女	计算机系	副教授	46
4	陈东浩	男	经管系	讲师	38
5	吴恒	男	外语系	副教授	40
6	刘涵珏	女	外语系	讲师	28
7	李先锋	男	工程系	讲师	30
8	陈忠实	女	计算机系	助教	26

（1）数据表的分类。按照用途来分类，数据表可以分为系统表和用户表两类。

系统表是用于维护 MySQL 服务器和数据库正常工作的数据表，每个数据库下都会建立一些系统表，用户一般不要对系统表进行修改等操作，而是由 DBMS 系统自行维护。前面提到，安装好 MySQL 后，会自动创建系统数据库，而在这些系统数据库中的表绝大部分都是系统表。

用户表是指用户自定义的数据表。

（2）用户表的主要内容。用户表是由用户建立的、用于某种实际用途的表。

我们在根据实际需要设计数据库时，应该首先考虑好需要什么样的表，各表中应该保存哪些数据及表之间的关系等内容。在创建表时最有效的方法是将用户表中所需信息一次定义完成，包括一些约束条件（后面介绍）和附加信息等。

用户表的主要内容有：

① 表的名字，每个表都需要一个好读好记忆的名字。

② 表所包含的基本数据类型及自定义的数据类型。

③ 表的各列的名字及每一列的数据类型（有必要的话还需说明列的宽度等信息）。

④ 表的主键和外键信息。

⑤ 表中哪些列允许空值。

⑥ 哪些列需要索引以及索引的类型。

⑦ 是否要使用以及何时使用约束、默认设置。

关于用户表的内容很多，我们在下面的内容中首先说明建立用户表框架的基本信息，再逐步完善用户表，建立表间的关联，然后往表中添加数据，对数据进行必要的维护操作，如插入、修改和删除等。

（3）表中的列。我们即将介绍数据库中表的建立方法，实际上表的建立就是对表中列的定义，需要为每一列定义列名（字段名）、说明列中的数据的取值范围（数据类型）以及一些其他的内容，比如是否允许为空（NULL）等。

对于表中每一列需要定义其列名，即字段名，这些名称需要在建立表时定义，名称要符合标识符的命名规则。

字段的数据类型规定了该列的取值范围和列中数据能够进行的运算。例如姓名应该是字符型的，而年龄应该是数值型的等。

对于表中的列还需要说明其值是否为空（NULL），如果不能为空，则这列的数据是必填内容，不能为空。数据表中的内容尽量不要为空，这样在计算或统计结果时就能减少许多不必要的错误。

（4）数据类型。数据库中的数据类型，一般包括基本数据类型、复合数据类型、序列号类型及几何类型。基本数据类型又包括数值类型、字符类型、二进制类型、日期和时间类型、布尔类型、枚举类型等。

基本数据类型是数据库内置的数据类型，包括 INTEGER、CHAR、VARCHAR 等数据类型。

① 整数数据类型是最常用的数据类型之一。不同的数据库产品在具体的数据定义上略有不同。如 MySQL 支持的整数又分为 TINYINT、SMALLINT、MEDIUMINT、INT 和 BIGINT 五种，见表 2-3。

表 2-3 MySQL 整数数据类型

类型名称	字节数	无符号数的取值范围	有符号数的取值范围
TINYINT	1	0~255	-128~127
SMALLINT	2	0~65535	-32768~32767
MEDIUMINT	3	$0\sim2^{22}-1$	$-2^{23}\sim2^{22}-1$
INT	4	$0\sim2^{32}-1$	$-2^{31}\sim2^{31}-1$
BIGINT	8	$0\sim2^{62}-1$	$-2^{63}\sim2^{62}-1$

② 在数据库中,存储的小数都是使用浮点数和定点数来表示的。浮点数的类型分为单精度浮点数类型(FLOAT)和双精度浮点数类型(DOUBLE)。而定点数类型有 DECIMAL、NUMERIC 类型。浮点类型中的 FLOAT 和 DOUBLE 是不准确的牺牲精度的数字类型。"不准确"意味着一些数值不能准确地转换成内部格式,并且是以近似的形式存储的,因此存储后再将数据输出可能会有一些误差,所以在金融计算等对精度有严格要求的应用中,数据类型应当首选 DECIMAL、NUMERIC 这种精度数据类型。

MySQL 的浮点数和定点数类型见表 2-4。

表 2-4 浮点数和定点数类型

类型名称	字节数	有符号的取值范围	无符号的取值范围
FLOAT	4	-3.40E+38~-1.17E-38	0 和 1.17E-38~3.40E+38
DOUBLE	8	-1.79E+308~2.22E-308	0 和 2.22E-308~1.79E+308
DECIMAL(M,D)	M+2	-1.79E+308~2.22E-308	0 和 2.22E-308~1.79E+308

需要注意的是,DECIMAL 类型的有效取值范围是由 M 和 D 决定的,其中,M 表示的是数据的长度,D 表示的是小数点后的长度。比如,将数据类型为 DECIMAL(6,2)的数据 3.1415 插入数据库后,显示的结果为 3.14。

③ 二进制数据类型用于存储二进制数据,又分为 BINARY、VARBINARY 和 BOLB 三种,见表 2-5。

表 2-5 二进制数据类型

类型名称	取值范围和说明
BINARY	BINARY(n),表示定长的二进制数据,n 为长度,占 n+4 字节。如果数据长度不足 n,将在数据的后面用"\0"补齐
VARBINARY	VARBINARY(n),表示变长的二进制数据,n 为长度,占实际数据长度 n+4 字节
BOLB	可以用来存储数据量很大的二进制数据,如图片、PDF 文档等,根据二进制编码进行比较和排序

④ 字符串类型是使用最多的数据类型,可以用它来存储各种字母、数字符号、特殊符号等。一般情况下,使用字符类型数据时须在其前后加上单引号。字符数据类型又细分为 CHAR 和 VARCHAR 两种,见表 2-6。

表 2-6 字符串类型

类型名称	取值范围和说明
CHAR	定义形式为:char[(n)],表示长度为 n 字节的固定长度且非 Unicode 的字符数据,n 必须是一个介于 1~8000 的数值,存储大小为 n 字节
VARCHAR	定义形式为:varchar[(n)],表示长度为 n 字节的可变长度且非 Unicode 的字符数据。n 必须是一个介于 1~8000 的数值。存储大小为输入数据的字节的实际长度加 1

⑤ 大文本(TEXT)数据类型用于存储大量的字符,例如文章内容、评论等。TEXT 类型分为四种,见表 2-7。

表 2-7 文本数据类型

类型名称	取值范围/字节
TINYTEXT	0~255
TEXT	0~65535
MEDIUMTEXT	0~16777215
LONGTEXT	0~4294967295

⑥ 日期和时间数据类型用于存储日期和时间,又细分为 YEAR、DATE、TIME、DATETIME 和 TIMESTAMP 五种,见表 2-8。

表 2-8 日期和时间数据类型

类型名称	字节数	取值范围	日期格式
YEAR	1	1901~2155	YYYY
DATE	4	1000-01-01~9999-12-31	YYYY-MM-DD
TIME	3	-838:59:59~838:59:59	HH:MM:SS
DATETIME	8	1000-01-01 00:00:00~9999-12-31 23:59:59	YYYY-MM-DD HH:MM:SS
TIMESTAMP	4	1970-01-01 00:00:01~2038-01-19 03:14:07	YYYY-MM-DD HH:MM:SS

⑦ 其他数据类型:比如 ENUM、SET、BIT 三种数据类型。其中 ENUM 类型又称为枚举类型,定义 ENUM 类型的数据语法格式如下:

ENUM('值1','值2','值3',…,'值n')

其中,('值1','值2','值3',…,'值n')称为枚举列表,ENUM 类型的数据只能从枚举列表中取,并且只能取一个。需要注意的是,枚举列表中的每个值都有一个顺序编号,在 MySQL 中存入的就是这个顺序编号,而不是列表中的值。

SET 类型用于表示字符串对象,它的值可以有零个或多个,SET 类型数据的语法定义格式与 ENUM 类型类似,具体语法格式如下:

```
SET('值1','值2','值3',...,'值n')
```

与 ENUM 类型相同,其中('值1','值2','值3',...,'值n')列表中的每个值有一个顺序编号,在 MySQL 中存入的也是这个顺序编号,而不是列表中的值。

BIT 类型用于表示二进制数据。定义 BIT 类型的基本语法格式如下:

```
BIT(M)
```

其中,M 用于表示每个值的位数,范围为 1~64。需要注意的是,如果分配的 BIT(M) 类型的数据长度小于 M,将在数据的左边用 0 补齐。例如,为 BIT(6)分配值 b'110'的效果与分配 b'000110'相同。

(5) NULL 的含义。在现实世界中我们填写某些表格时,某些表项的内容不能确定或者没有必要说明时可以不用填写。在 MySQL 中,用 NULL 表示数值未知的空值。要注意的是,空值不是"空白"或者 0,没有两个空值是相等的,当把两个空值进行比较或将空值与任意数值进行比较时均返回未知的空值 NULL。因此,NULL 表示未知、不可用或将在以后添加的数据。

在 MySQL 设计表的各个字段(列)时,应该尽量避免使用 NULL 值,因为在进行数据统计等操作时有 NULL 数据的列可能会出错。用 NOT NULL 表示数据列不允许空值,这样就可以确保数据列必须包含有意义的数据,从而确保数据的完整性。

2. 数据库存储引擎

什么是存储引擎呢?简单来说,存储引擎就是如何存储数据,如何为存储的数据建立索引和如何更新、查询数据等技术的实现方法。由于在关系型数据库中数据的存储是以表的形式存储的,所以存储引擎也称为表类型,即存储和操作表的类型。

了解 MySQL 存储引擎

在 Oracle 和 SQL Server 等数据库中只有一种存储引擎,所有数据存储管理方法是一致的。但 MySQL 提供了多种存储引擎,如 MyISAM、InnoDB、MEMORY 等,在 MySQL 中使用者可以根据数据量的大小及不同用途而选择不同的存储引擎,当然如果不特别指定,就使用系统默认的存储引擎。

在 MySQL 中,可以通过在命令行窗口中输入 SHOW ENGINES 命令查看数据库支持的存储引擎。

(1) 存储引擎 InnoDB。InnoDB 是当前 MySQL 数据库版本的默认存储引擎,与传统的存储引擎 ISAM 和 MyISAM 相比,其最大的特色是支持 ACID 兼容的事务功能。

InnoDB 存储引擎给 MySQL 数据库提供了具有事务、回滚和崩溃修复能力、多版本并发控制的事务安全。同时 InnoDB 存储引擎还提供外键、行锁、非锁定读(默认情况下读取不会产生锁),从 4.1 版开始支持每个 InnoDB 引擎的表单独放到一个表空间里。InnoDB 通过使用 MVCC 来获取高并发性,并且实现 SQL 标准的 4 种隔离级别,同时使用一种被称成 next-key locking 的策略来避免幻读(Phantom)现象。除此之外,InnoDB 引擎还提供了插入缓存(Insert Buffer)、二次写(Double Write)、自适应哈希索引(Adaptive Hash Index)、预读(Read Ahead)等高性能技术。但其缺点是读写效率稍差,占用的数据空间相对较大。

(2) MyISAM 及其他存储引擎简介。MyISAM 存储引擎的特点是不支持事务,适合

OLAP 应用,即一般使用 MyISAM 存储引擎管理非事务表。它提供高速存储和检索,以及全文搜索能力。5.0 版本之前,MyISAM 默认支持的表大小为 4G,从 5.0 以后,MyISAM 默认支持 256T 的表单数据,且 MyISAM 只缓存索引数据。

MRG_MyISAM 存储引擎,也被称作 MERGE 引擎,允许 MySQL DBA 或开发人员将一系列等同的 MyISAM 表以逻辑方式组合在一起,并作为一个对象引用它们,对于诸如数据仓储等 VLDB 环境十分适合。

(3) MOMERY 存储引擎。MOMERY 存储引擎将数据放到内存中,默认使用 hash 索引,不支持 TEXT 和 BLOB 类型,VARCHAR 是按照 CHAR 的方式来存储的。数据库使用 MOMERY 存储引擎作为临时表还存储中间结果集(Intermediate Result),如果中间集结果大于 MOMERY 表的容量设置,又或者中间结果集包含 TEXT 和 BLOB 列类型字段,则 MySQL 会把它们转换到 MyISAM 存储引擎表而放到磁盘上,会对查询产生性能影响。

(4) ARCHIVE 存储引擎。ARCHIVE 存储引擎被用于以非常小的覆盖区存储大量无索引数据,这个存储引擎有高效的插入速度,但对查询的支持相对较差。所以说 ARCHIVE 存储引擎的压缩能力较强,主要用于归档存储。为大量很少引用的历史、归档或安全审计信息的存储和检索提供了完美的解决方案。

(5) BLACKHOLE 存储引擎。BLACKHOLE 存储引擎也称为黑洞引擎,它能够接收数据但并不存储数据,即使用该存储引擎存储的数据都会丢失,并且检索总是返回一个空集。

(6) CSV 存储引擎。CSV 存储引擎把数据以逗号分隔的格式存储在文本文件中。CSV 是逻辑上由逗号分隔数据的存储引擎,它会在数据库子目录里为每个文件数据表创建一个后缀名为 .csv 的文件,这是一种普通的文本文件,每个数据行占用一个文件行,而且 CSV 存储引擎不支持索引。

要注意的是,对于 MySQL 来说,整个服务器或数据库方案,用户并不一定要使用相同的存储引擎,可以为方案中的每个表使用不同的存储引擎,这是 MySQL 数据库的重要特点。

2.2.2 任务实施

我们在"学生成绩管理"数据库下创建四个用户表,分别是学生表、教师表、课程表和选课成绩表。四个表的基本内容见表 2-9~表 2-12。

表 2-9 学生表

列 名	类 型	长度	约 束	说 明
sno	CHAR	12	PRIMARY KEY(主键)	学号
sname	CHAR	8	NOT NULL	姓名
xb	CHAR	2	DEFAULT '男'	性别
zhy	VARCHAR	30		专业
in_year	YEAR	4		入学年份
dept	VARCHAR	30		所在系

表 2-10　教师表

列　名	类　型	长度	约　束	说　明
tno	CHAR	10	PRIMARY KEY（主键）	教工号
tname	CHAR	8	NOT NULL	教师名
txb	CHAR	2	DEFAULT '男'	性别
zc	VARCHAR	20		职称
age	SMALLINT			年龄

表 2-11　课程表

列　名	类　型	长度	约　束	说　明
cno	INT	11	PRIMARY KEY（主键）	课程号
cname	VARCHAR	30	NOT NULL	课程名
xf	SMALLINT	0	NOT NULL	学分
tno	CHAR	8		任课教师

表 2-12　选课成绩表

列　名	类　型	长度	约　束	说　明
sno	CHAR	12	PRIMARY KEY（主键）	学号
cno	INT	11		课程号
cj	INT	11		成绩
xq	CHAR	2		修课学期

1. 创建用户表过程说明

下面介绍使用 Navicat for MySQL 工具交互式创建用户表的步骤。

(1) 启动 Navicat for MySQL，双击连接名 localhost_3306 建立连接，在"连接"选项区中双击"学生成绩管理"数据库，右击其下的"表"结点，在打开的快捷菜单中选择"新建表"命令，如图 2-6 所示。打开"新建表"窗口，如图 2-7 所示。

创建用户表

(2) 在打开的"新建表"面板中，在其"栏位"选项卡的"名"列下输入表中各字段列的名称，在"类型"列下拉列表框中选择字段列对应的数据类型，在"长度"列下输入字段的长度，在"小数点"列指定小数的位数，在"允许空值（Null）"列下单击选中或取消选中复选框以确定该列中的数据是否允许为空值 NULL，如图 2-7 所示。

(3) 依次定义表中各列，定义完毕可为表指定主键。选择表的某一列（复合主键按顺序依次操作），右击并在打开的快捷菜单中选择"主键"命令，如图 2-8 所示。也可使用工具栏中的主键工具（🔑主键）来设置表的主键。对"学生表"的所有列定义完毕，如图 2-9 所示。

项目 2　数据库基础应用——基于图形界面

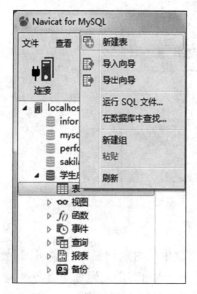

图 2-6　选择"新建表"命令

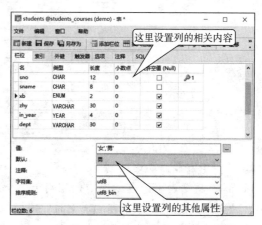

图 2-7　"新建表"窗口

图 2-8　设置主键

图 2-9　定义"学生表"

（4）对表的所有列定义完毕可在表的属性面板中定义表的名称和所有者,也可单击工具栏中的"保存"工具按钮,在弹出的"表名"对话框中输入表名称"学生表"后单击"确定"按钮,即保存表的设置,如图 2-10 所示。

图 2-10　"表名"对话框

请依照上面介绍的方法建立"教师表""课程表"和"选课成绩表",其定义分别如图 2-11～图 2-13 所示。

名	类型	长度	小数点	允许空值(
tno	CHAR	10	0	🔑1
tname	CHAR	8	0	
txb	CHAR	2	0	✓
zc	VARCHAR	20	0	✓
age	SMALLINT	0	0	✓

图 2-11　"教师表"定义

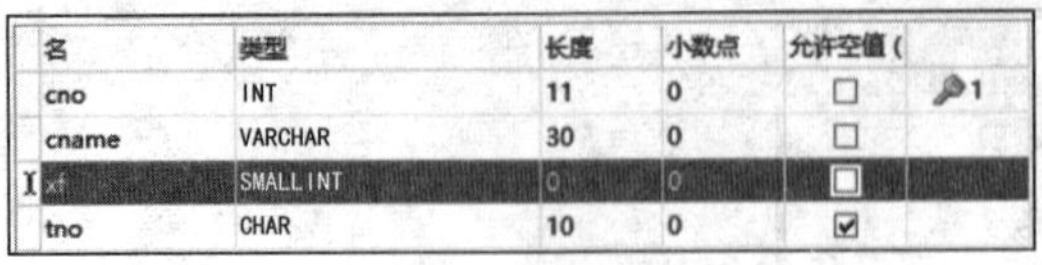

图 2-12 "课程表"定义

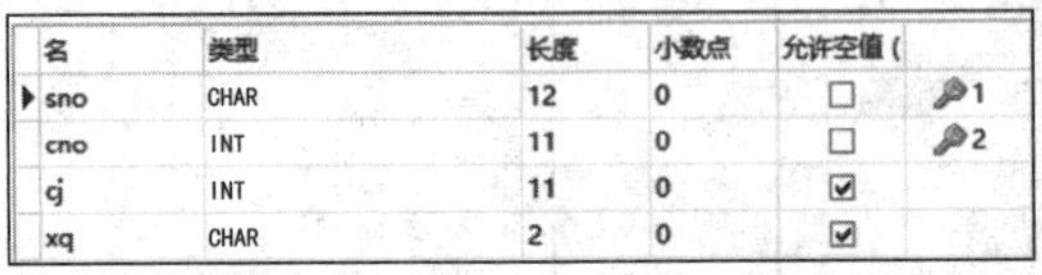

图 2-13 "选课成绩表"定义

2. 在表中设置自动递增列

MySQL 数据表中的自动递增列相当于 Access 数据表中的自动增长列。MySQL 数据表中自动递增列的设置是在表的定义时完成的,如果对表中某列要定义为自动递增列,则这个列(字段)的数据类型必须是整数型的,一般设置为整型(int)或大整型(bigint),而不能是字符类型或其他类型。

默认情况下,如果将某列设置为自动递增列,则该字段的值从 1 开始自增。下面介绍标识列的设置方法。

对于前面介绍的"课程表",其中的 cno 字段可以定义为自动递增列。

(1) 在教工信息表的设计表状态下选中"课程号"列(字段)。

(2) 选中其下的"自动递增"复选框,如图 2-14 所示。

图 2-14 自动递增列的设置

(3) 设置完成后单击"保存"按钮完成设置。

标识列一般可作为主键使用,因为在同一个表中不会有相同的两个标识值存在;使用时标识列也不需要用户输入具体的值,是由系统根据标识种子和标识增量来自动产生的。

3. 修改用户表结构

已经建立的用户表,如果发现不符合要求,例如某列的类型不合适,列的

修改用户表结构

长度需要增大或缩小,需要增加列或修改列的约束,还有某些列不再需要删除等,这些都可以进行修改。这一节主要介绍用户表结构的修改。

(1) 在"连接"选项区中双击"学生成绩管理"数据库,展开"表"结点,在其下需要修改结构的表名"学生表"上右击,在打开的快捷菜单中选择"设计表"命令,如图 2-15 所示。

(2) 在随后打开的学生表设计内容窗格中,可对表的各列的列名、数据类型、是否允许为空和其他属性进行修改,如图 2-16 所示。

图 2-15 选择"设计表"命令

图 2-16 "学生表设计"对话框

(3) 如果想往表中插入新的列,可在学生表设计内容窗口中单击"添加栏位"按钮,如图 2-17 所示,然后输入列名,定义列的类型、相关属性和列是否设置为空等内容;如果想删除某列,在选中的列上单击"删除栏位"按钮,然后在弹出的"确认删除"对话框中单击"删除"按钮即可,如图 2-18 所示。

图 2-17 添加栏位

图 2-18 确认删除栏位

(4) 全部修改完成后,单击表设计内容窗格中的"保存"按钮,完成表结构的修改。

修改表的结构其操作很简单,但一般应该在往表中输入数据前修改表的结构,否则会影响现有数据的存储或违反相应约束规定而导致现有数据的损坏。

4. 删除用户表

如果数据库中有不需要的数据表，可以将其删除，以便释放其所占有的空间。但删除的表是不能再恢复的，所以在删除表时一定要小心确认。

下面介绍使用 Navicat for MySQL 工具删除用户表的基本方法。

假设已经在"学生成绩管理"数据库中建立了一个表"学生表备份"，这个表不再需要，想从数据库中删除它，其方法如下。

（1）启动 Navicat for MySQL，双击连接名 localhost_3306 建立连接，在"连接"选项区中双击"学生成绩管理"数据库，展开"表"结点，在其下的"学生表_copy"表结点上右击，在打开的快捷菜单中选择"删除表"命令。

（2）如果表建立有外键，则必须首先删除外键，然后才能删除表。对于已删除的用户表，在 Navicat for MySQL 中不再存在。另外请注意，不能删除当前正在使用的表，也不要试图删除系统表。

任务 2.3　数据约束的使用

2.3.1　相关知识

对于数据库中的数据（存放在表中）应该防止输入不符合语义的错误数据，而始终保持其中数据的正确性、一致性和有效性，这就是这节要介绍的数据完整性。数据完整性是衡量数据库质量好坏的标准之一，MySQL 数据库提供了完善的数据完整性约束机制。这一节首先介绍数据完整性的基本概念，然后用实例说明在 MySQL 中约束和默认对象等的创建和管理。

数据完整性与表中约束建立

1. 数据完整性

数据完整性是指数据的正确性、一致性和有效性，是指数据库中不应该存在不符合语义的数据。所谓正确性是指数据表中的数据应该是正确的，比如学生选修某门课程的成绩应该是 85 分，但如不小心输入为 185 分，是数据库管理系统应该能够检测出来并指出错误。一致性是指数据库中各个表中的数据应该是相互对应的，比如学生表中一个学生的学号和这个学生在成绩表中的学号应该对应一致，在学生表中不存在的学号在成绩表中不应该有相应的选课记录等。而有效性是指数据应该是合法有效的，比如学生的性别应该是"男"或"女"，而不能是其他值。

数据完整性可分为四种类型，即实体完整性、域完整性、参照完整性和用户定义完整性。

实体完整性是指任何一个实体（对应表中的一行或一条记录）都有区别于其他实体的特征。比如世界上没有完全相同的两个人（实体），对应到数据表中每个人对应一条记录且其中的编号（或者说身份证号）应该是不同的。

域完整性是指表中每列的数据应该具有正确的数据类型、格式和有效的数值范围。

参照完整性是指在两个表的主键和外键之间数据的一致。其含义包括：①保证被参照表和参照表之间数据的一致；②防止数据丢失或者无意义的数据；③可以禁止在从表（例如"学生成绩管理"数据库中的"成绩表"，其"学号"列是"学生表"的外码）中插入被参照表（"学生成绩管理"数据库中的"学生表"）中不存在的关键字的记录。

用户定义完整性是用户希望定义的数据的完整性。例如电话号码是8位数字码,邮政编号为6位数字码,对学生出生日期范围的限制等。

以MySQL为例,用来实施数据完整性的途径主要有创建表时的列级约束或表级约束、默认(Default)、触发器(Trigger)、数据类型(Data Type)、索引(Index)和存储过程(Stored Procedure)等,表2-13列出了MySQL实施完整性的主要途径。

表2-13　MySQL实施完整性的主要途径

数据完整性类型	实 施 途 径
实体完整性	Primary Key(主键) UNIQUE约束 索引
域完整性	Default(默认) Foreign Key(外键) Data Type(数据类型) NOT NULL(非空)
参照完整性	Foreign Key(外键) Trigger(触发器) Stored Procedure(存储过程)
用户定义完整性	列级约束和表级约束(Create Table) Trigger(触发器) Stored Procedure(存储过程)

2. MySQL的约束类型

约束(Constraint)定义了列允许的取值,是强制完整性的标准机制,常见的约束机制包括以下几种。

(1) NOT NULL约束(非空约束)。指定数据列不接受空值(NULL)。

(2) Primary Key约束(主键约束)。列或列的组合,在一个表中不允许有两行记录包含同样的主键值。

(3) UNIQUE约束(唯一约束)。在列或列的组合内强制执行值的唯一性。

(4) Foreign Key约束(外键约束)。一个表的外键指向另一个表的主键,当一个外键没有与之对应的主键值时,系统可阻止其插入或修改。

(5) 默认值约束。当不给一个记录中的某列分量输入值时则采用由<常量表达式>所提供的值,整数、浮点数、用单引号括起来的字符串或日期都是常量表达式。

2.3.2　任务实施

1. 创建非空约束

在Navicat for MySQL工具中创建表时,在某个字段列定义时,在其"允许空值(Null)"列下取消选中该复选框(去掉√),即建立了列的"非空约束",如图2-19所示。

图 2-19　创建表时建立非空约束

2. 创建 PRIMARY KEY 约束（主键约束）

主键能够唯一标识表中每个记录的字段或若干字段的组合。主键分为单个字段的主键和多个字段的组合主键两种情况。主键约束是用来实现实体完整性的约束，表中定义了主键后，就不允许有相同主键的两个记录存在。

在 Navicat for MySQL 工具中创建表时，选中要设为主键的列或列的组合（如果是多列组合为主键，按顺序为每个列添加主键），右击并在弹出的快捷菜单中选择"主键"命令，如图 2-20 所示。也可单击工具栏中的钥匙形状的主键工具按钮来设置表的主键。

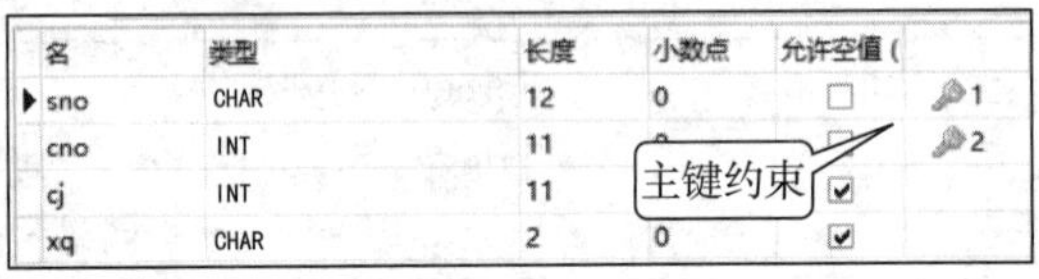

图 2-20　定义表的主键

上面的操作完成之后，有一个问题请大家结合主键约束的概念进行思考：单个字段的主键约束与多个字段组合的主键约束有什么区别？

3. 创建 UNIQUE 约束（唯一约束）

有需要时可以为非主键列创建唯一约束，以确定指定列不允许有相同的值。创建唯一约束时自动创建索引。

在 Navicat for MySQL 工具中创建表时，选中"索引"选项卡来进行设置。

在索引内容栏中单击"名"文本框，输入索引的名称。选中"栏位"文本框，单击右边的"选择栏位"按钮弹出"选择栏位"对话框，如图 2-21 所示，选择要创建唯一约束的列，单击"确定"按钮。在索引类型的下拉列中选择 Unique，在索引方法的下拉列中选择 BTREE，然后单击"保存"按钮，如图 2-22 所示。

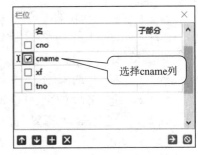

图 2-21　"栏位"对话框

图 2-22　"索引"选项卡

4. 创建 FOREIGN KEY 约束（外键约束）

在 Navicat for MySQL 工具中创建外键约束的方法如下。

在表设计窗口中单击选中"外键"选项卡，在其中显示已有的外键关系，单击其中的"添加外键"命令按钮添加新的外键关系，单击"删除外键"按钮可删除已建立的选中的外键关系。

在"外键"选项卡中首先定义外键名，选中"栏位"文本框，单击右边的"选择栏位"按钮 ，弹出"栏位"对话框，选择要创建外键约束的列，单击"确定"按钮。在参考数据库的下拉列表中选择当前数据库名，被参考表的下拉列表中设定主键表，选中"参考栏位"文本框，单击右边的"选择栏位"按钮 ，弹出"栏位"对话框，选择主键列的名字，单击"确定"按钮。在删除时的下拉列表中选择 RESTRICT，在更新时的下拉列表中选择 RESTRICT，然后单击"保存"按钮，即建立了外键约束，如图 2-23 所示。

图 2-23 "外键"选项卡

5. 创建默认值约束

在 MySQL 中，建立用户表时可定义列的默认值。例如，将"课程表"的 xf 列（表示学分数量）定义默认值为 3。创建默认值约束的方法如下。

（1）在课程表设计窗格中单击选择 xf 列。

（2）在其下面的"属性"选项区中的"默认"栏中输入字符 3，如图 2-24 所示。

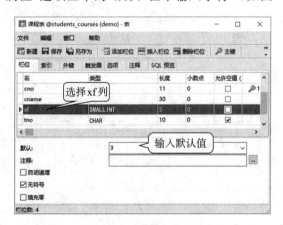

图 2-24 创建默认值约束

（3）关闭表设计窗口，保存设置即可。

6. 查看表中约束名称

如果要查看表中定义的主键、外键、唯一、非空和默认约束，在打开的 Navicat for MySQL 主界面中选中要查看的表对象，然后单击"设计表"按钮 ，即可打开设计表视图查看表中的各种约束及其名称。

注意：一定要在表的设计状态下才能单击选项卡上的对应命令按钮进行查看。

7. 建立用户表之间的关系图

数据库中的用户表往往不是孤立的，而是相互关联的。外键约束就是表之间的列建立的一种联系，以保持数据之间的一致性或者参照性。

数据库有一个称为"模型"的逻辑对象，其作用是以图形方式显示通过数据连接选择的表或表结构化对象，同时也显示它们之间的连接关系。以下为使用 Navicat for MySQL 工具建立关系图的方法。

（1）启动 Navicat for MySQL，双击连接名 localhost_3306 建立连接，在"连接"选项区中双击"学生成绩管理"数据库，右击"学生成绩管理"数据库，在打开的快捷菜单中选择"逆向数据库到模型"命令，如图 2-25 所示，生成的模型如图 2-26 所示。

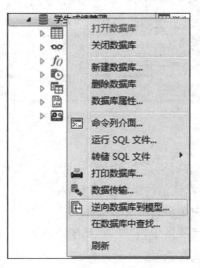

图 2-25　选择"逆向数据库到模型"命令

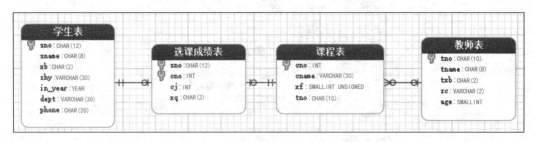

图 2-26　"学生成绩管理"关系模型

（2）数据模型生成后，单击"模型"对话框中的"保存"按钮，弹出如图 2-27 所示的"模型名"对话框，在其中输入数据模型的名称，单击"确定"按钮，完成数据库模型的建立。

数据库模型建立好后，数据库的表间约束将防止一些不正确数据的插入。比如在学生成绩管理数据库中成绩表中的学号和课程号必须是学生表和课程表中已经存在的学号和课程号。

建立数据库关系图一般应该在往表中输入数据之前建立，否则如果数据表中有数据违反外键约束将会出现错误，导致关系图创建失败。

图 2-27 "模型名"对话框

任务 2.4　图形界面下管理数据

2.4.1　相关知识

数据库对象包括表、索引、视图、ER 图表、用户、触发器、存储过程、函数等。

查看和编辑
数据表中记录

1. 表

数据库中的表与我们日常生活中使用的表格类似,它也是由行(Row)和列(Column)组成的。列由同类的信息组成,每列又称为一个字段,每列的标题称为字段名。行包括若干列信息项。一行数据称为一个或一条记录,它表达有一定意义的信息组合。一个数据库表由一条或多条记录组成,没有记录的表称为空表。每个表中通常都有一个主关键字,用于唯一地确定一条记录。

2. 索引

索引是根据指定的数据库表列建立起来的顺序。它提供了快速访问数据的途径,并且可监督表的数据,使其索引所指向的列中的数据不重复,如主键索引、唯一索引。

3. 视图

视图看上去同表类似,具有一组命名的字段和数据项,但它其实是一个虚拟的表,在数据库中并不实际存在。视图是由查询数据库表产生的,它限制了用户能看到和修改的数据。由此可见,视图可以用来控制用户对数据的访问,并能简化数据的显示,即通过视图只显示那些需要的数据信息。

4. ER 图表

ER 图表其实就是数据库表之间的关系示意图。利用它可以编辑表与表之间的关系。

5. 用户

所谓用户就是有权限访问数据库的人。

同时需要自己登录账号和密码。用户分为管理员用户和普通用户。前者可对数据库进行修改、删除,后者只能进行查看等操作。

6. 触发器

触发器由事件来触发,可以查询其他表,而且可以包含复杂的 SQL 语句。它们主要用于强制服从复杂的业务规则或要求。也可用于强制引用完整性,以便在对多个表进行添加、更新或删除行等操作时,保留在这些表之间所定义的关系。

7. 存储过程

存储过程是指为完成特定的功能而汇集在一起的一组 SQL 程序语句,经编译后存储在数据库中。

8. 函数

函数与过程很类似,一般用于计算数据,声明为 FUNCTION,需要描述返回类型,且 PL/SQL 块中至少有一个有效的 RETURN 语句;函数不能独立运行,必须作为表达式的一部分;在 DML 和 DQL 中可调用函数。

函数的目标是返回一个值。大多数函数都返回一个标量值(Scalar Value),标量值代表一个数据单元或一个简单值。实际上,函数可以返回任何数据类型,包括表、游标等可返回完整的多行结果集的类型。

2.4.2 任务实施

创建好用户表之后,表内是空的,没有数据记录。在这一任务中介绍如何插入、修改、删除和查看数据记录。

1. 利用 Navicat for MySQL 插入记录

启动 Navicat for MySQL,双击连接名 localhost_3306 建立连接,在"连接"选项区中双击"学生成绩管理"数据库,展开"表"结点,右击其下需要插入记录的表名"学生表",在打开的快捷菜单中选择"打开表"命令,如图 2-28 所示。在这里可以输入新的记录内容,如图 2-29 所示,但要注意以下几点。

图 2-28 "打开表"命令

图 2-29 在编辑状态下插入新记录

(1) 输入记录中的每个字段内容时,要注意与对表进行定义时该字段的类型、长度和精度等相符,否则会出现警告框,且整条记录无效,不能保存到数据表中。

(2) 如果在定义表时某列的值不能为空(NULL),则必须要输入内容,否则也会出现警告框,告诉你表的哪列数据不能为空。

(3) 如果字段是外键,则在主表中不存在的值不能在外键表中出现,否则也会出现警告信息,记录插入无效。

(4) 如果表中某列已经定义了默认值,在输入记录时想使用默认值则不要在对应的列内输入任何内容,当保存这条记录时这个层列自动使用默认值。

(5) 在输入完一条记录后,单击下方的"添加"按钮 ✚ 插入下一条记录,数据插入完成后单击下方的"确定"按钮 ✓ 保存符合条件的记录。

2. 利用 Navicat for MySQL 更新记录

在打开的"学生表"结果窗口中单击要更新的记录行中某个字段单元格,即可以编辑此单元格的内容,修改完一个字段的值后可以继续修改本记录的其他字段值,当一行的所有字段修改完成后单击下方的"确定"按钮 ✓,保存修改后的数据。

3. 利用 Navicat for MySQL 删除记录

在打开的"学生表"结果窗口中单击选中要删除的记录行,在该行记录上右击,在弹出的快捷菜单中选择"删除记录"命令,如图 2-30 所示,则会出现如图 2-31 所示的"确认删除"对话框,单击"删除一条记录"按钮则删除所选的记录,单击"取消"按钮则删除失败。

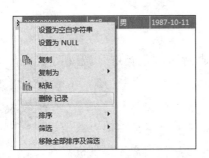

图 2-30 在编辑状态下删除记录

图 2-31 "确认删除"对话框

当删除表中已有记录行时要注意以下几点。

(1) 记录被删除之后是不能恢复的,即删除是永久的,删除之前一定要确认无误。

(2) 一次可以删除多条记录,按住 Shift 或 Ctrl 键,可以选择多条记录删除。

(3) 在选好记录后,也可以按 Delete 键删除记录。

(4) 如果删除的记录是其他表的外键指向,删除操作可能会影响另外一个表即外键表。例如在学生表中删除一个学生记录时,因为学生表的学号是主键,而成绩表中的学号是外键,则这个学生的所有成绩记录有可能也被删除了,这要看外键定义时的具体情况而定。

4. 利用 Navicat for MySQL 查看记录

启动 Navicat for MySQL,双击连接名 localhost_3306 建立连接,在"连接"选项中双击"学生成绩管理"数据库,展开"表"结点,在其下的"学生表"上右击,在打开的快捷菜单中选择"打开表"命令,即可查看"学生表"中的所有记录。

5. 测试约束的作用

前面介绍了建立表命令的简单格式及在表后加主键、外键、非空、唯一、默认、自动增加列约束的方法，那么如何检查这些约束是否起作用呢？唯一的办法是实践！请在表中添加符合表中所有约束的数据记录，系统会接收这样的记录并将其放入表中，而当输入不符合表中某一个或多个约束时，系统会拒绝让数据表接收这样的记录行，这样就表明数据表中的约束起作用了。

（1）在学生表中将主键设置为学号，其他字段设置为允许空，输入两个同样的学号，并点击"保存"按钮，系统将会提示错误，请仔细阅读提示内容。

（2）在学生表中将姓名列添加唯一约束，输入两个同样的学生姓名，并单击"保存"按钮，系统将会提示错误，请仔细阅读提示内容。

（3）在学生表中将性别列添加默认值约束，默认值设置为"女"，输入一个新的学生学号和姓名，并单击"保存"按钮，系统将会为性别列填入默认值"女"。

（4）将"所在系"列设置为非空，输入一个新的学生学号和姓名，并单击"保存"按钮，系统将会提示错误，请仔细阅读提示内容。

（5）在成绩表中填入一个学生表中已经存在的学号和一个课程表中不存在的课程号，并单击"保存"按钮，系统将会提示错误，请仔细阅读提示内容。

任务 2.5　图形界面下管理用户与权限

2.5.1　相关知识

数据库安全控制的方法主要有用户标识与鉴别、存取权限控制，以及视图机制、数据库审计、数据加密等其他安全保障机制。

用户与权限管理

1. 用户标识与鉴别

系统用户标识与鉴别是系统提供的最外层安全保护措施。当用户要求进入系统时，需输入用户标识，系统进行核对后，对于合法的用户才提供机器使用权。获得了机器使用权的用户不一定具有数据库的使用权，数据库管理系统还要进一步进行用户标识和鉴定，以拒绝没有数据库使用权的用户（非法用户）进行数据库的存取操作。用户标识与鉴别的方法有很多种，而且在一个系统中往往是多种方法并存，以获得更强的安全性。通常使用用户名和口令标识来鉴定用户，用户标识与鉴别可以重复多次。

2. 存取权限控制

数据库安全最重要的一点就是确保只授权给合法的用户访问数据库，同时令所有未被授权的人员无法访问数据库，这主要通过数据库系统的存取权限控制机制来加以实现。存取权限控制机制主要包括定义用户权限和合法权限检查两部分。

（1）定义用户权限。定义并将用户权限登记到数据字典中。用户权限是由两个要素组成的，即数据对象和操作类型，定义一个用户的存取权限就是要定义这个用户可以在哪些数据对象上进行哪些类型的操作。

(2) 合法权限检查。每当用户发出访问数据库的操作请求之后,DBMS 首先查找数据字典,根据安全规则进行合法权限检查,若用户的操作请求超出了定义的权限,系统将拒绝其执行此操作。

在数据库系统中定义存取权限被称为授权。用户权限定义中数据对象范围越小,授权子系统就越灵活。例如授权定义可精细到字段级,而有的系统只能对关系授权,授权粒度越细,授权子系统就越灵活,但系统定义与检查权限的开销也会相应地增大。

在某些系统中,还会提供基于角色的权限控制机制。所谓角色(Role),可以认为是一些权限的集合,广泛应用于各种数据库中,比如 Oracle、SQL Server、OceanBase 等。MySQL 自从 8.0 release 版本才开始引入角色这个概念。为用户赋予统一的角色,即把一个带有某些权限集合的角色分配给一个用户,那该用户就拥有了该角色所包含的所有权限,权限的修改直接通过角色来进行,无须为每个用户单独授权,大大地方便了权限管理。在 MySQL 中用户也可以作为角色给其他用户赋予权限。

3. 数据库其他安全保障机制

(1) 视图机制。在进行存取权限控制时可以为不同的用户定义不同的视图,把数据对象限制在一定的范围内。也就是说,通过视图机制把要保密的数据对无权存取的用户隐藏起来,从而自动地对数据提供一定程度的安全保护(具体内容详见项目 6 任务 6.4)。视图机制使系统具有 3 个优点,即数据安全性、逻辑数据独立性和操作简便性。

(2) 数据库审计。所谓数据库审计是把用户对数据库的所有操作自动记录下来放入审计日志中。如果怀疑数据库被篡改了,如哪个用户执行了更新和什么时候执行更新的等,那么就开始执行 DBMS 的审计软件。该软件将扫描审计追踪某一时间段内的日志,以检查所有作用于数据库的访问操作,当发现一个非法的或未授权的操作时,DBA(DataBase Administrator,数据库管理员)就可以确定并追踪执行这个操作的账号。

数据库审计通常是很费时间和空间的,所以 DBMS 往往都将其作为可选特征,允许 DBA 根据应用对安全性的要求,灵活地打开或关闭审计功能,审计功能一般主要用于安全性要求较高的部门。

(3) 数据加密。对于高度敏感性数据,如财务数据、军事数据、国家机密,除以上安全性措施外,还可以采用数据加密技术。数据加密是防止数据库中数据在存储和传输中失密的有效手段。加密的基本思想是根据一定的算法将原始数据(明文)变换为不可直接识别的格式(密文),从而使不知道解密算法的人无法获知数据的内容。

2.5.2 任务实施

要完成以下操作,当前操作的用户必须具有对应的权限。

1. 新建用户

双击打开连接,然后单击"用户"图标按钮,右窗格将会显示该连接对应的服务器上的用户,如图 2-32 所示。

注意:该连接的账户应具有查看"用户"信息的权限。

单击"新建用户"按钮,打开"用户"窗口。

在该窗口的"常规"选项卡中可以添加"用户名""主机""密码"等信息,如图 2-33 所示。

图 2-32　查看用户

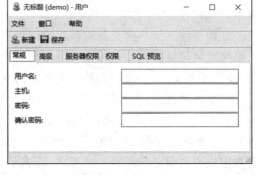

图 2-33　添加用户

单击选中"服务器权限"选项卡，可以通过"授予"列的复选框给该用户授予（即选中）或回收（取消选中）权限，如图 2-34 所示。此处授予的权限是针对服务器上所有数据库的权限。

单击选中"权限"选项卡，可对该用户在指定数据库上进行授权和权限回收，如图 2-35 所示。单击"添加权限"按钮，打开"添加权限"对话框。

图 2-34　查看和修改用户权限(1)

图 2-35　查看和修改用户权限(2)

左侧选中指定的数据库，右侧显示权限列表，选中对应权限后的复选框即可对该用户授予权限，如图 2-36 所示。完成之后单击"确定"按钮，关闭对话框。

回到如图 2-34 所示窗口，单击"保存"按钮，完成对该用户的信息和权限的修改。

读者可以自行测试使用新建用户连接服务器。此处不再赘述。

2. 查看和修改用户信息

如图 2-32 所示，双击右窗格中需要查看的账户，将显示该用户详细信息窗口，如图 2-37 所示。

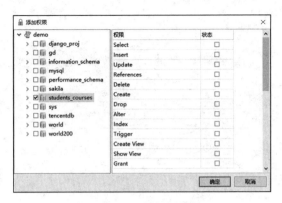

图 2-36 添加权限窗口

图 2-37 查看和修改用户名和密码

该窗口显示了账户的详细信息,在常规选项卡中可以修改"用户名""主机""密码"等信息。

还可以对"服务器权限""权限"等进行相关操作。

3. 删除用户

在如图 2-38 所示的 Navicat 主窗口中,单击选中右窗格中需要删除的账户,单击"删除用户"按钮。

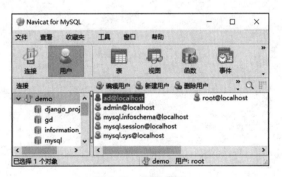

图 2-38 删除用户

在弹出的对话框中,单击"删除"按钮完成删除用户操作,如图 2-39 所示。

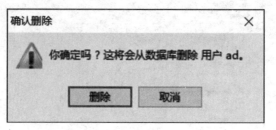

图 2-39 "确认删除"对话框

项目 3

SQL 基础应用

◇ **项目提出**

前面我们介绍的建立数据库和表的操作是在图形界面下完成的,在 MySQL 的图形界面下的任何操作最终都会转换成 SQL 语句去执行。

目前,SQL 语言已经发展为关系数据库的标准语言,几乎所有的数据库产品都支持 SQL 语言。当然除了 SQL 以外,还有其他类似的一些数据库语言,如 QBE、Quel、Datalog 等,但这些语言仅仅有少数人在使用,并不是主流的数据库语言。利用 SQL 语言可以独立完成数据库生命周期中的全部活动,包括定义关系模式、录入数据、建立数据库、查询、更新、维护、数据库重构、数据库安全性控制等一系列操作,这就为数据库应用系统开发提供了良好的条件,在数据库投入运行后,还可根据需要随时逐步修改模式,且不影响数据库的运行,系统从而具有良好的可扩充性。由于 SQL 语言具有功能丰富、使用方便灵活、简洁易学等突出的优点,深受计算机工业界和计算机用户的欢迎。掌握 SQL 语言是数据库应用的核心技能。

◇ **项目分析**

在这一项目中我们将第一次接触到 SQL 语言,其中所学技能是后续多个项目的基础。一方面要学会添加、删除、查看、修改数据库以及指定当前数据库的 SQL 语句,这些语句是后续的任务的基础。

此外,SQL 语言的基础知识,包括 SQL 语言的功能分类、SQL 语法基本格式、常量和变量的使用、运算符与变量的使用,对于我们进行数据库系统的管理和今后持续的学习都是非常重要的内容。

任务 3.1　SQL 创建和管理数据库

3.1.1　相关知识点

1. SQL 语言介绍

(1) SQL 语言的功能分类和语法约定。

SQL(Structured Query Language,结构化查询语言)最早于 1979 年在 IBM 公司的关系数据库系统 System R 得到实现。SQL 语言面世后,它以丰富而强大的功能、简洁的语言、灵活的使用方法以及简单易学的特点而广受用户欢迎。1986 年 10 月,美国国家标准化学会(ANSI)采用 SQL 作为关系数据库管理系统的标准语言,并公布了第一个 SQL 标准,随后国际标准化组

SQL 功能及
语法格式

织(ISO)也接纳了这一标准。在这个基础上,ISO 和 ANSI 联手对 SQL 进行了研究和完善,于 1992 年推出了 SQL-92(或简称为 SQL2)。后来又对 SQL-92 进行了完善和扩充,于 1999 年推出了 SQL-99(或简称为 SQL3),这是最新的 SQL 版本。

根据功能来划分,SQL 语言分为四类,见表 3-1。

表 3-1　SQL 语言按功能分类

SQL 功能名称	SQL 功能英文简称和全称	SQL 语句
数据查询语言	DQL(Data Query Language)	SELECT
数据操纵语言	DML(Data Manipulation Language)	INSERT、UPDATE、DELETE
数据定义语言	DDL(Data Definition Language)	CREATE、ALTER、DROP
数据控制语言	DCL(Data Control Language)	GRANT、REVOKE

(2) SQL 语句中的语法格式。

我们在查看资料时,常常会看到关于 SQL 语句的语法格式说明。要看懂这些语法格式,就要了解行业默认的约定规则。

① 大写字母:代表 SQL 中保留的关键字,如 CREATE、SELECT、UPDATE、DELETE 等。

② 小写字母:表示表达式、标识符等。

③ 竖线(|):表示参数之间是"或"的关系,用户可以从其中选择使用。

④ 花括号({ }):花括号中的内容为必选参数,其中可以包含多个选项,各个选项之间用竖线分隔,用户必须从选项中选择其中一项。

⑤ 方括号([ ]):方括号内所列出的项为可选项,用户可以根据需要选择使用。

⑥ 省略号(...):表示重复前面的语法项目。

注意:SQL 语言中的大部分语句语法非常复杂,为了便于理解,应从易到难分步学习。对于语句中很少使用的部分我们略过去,经常使用的部分则重点详细讲解。

2. MySQL 的数据库操作语法

(1) 创建数据库语句。

```
CREATE DATABASE [IF NOT EXISTS] database_name
CHARACTER SET character_set;
```

创建数据库的简单语句就是通过语句 CREATE DATABASE 后面跟上要创建的数据库名称。

例 3-1　创建名为 students_courses 的数据库,指定字符集为 gbk。

```
CREATE DATABASE students_courses CHARACTER SET gbk;
```

数据库不能重复存在,即创建的数据库名称必须是系统中不存在的,如果数据库已经存在,若再创建会出现 1007 号错误。数据库的命名遵守标识符命名的基本规则即可。

一般情况下,建议在检查数据库不存在时才创建数据库,语句格式是在 CREATE DATABASE 和数据库的名称之间加入关键字 IF NOT EXISTS。系统默认的字符集是

utf8,但在创建数据库时也可以指定字符集。可在创建数据库前通过下面的语句查看系统可用的字符集。

```
SHOW CHARACTER SET;
```

（2）指定当前数据库语句。

```
USE database_name;
```

例 3-2 将 students_courses 指定为当前数据库。

```
USE students_courses;
```

（3）查看系统现存数据库语句。

```
SHOW DATABASES;
```

（4）查看指定数据库语句。

```
SHOW CREATE DATABASE database_name;
```

例 3-3 查看 students_courses 数据库的信息。

```
SHOW CREATE DATABASE students_courses;
```

（5）修改数据库语句。

```
ALTER DATABASE database_name CHARACTER SET character_set;
```

例 3-4 修改名为 students_courses 的数据库的指定字符集为 utf8。

```
ALTER DATABASE students_courses CHARACTER SET utf8;
```

（6）删除数据库语句。

```
DROP DATABASE [IF EXISTS] database_name;
```

例 3-5 删除名为 students_courses 的数据库。

```
DROP DATABASE students_courses;
```

3.1.2 项目实施

1. Navicat for MySQL 的 SQL 语句编辑环境

（1）打开 Navicat for MySQL 主界面。

（2）选择"工具"→"命令列界面"命令,或者按快捷键 F6 打开语句列界面,如图 3-1 所示。

SQL 创建、修改、删除数据库

数据库应用技术

图 3-1　Navicat for MySQL 语句列界面

（3）在命令列界面中输入要执行的 SQL 语句，按 Enter 键，执行编辑区中的 SQL 代码，结果如图 3-2 所示。

图 3-2　SQL 语句执行结果

登录 MySQL 服务器后，即可开始创建数据库。创建用户数据库之前要考虑好一些问题，如数据库的名字、数据库中数据量的大小等。

2. 命令行工具的使用

可以在 Windows 操作系统下进入命令行窗口，通过 cd 语句转当前目录到 MySQL 安装目录的 bin 目录下，然后输入 mysql -u root -p 语句登录 MySQL 服务器。但对于不熟悉 DOS 语句的用户来说，请看下面的简单登录方法。

如图 3-3 所示，在 Windows 操作系统下，打开"开始"菜单中的 MySQL 文件夹，单击选择其中的 MySQL 5.7 Command Line Client，打开 MySQL 语句行客户端窗口，如图 3-4 所示。输入在

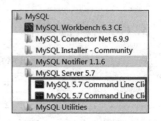

图 3-3　MySQL 菜单语句

安装时设定的 root 用户密码即可登录 MySQL 服务,登录后的窗口语句行会有提示符 mysql>,如图 3-5 所示。

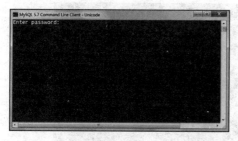
图 3-4　MySQL 语句行开始窗口

图 3-5　登录成功后的语句行窗口

注意:在如图 3-3 所示的菜单中,MySQL 5.7 Command Line Client 语句行菜单项有两个,上面那个是 Unicode 编码方式即方便使用中文输入输出的,下面那个是普通的英文模式。如果使用数据库的过程中需要中文的输入和显示建议选择上面那个。

可以在语句提示符后输入语句 show databases,然后按 Enter 键执行语句,其结果窗口如图 3-6 所示,证明登录成功,这时就可以执行 MySQL 的相关语句了,如果输入 exit 后执行该语句则关闭窗口,退出登录。

3. SQL 语句创建和删除数据库

(1) 通过语句方式创建一个名为"学生成绩管理"的数据库。打开 MySQL 的语句行控制台,登录服务器成功后,输入如下语句按 Enter 键执行。

图 3-6　执行语句后语句行窗口

```
CREATE DATABASE 学生成绩管理;
```

执行结果窗口如图 3-7 所示。

其中,显示 Query OK 表示语句执行成功,1 row affected 表示一行受影响,0.00 sec 是语句的执行时间,这个 0.00 并不表示执行语句不需要时间,只是时间非常短,小于 0.01 秒。

要创建名称为 abc 的数据库,并检查名称是否存在,其语句如下:

```
CREATE DATABASE IF NOT EXISTS abc;
```

运行结果如图 3-8 所示。

图 3-7　创建"学生成绩管理"数据库

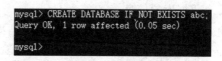
图 3-8　创建数据库时检查名称是否存在

MySQL 数据库能够支持多种字符集,可以通过执行下面语句查看可用的字符集,运行结果部分截图如图 3-9 所示。

```
SHOW CHARACTER SET;
```

```
mysql> SHOW CHARACTER SET;
+----------+-----------------------------+---------------------+--------+
| Charset  | Description                 | Default collation   | Maxlen |
+----------+-----------------------------+---------------------+--------+
| big5     | Big5 Traditional Chinese    | big5_chinese_ci     |      2 |
| dec8     | DEC West European           | dec8_swedish_ci     |      1 |
| cp850    | DOS West European           | cp850_general_ci    |      1 |
| hp8      | HP West European            | hp8_english_ci      |      1 |
| koi8r    | KOI8-R Relcom Russian       | koi8r_general_ci    |      1 |
| latin1   | cp1252 West European        | latin1_swedish_ci   |      1 |
| latin2   | ISO 8859-2 Central European | latin2_general_ci   |      1 |
| swe7     | 7bit Swedish                | swe7_swedish_ci     |      1 |
| ascii    | US ASCII                    | ascii_general_ci    |      1 |
| ujis     | EUC-JP Japanese             | ujis_japanese_ci    |      3 |
| sjis     | Shift-JIS Japanese          | sjis_japanese_ci    |      2 |
| hebrew   | ISO 8859-8 Hebrew           | hebrew_general_ci   |      1 |
| tis620   | TIS620 Thai                 | tis620_thai_ci      |      1 |
| euckr    | EUC-KR Korean               | euckr_korean_ci     |      2 |
| koi8u    | KOI8-U Ukrainian            | koi8u_general_ci    |      1 |
| gb2312   | GB2312 Simplified Chinese   | gb2312_chinese_ci   |      2 |
| greek    | ISO 8859-7 Greek            | greek_general_ci    |      1 |
| cp1250   | Windows Central European    | cp1250_general_ci   |      1 |
| gbk      | GBK Simplified Chinese      | gbk_chinese_ci      |      2 |
| latin5   | ISO 8859-9 Turkish          | latin5_turkish_ci   |      1 |
| armscii8 | ARMSCII-8 Armenian          | armscii8_general_ci |      1 |
| utf8     | UTF-8 Unicode               | utf8_general_ci     |      3 |
| ucs2     | UCS-2 Unicode               | ucs2_general_ci     |      2 |
| cp866    | DOS Russian                 | cp866_general_ci    |      1 |
| keybcs2  | DOS Kamenicky Czech-Slovak  | keybcs2_general_ci  |      1 |
| macce    | Mac Central European        | macce_general_ci    |      1 |
| macroman | Mac West European           | macroman_general_ci |      1 |
| cp852    | DOS Central European        | cp852_general_ci    |      1 |
| latin7   | ISO 8859-13 Baltic          | latin7_general_ci   |      1 |
| utf8mb4  | UTF-8 Unicode               | utf8mb4_general_ci  |      4 |
| cp1251   | Windows Cyrillic            | cp1251_general_ci   |      1 |
| utf16    | UTF-16 Unicode              | utf16_general_ci    |      4 |
| utf16le  | UTF-16LE Unicode            | utf16le_general_ci  |      4 |
```

图 3-9　可用字符集列表

创建一个名为 students 的数据库,字符集指定为 gb2312。语句如下:

```
CREATE DATABASE students CHARACTER SET gb2312;
```

运行结果如图 3-10 所示。

```
mysql> CREATE DATABASE students CHARACTER SET gb2312;
Query OK, 1 row affected (0.06 sec)

mysql>
```

图 3-10　创建名为 students 的数据库

(2) 查看数据库。创建数据库成功后,可以通过语句来查看所有数据库信息或者单独查看某个数据库的信息。

输入查看系统所有数据库语句,运行结果如图 3-11 所示。

```
SHOW DATABASES;
```

从运行结果中可以看到,当前服务器中共有 14 个数据库,前面我们用语句行或图形界面建立的数据库均已经存在。

查看名称为 abc 的数据库信息,语句如下:

```
SHOW CREATE DATABASE abc;
```

运行结果如图 3-12 所示。

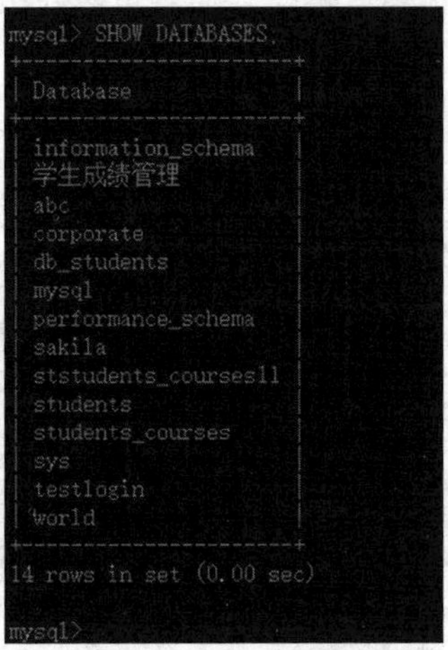

图 3-11　显示所有数据库名称

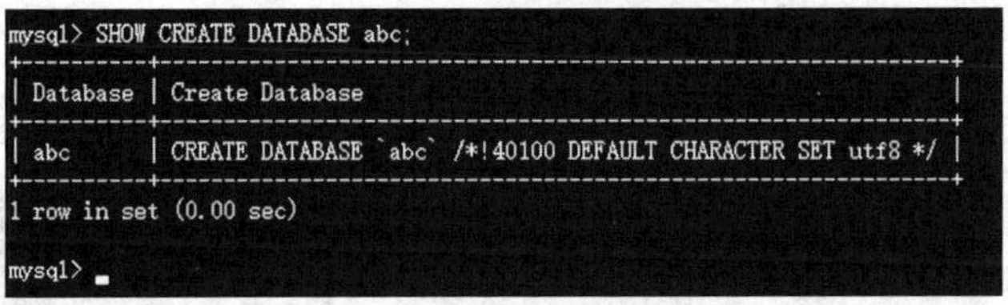

图 3-12　显示 abc 数据库的信息

从运行结果中可以看到,abc 数据库的默认字符集是 utf8。

(3) 修改数据库。要修改 abc 数据库的字符集为 gb2312,语句如下:

```
ALTER DATABASE abc CHARACTER SET gb2312;
```

语句的运行结果如图 3-13 所示。

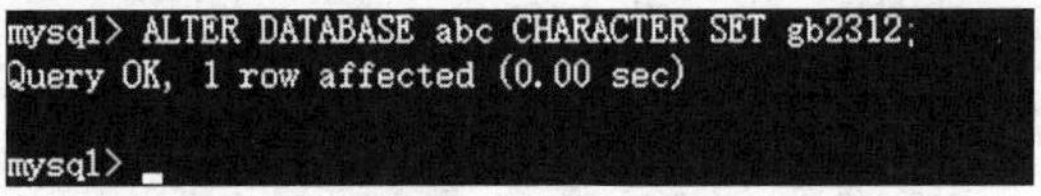

图 3-13　修改数据库的字符集

(4) 删除数据库。要删除 abc 数据库,其语句如下:

```
DROP DATABASE abc;
```

或者

```
DROP DATABASE IF EXISTS abc;
```

语句执行的结果如图 3-14 所示。

（5）选择并查看当前数据库。在服务器中一般会建立多个数据库，如果用户要对某个数据库进行操作，必须明确指定。需要注意的是，用户创建了数据库并不表示当前数据库就是这个新建立的数据库，使用前也需要指定。如果想要利用语句查询当前数据库的名称，可以执行语句：

```
SELECT DATABASE();
```

输出结果如图 3-15 所示。

图 3-14　使用删除语句删除数据库　　图 3-15　利用语句查询当前数据库的名称

可以看到，当前数据库是"学生成绩管理"。如果想要改变当前数据库，要将 students_courses 数据库设定为当前数据库，其语句如下：

```
USE students_courses;
```

运行结果如图 3-16 所示。当改变当前数据库成功后会显示提示信息 Database changed，可以继续执行语句 SELECT DATABASE()来查看当前数据库名称。

当前数据库选择好以后，就可以对数据库进行其他操作了，比如创建表结构、视图和存储过程等，也可以查看表结构，输入、修改或删除表中数据，以及执行查询操作等，这些内容在后面的项目中　图 3-16　利用语句改变并会涉及。　　　　　　　　　　　　　　　　　　　　　　　　　　查看当前数据库

任务 3.2　变量、运算符、函数的使用

3.2.1　相关知识点

1. 功能性语句

在 SQL 语言入门学习时，首先要掌握两个最基本的功能性语句，即输出语句和注释语句。

（1）输出语句（SELECT）。

SELECT 语句用于把消息传递到客户端应用程序，用表格的形式显示结果。

SELECT 语句语法如下：

变量、运算符、函数

```
SELECT '文本' | @ 局部变量 | @@ 全局变量 | 字符串表达式
```

例 3-6 SELECT 语句的使用。

```
SELECT CURDATE();
```

SELECT 语句也可以用于 MySQL 编程中的调试工作,帮助在 MySQL 代码中发现问题、检查数据值或生成报告。

(2) 注释语句。

注释是指程序代码中不执行的文本字符串,是对程序的说明,可以提高程序的可读性,使程序代码更易于维护,一般嵌入程序中并以特殊的标记显示出来。在 MySQL 中,注释可以包含在存储过程、触发器中,主要有以下 3 种类型的注释符。

① 单行注释符(--):这是 ANSI 标准的两个连字符组成的注释符,用于单行注释。注意使用该注释符时要求在两个短横线后至少有一个空格。

② 单行注释符(♯):MySQL 服务器支持"♯"注释到该行结束。

③ 多行注释符(/*...*/):这是与 C 语言相同的程序注释符,"/*"用于注释文字的开头,"*/"用于注释文字的结尾,可以在程序中标识多行文字为注释语句。

在 T-SQL 程序执行中,注释语句会被传递到 SQL Server 数据库服务器,但分析器及优化器会忽略所有的注释语句。

例 3-7 使用注释符给 SQL 语句添加注释说明。

```
/*
程序功能:
1.打开学生成绩管理数据库
2.在学生表中查询男生姓名
*/
USE 学生成绩管理;        # 操作学生成绩管理数据库
SELECT 姓名 FROM 学生表 WHERE 性别= '男';  -- 查询显示男生的姓名
```

2. 变量与常量

所谓变量,是指在程序运行过程中,值可以发生变化的量。变量可以被赋值,通常用来保存程序运行过程中的录入数据、中间结果和最终结果。在 MySQL 中可以使用 4 种类型变量,即局部变量、用户变量、会话变量和全局变量。

(1) 局部变量。局部变量一般用在 SQL 语句块中,比如存储过程的 BEGIN/END 语句之间。其作用域仅限于该语句块,在该语句块执行完毕后,局部变量就消失了。

局部变量一般用 DECLARE 来声明,可以使用 DEFAULT 来说明默认值。

例 3-8 在存储过程中定义局部变量。

```
CREATE PROCEDURE addition(IN a int,IN b int)
BEGIN
        DECLARE c INT DEFAULT 0;-- 定义局部变量 c
        SET c = a + b;
        SELECT c;
END;
```

(2) 用户变量。用户变量的作用域比局部变量要广。用户变量可以作用于当前整个连接,但是当前连接断开后,其所定义的用户变量就会收回。

用户变量使用如下(这里我们无须使用 DECLARE 关键字进行定义,可以直接这样使用):

```
SET @var_name
```

对用户变量赋值有两种方式,一种是直接用"="号,另一种是用":="号。其区别在于使用 SET 语句对用户变量进行赋值时,两种方式都可以使用;当使用 SELECT 语句对用户变量进行赋值时,只能使用":="方式,因为在 SELECT 语句中,"="号被看作比较操作符。

(3) 会话变量。服务器为每个连接的客户端维护一系列会话变量。在进行客户端连接时,使用相应全局变量的当前值对客户端的会话变量进行初始化。设置会话变量不需要特殊权限,但客户端只能更改自己的会话变量,而不能更改其他客户端的会话变量。会话变量的作用域与用户变量一样,仅限于当前连接。当前连接断开后,其设置的所有会话变量均被收回。

设置会话变量有如下 3 种方式。

```
SET session var_name = value;
SET @@session.var_name = value;
SET var_name = value;
```

查看一个会话变量也有如下 3 种方式。

```
SELECT @@var_name;
SELECT @@session.var_name;
SHOW session variables like "%var%";
```

(4) 全局变量。全局变量会影响服务器整体操作。当服务器启动时,它将所有全局变量初始化为默认值。这些默认值可以在选项文件中或在语句行中指定。要想更改全局变量,必须具有 SUPER 权限。全局变量作用于整个生命周期,但是不能跨重启。即重启后所有设置的全局变量均失效。要想让全局变量重启后继续生效,需要更改相应的配置文件。

要设置一个全局变量,有如下两种方式。

```
//注意:此处的 global 不能省略。根据手册,set 语句设置变量时若不指定 GLOBAL、SESSION
//或者 LOCAL,默认使用 SESSION
SET global var_name = value;
SET @@global.var_name = value; //同上
```

要想查看一个全局变量,有如下两种方式:

```
SELECT @@global.var_name;
SHOW global variables like "%var%";
```

(5) 常量。常量是表示一个特定数据值的符号,常量的类型取决于它所表示的值的数据类型。在 MySQL 中,有字符串常量、数值常量、日期和时间常量等。常量类型及范例数据见表 3-2。

表 3-2 常量类型及范例数据

常量类型	范例数据
ASCII 字符串常量	'china'、'中国'
Unicode 字符串常量	N'gdpi'
十六进制常量	0x28EA、0x2608CEBDCAD
布尔值	TRUE 或 FALSE
日期和时间常量	'2011-08-22'
整数常量	1998、2008
浮点数常量	98.5E6、0.8E−5、36.89
NULL 值	NULL
位字段值	b'111101'

3. 运算符

运算符是一种符号,用来指定在一个或多个表达式中执行的操作。MySQL 提供的运算符有算术运算符、赋值运算符、位运算符、比较运算符、逻辑运算符、一元运算符等。

(1) 算术运算符。算术运算符用于对表达式进行数学运算,表达式中的各项可以是数值数据类型中的一个或多个数据类型。加(+)和减(−)运算符也可用于对 DATETIME 和 SMALLDATETIME 数据类型进行算术运算。算术运算符见表 3-3。

表 3-3 算术运算符类型

运算符	含义
+	加法
−	减法
*	乘法
/	除法
%	返回一个除法运算的整数余数,例如 9 % 5＝4,这是因为 9 除以 5,余数为 4

(2) 赋值运算符。MySQL 使用赋值运算符,即等号(＝)来给变量赋值。

(3) 位运算符。位运算符在表达式的各项之间执行位操作,位运算符可用于 INT、SMALLINT 或 TINYINT 数据类型。位运算符见表 3-4。

表 3-4 位运算符类型

运算符	含义
&	按位与 AND(两个操作数)
|	按位或 OR(两个操作数)
^	按位异或 XOR(两个操作数)

(4) 比较运算符。比较运算符用于比较两个表达式,比较运算符可用于字符、数字或日期数据,并可用于查询语句中的 WHERE 或 HAVING 子句中。比较运算符计算结果为布尔数据类型,输出结果为 TRUE 或 FALSE。比较运算符见表 3-5。

表 3-5　比较运算符类型

运算符	含　　义
=	等于
>	大于
<	小于
>=	大于或等于
<=	小于或等于
<>	不等于
!=	不等于(非 SQL-92 标准)
!<	不小于(非 SQL-92 标准)
!>	不大于(非 SQL-92 标准)

(5) 逻辑运算符。逻辑运算符用于对某些条件进行测试,以获得其真实情况。逻辑运算符和比较运算符一样,输出结果为 TRUE 或 FALSE。逻辑运算符见表 3-6。

表 3-6　逻辑运算符类型

运算符	含　　义
ALL	如果全部的比较都为 TRUE,那么就为 TRUE
AND	如果两个布尔表达式都为 TRUE,那么就为 TRUE
ANY	如果一系列的比较中任何一个为 TRUE,那么就为 TRUE
BETWEEN	如果操作数在某个范围之内,那么就为 TRUE
EXISTS	如果子查询包含一些行,那么就为 TRUE
IN	如果操作数等于表达式列表中的一个,那么就为 TRUE
LIKE	如果操作数与一种模式相匹配,那么就为 TRUE
NOT	对任何其他布尔运算符的值取反
OR	如果两个布尔表达式中的一个为 TRUE,那么就为 TRUE
SOME	如果在一系列比较中,有些为 TRUE,那么就为 TRUE

(6) 一元运算符。一元运算符只对一个表达式执行操作,+(正)和-(负)运算符可以用于数值数据类型的表达式。一元运算符见表 3-7。

表 3-7　一元运算符类型

运算符	含　义
+	数值为正
-	数值为负
~	按位非 NOT,返回数字的补数

（7）运算符优先级。当一个复杂的表达式包含多种运算符时,需要注意这些运算符的优先级,运算符优先级决定执行运算的先后顺序,执行的顺序会直接影响到表达式的值。运算符运算优先级从高到低见表 3-8。

表 3-8　运算符优先级

优先级	运　算　符
1	()
2	+(正)、-(负)、~(按位非 NOT)
3	*(乘)、/(除)、%(模)
4	+(加)、(+字符串连接)、-(减)
5	=、>、<、>=、<=、<>、!=、!>、!<(比较运算符)
6	^(按位异或)、&(按位与)、|(按位或)
7	NOT
8	AND
9	ALL、ANY、BETWEEN、IN、LIKE、OR、SOME
10	=(赋值)

当一个表达式中的运算符有相同的优先级时,则基于它们在表达式中的位置从左到右进行运算;当优先级不同时,在较低等级的运算符之前先对较高等级的运算符进行运算。

4. 函数

MySQL 中提供了丰富的函数,可以分为数学函数、字符串函数、日期和时间函数、系统信息函数、加密函数及条件判断函数等。函数给用户提供了强大的功能,使用户不需要编写很多代码就能够完成某些任务和操作。

（1）数学函数。数学函数用于对数值表达式进行数学运算并返回运算结果。常用的数学函数见表 3-9。

表 3-9　数学函数

函 数 名 称	作　用
ABS(x)	返回 x 的绝对值
CEILING(x)	返回不小于 x 的最小整数

续表

函数名称	作　用
FLOOR(x)	返回不大于 x 的最大整数
MOD(x,y)	返回 x 被 y 除后的余数
ROUND(x,y)	对 x 进行四舍五入操作,小数点后保留 y 位
SIGN(x)	返回 x 的符号,1、0 或者 -1
SQRT(x)	返回 x 的非负二次方根
TRUNCATE(x,y)	舍去 x 中小数点 y 位后面的数

（2）字符串函数。利用字符串函数可以对二进制数据、字符串执行不同的运算,可以实现字符之间的转换、查找、截取等操作。大多数字符串函数只能用于 CHAR 和 VARCHAR 数据类型以及明确转换成 CHAR 和 VARCHAR 数据类型,部分字符串函数也可以用于 BINARY 和 VARBINARY 数据类型。常用字符串函数见表 3-10。

表 3-10　字符串函数

函数名称	作　用
LENGTH(str)	返回字符串 str 的长度
CONCAT(s1,s2,…)	返回一个或者多个字符串连接产生的新的字符串
TRIM(str)	删除字符串两侧的空格
REPLACE(str,s1,s2)	使用字符串 s2 替换字符串 str 中所有的字符串 s1
REVERSE(str)	返回字符串 str 反序的字符串
SUBSTRING(str,n,len)	返回字符串 str 的子串,起始位置为 n,长度为 len
LOCATE(s1,str)	返回子串 s1 在字符串 str 中的起始位置

（3）日期和时间函数。日期和时间函数用于对日期和时间数据进行各种不同的处理和运算,并返回字符串、数值或日期时间值。常用日期和时间函数见表 3-11。

表 3-11　日期和时间函数

函数名称	作　用
CURDATE()	返回当前的系统日期时间
DAYNAME(date)	返回 date 是星期几(按英文名返回)
PERIOD_DIFF(P1,P2)	返回在时期 P1 和 P2 之间的月数(P1 和 P2 的格式 YYMM 或 YYYYMM)
DATE_ADD(date,INTERVAL expr type)	向日期添加指定的时间间隔
YEAR(date)	返回指定日期的年
MONTH(date)	返回指定日期的月
DAY(date)	返回指定日期的日

（4）系统信息函数。利用系统信息函数对 MySQL 数据库服务器和数据库对象进行操作，可以返回与 MySQL 数据库系统、数据库和用户有关的信息。部分系统信息函数见表 3-12。

表 3-12 部分系统信息函数

函 数 名 称	作 用
DATABASE()	返回当前数据库名
VERSION()	返回 MySQL 服务器的版本
USER()	返回当前用户的数据库用户名

（5）加密函数。利用加密函数可以对保存到数据库的数据进行一定必要的保护。部分加密函数见表 3-13。

表 3-13 部分加密函数

函 数 名 称	作 用
MD5(str)	对字符串 str 进行 MD5 加密
ENCODE(str,pwd_str)	使用 pwd_str 作为密码加密字符串 str
DECODE(str,pwd_str)	使用 pwd_str 作为密码解密字符串 str

（6）条件判断函数。MySQL 有 4 个函数是用来进行条件判断操作的，这些函数可以实现 SQL 的条件判断逻辑，允许开发者将一些应用程序业务逻辑转换到数据库后台。条件判断函数见表 3-14。

表 3-14 条件判断函数

函 数 名 称	作 用
IF(expr,v1,v2)	如果 expr 表达式为 true 则返回 v1，否则返回 v2
IFNULL(v1,v2)	如果 v1 不为 NULL 则返回 v1，否则返回 v2
NULLIF(v1,v2)	如果 v1＝v2 则返回 NULL，否则返回 v1
CASE expr WHEN v1 THEN r1 [WHEN v2 THEN r2…][ELSE rn] END	如果 expr 值等于 v1、v2 等，则返回对应位置 THEN 后面的结果，否则返回 ELSE 后的结果 rn

3.2.2 项目实施

1. 变量的使用

（1）定义用户变量@xh、@xm 赋值并输出。

```
SET @xh:= '2007061382',@xm= '李明';          -- 使用 SET 给用户变量赋值
SELECT @xh2:= '2007061382';                   -- 使用 SELECT 给用户变量赋值
SELECT @xh,@xh2,@xm;                          -- 使用 SELECT 输出用户变量
```

（2）在存储过程中定义局部变量，如图 3-17 所示。

```
delimiter //                                          -- 将结束符定义为 //
CREATE PROCEDURE addition(IN a int,IN b int)
BEGIN
      DECLARE c INT DEFAULT 0;                        -- 定义局部变量 c
      SET c = a + b;
      SELECT c;
END; //
CALL addition(3,4); //                                -- 调用存储过程 addition(a,b)
```

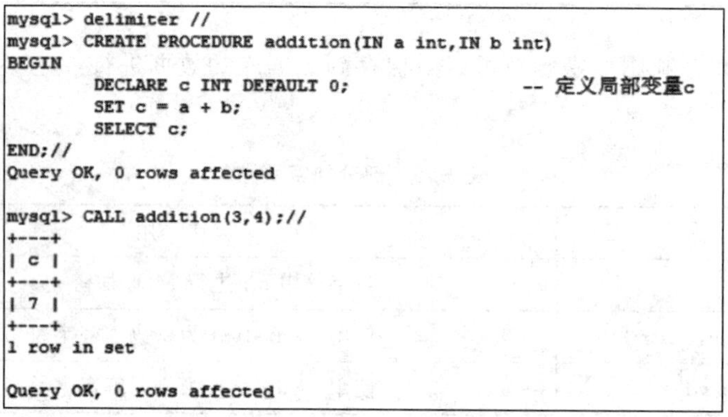

```
mysql> delimiter //
mysql> CREATE PROCEDURE addition(IN a int,IN b int)
BEGIN
      DECLARE c INT DEFAULT 0;                        -- 定义局部变量c
      SET c = a + b;
      SELECT c;
END; //
Query OK, 0 rows affected

mysql> CALL addition(3,4); //
+---+
| c |
+---+
| 7 |
+---+
1 row in set

Query OK, 0 rows affected
```

图 3-17　在存储过程中使用局部变量

2. 运算符的使用

（1）定义用户变量。声明变量@SchoolName，并使用赋值运算符给@SchoolName 赋值。然后查看赋值结果。

```
SET @SchoolName= '华南理工大学';
SELECT @SchoolName;
```

（2）位运算符的应用。

```
SET @a= 3 ,@b= 5;
SELECT @a & @b ,@a | @b ,@a ^ @b;
```

表达式运算结果：

```
1    7    6
```

（3）运算符优先级不同的表达式运算。

```
CREATE PROCEDURE sum
BEGIN
   DECLARE @MyNumber INT;
   SET @MyNumber = 6 + 5 * 3 - 9;
   SELECT @MyNumber;
END;
```

在 6＋5＊3－9 表达式中,由于乘法(＊)的优先级高于加法(＋)和减法(－),因此先执行 5＊3 运算,得到 15,再顺序执行加法(＋)和减法(－),表达式结果是 12。

3. 函数的使用

(1) 数学函数 CEILING、FLOOR、ROUND 的应用。

```
SELECT CEILING(16.3),FLOOR(16.8),ROUND(16.2628,3);
```

运行结果如图 3-18 所示。

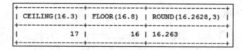

图 3-18　数学函数运行结果图示

(2) 字符串函数 LENGTH、CONCAT、SUBSTRING 的应用。

```
SELECT LENGTH('gdpi'),CONCAT('gdpi','edu'),TRIM('  gdpiedu');
```

运行结果如图 3-19 所示。

图 3-19　字符串函数运行结果图示

(3) 日期和时间函数的应用。

```
SELECT CURDATE() AS '当前日期',MONTH(CURDATE()) AS '月份';
```

运行结果如图 3-20 所示。

(4) 系统信息函数的应用。

```
SELECT VERSION() AS '版本',USER() AS '用户名';
```

运行结果如图 3-21 所示。

图 3-20　日期和时间函数运行结果图示　　图 3-21　系统信息函数运行结果图示

(5) 加密函数的应用。

```
SELECT MD5('123456'),ENCODE('123456','key');
```

运行结果如图 3-22 所示。

```
+--------------------------------+--------------------------+
| MD5('123456')                  | ENCODE('123456','key')   |
+--------------------------------+--------------------------+
| e10adc3949ba59abbe56e057f20f883e | ◆mL◆1◆                 |
+--------------------------------+--------------------------+
```

图 3-22　加密函数运行结果图示

（6）条件判断函数的应用。

```
SELECT IF(1< 10,2,3),IFNULL(1,2);
```

运行结果如图 3-23 所示。

```
+------------+------------+
| IF(1<10,2,3) | IFNULL(1,2) |
+------------+------------+
|          2 |          1 |
+------------+------------+
```

图 3-23　条件判断函数运行结果图示

项目 3 答疑

mysql8.0＋navicate 安装 1251 错误

项目 4

使用 SQL 添加、删除、更新数据

◆ 项目提出

目前已经能够利用可视化工具进行数据定义——操作数据库和数据表,并对数据库管理系统有了比较深刻的认识,接下来进一步学习 SQL 的具体应用。

使用 SQL 进行数据的添加、删除、更新、查询是计算机应用系统中最常见的应用。比如,在网站系统中用户的注册对应数据的添加功能,用户的信息修改对应数据库的更新功能,用户的注销对应数据的删除功能,用户的登录对应数据库的查询功能等。所以先学习 DML(数据操纵语言)和 DQL(数据查询语言)是非常有必要的。使用 DML 进行数据操纵,也是电子信息专业技术人员必须具备的基本技能。

◆ 项目分析

本项目的目标是学习数据的操纵,那么首先要明确操纵的对象是什么。下面是本项目和后续项目所操作的数据库和表的说明。

数据库名称为 students_courses(学生选课),其中定义了四张表,分别是 students(学生)表、teachers(教师)表、courses(课程)表和 sc(选课)表。其定义见表 4-1~表 4-4。

表 4-1 students 表

列 名	类 型	长 度	说 明
sno	CHAR	12	学号,关键字(主键)
sname	CHAR	8	姓名,NOT NULL
xb	CHAR	2	性别,NOT NULL
zhy	VARCHAR	30	专业
in_year	DATETIME	4	入学年份
dept	VARCHAR	30	所属学院(系)

表 4-2 teachers 表

列 名	类 型	长 度	说 明
tno	CHAR	10	教工号,关键字(主键)
tname	CHAR	8	教师姓名,NOT NULL
xb	SMALLINT	2	性别,NOT NULL

续表

列名	类型	长度	说明
zc	VARCHAR	20	职称
age	SMALLINT	—	年龄

表 4-3   courses 表

列名	类型	长度	说明
cno	CHAR	8	课程号,关键字(主键)
cname	CHAR	30	课程名,NOT NULL
xf	SMALLINT	—	学分,NOT NULL
tno	CHAR	10	任课教师,参照 teachers(tno)创建外键

表 4-4   sc 表

列名	类型	长度		说明
sno	CHAR	12	主键	学号,参照 students(sno)创建外键
cno	CHAR	8		课程号,参照 courses(cno)创建外键
cj	SMALLINT	4		成绩
xq	CHAR	2		选课学期

也可以在命令行中运行下面的 DDL(数据定义语言,将在第 6 章介绍)语句生成。

```
/*  1创建数据库   */
CREATE DATABASE students_courses;           -- 创建数据库

USE students_courses;                       -- 指定当前数据库

/*  2创建学生表 students   */
CREATE TABLE students(
  sno CHAR(12) PRIMARY KEY,                 -- 学号
  sname char(8) NOT NULL,                   -- 姓名
  xb char(2) DEFAULT '男',                   -- 性别
  zhy varchar(30),                          -- 专业
  in_year int,                              -- 入学年份
  dept varchar(30)                          -- 所属院系
);

/*  3创建教师表 teachers   */
CREATE TABLE teachers(
  tno CHAR(10) PRIMARY KEY,                 -- 教工号
  tname CHAR(8) NOT NULL,                   -- 教师姓名
  txb char(2) DEFAULT '男',                  -- 教师性别
  zc varchar(20),                           -- 职称
```

```
    age smallint                                        -- 年龄
);

*  4创建课程表 courses   */
CREATE TABLE courses(
   cno CHAR(8) PRIMARY KEY,                             -- 课程号
   cname varchar(30) NOT NULL,                          -- 课程名
   xf smallint DEFAULT 3,                               -- 课程学分
   tno CHAR(10),                                        -- 任课教师的教工号
   FOREIGN KEY(tno) REFERENCES teachers(tno)
);

/*  5创建选课表 sc   */
CREATE TABLE sc(
   sno CHAR(12),
   cno CHAR(8),
   cj SMALLINT DEFAULT 0,                               -- 成绩
   xq char(2),                                          -- 修课学期
   PRIMARY KEY(sno,cno),
   FOREIGN KEY(sno) REFERENCES students(sno),
   FOREIGN KEY(cno) REFERENCES courses(cno)
);
```

任务 4.1　数据表插入数据

4.1.1　相关知识点：INSERT 语句语法

INSERT 语句

当建立好一个表结构后，它只是一个空表，接着需要插入数据，即添加数据记录，然后还可以进行修改、删除和查询等操作。

SQL 语言中的 INSERT 语句的基本语法中参数也比较多，这里选择必要的常用的部分分步骤给大家介绍。其语法格式如下：

```
INSERT [INTO] table_name(column_name_1,column_name_2,...,column_name_n)
            VALUES(value_11,value_12,...,value_1n),
                  (value_21,value_22,...,value_2n),
                  ...,
                  (value_11,value_12,...,value_1n);
```

其中，table_name 是表名，表名后面圆括号内为给定的一个或多个用逗号分开的列名，它们都属于表中的已定义的列，column_name_1 为第 1 个列名，column_name_2 为第 2 个列名，……，column_name_n 为第 n 个列名。VALUES 关键字后面的圆括号内依次给出与前面每个列名相对应的列值，value_1 为第 1 个值，value_2 为第 2 个值，以此类推。当 VALUES 后的列值为字符串或日期时间类型时，必须用单引号括起来，以区别于数值数据。关键字 INTO 可省略。

4.1.2 项目实施

1. 在 students_courses 数据库中的 students 表中插入一条记录

单行插入是指每执行一次命令往表中添加一条记录,这是 INSERT 语句最常用的一种插入方法。如果已经选择了当前数据库为 students_courses,则插入一条记录的代码如下:

```
INSERT students(sno,sname,xb,zhy,in_year,dept)
        VALUES('202100010001','李明媚','女','软件技术',2021,'计算机技术');
```

执行上述命令后,查看 students 表的内容如图 4-1 所示。

sno	sname	xb	zhy	in_year	dept
202100010001	李明媚	女	软件技术	2021	计算机技术

图 4-1 向 students 表中插入记录后的结果(1)

2. 在向 students 表中插入一条记录时字段名应与值一一对应

INSERT 语句中 table_name 括弧中的各个列名的顺序可以改变,但要求 VALUES 括弧中值的顺序要与之相对应。插入记录的代码如下:

```
INSERT students(sname,zhy,in_year,sno,xb,dept)
        VALUES('张实在','物联网应用技术',2020,'202000010001','男','计算机技术');
```

执行上述命令后,查看 students 表的内容如图 4-2 所示。新插入的记录根据学号的大小(字符串排列顺序)排在了最前面。

sno	sname	xb	zhy	in_year	dept
202000010001	张实在	男	物联网应用技	2020	计算机技术
202100010001	李明媚	女	软件技术	2021	计算机技术

图 4-2 向 students 表中插入记录后的结果(2)

3. 在向 students 表中插入一条记录时,如省略所有字段名称,值的顺序要按表中字段的顺序一一给出

如果 INSERT 语句中 table_name 后括弧中的各个列名的排列顺序与表定义时的顺序完全相同,则可以省略 table_name 后括弧及其中的所有列名。插入记录的代码如下:

```
INSERT students
        VALUES('202000010002','王凯','男','软件测试技术',2020,'计算机技术');
```

4. 在向 students 表中插入一条记录时仅给部分列(学号、姓名和专业)赋值

INSERT 语句中 table_name 括弧中的列名可以仅仅是表中部分的必需的列,则这时 VALUES 后的值也必须与之相对应。其插入记录的代码如下:

```
INSERT students(sno,sname,zhy)
        VALUES('202000010003','吴天成','软件测试技术');
```

这个命令向 students 表插入了一条记录,只对其中的三个列赋值,但因为性别(xb)列定义了默认值"男",所以查看 students 表的结果如图 4-3 所示,另外两个列未给定值时取 NULL 值。

图 4-3　向 students 表中插入记录后的结果(3)

5. 向 students 表中插入多条记录

与单行插入的 INSERT 语句相比,就是将多条记录的值放在了 VALUES 关键字后,每条记录的值用圆括号组织在一起,记录之间用逗号分隔。

当在插入语句中省略某些列时,有以下这些列是不可以省略的。

(1) 主键字段。

(2) 非空约束但没有定义默认值的字段。

另外,有些字段列的值系统会自动提供或可以为空(NULL),就可以省略。这些列包括:

(1) 自动递增(AUTO_INCREMENT)的列。

(2) 指定了默认值的列。

(3) Timestamp 类型的列。

(4) 允许为空的列。

插入记录的代码如下:

```
INSERT students
       VALUES('202000010004','刘国庆','男','软件技术',2020,'计算机技术'),
       ('202000010005','李张扬','男','计算机应用技术',2020,'计算机技术'),
       ('202000010006','曾水明','女','计算机应用技术',2020,'计算机技术'),
       ('202000010007','鲁高义','男','计算机网络技术',2020,'计算机技术'),
       ('201100010008','吴天天','女','软件技术',2021,'计算机技术');
```

这个命令执行后一次往 students 表插入了五条记录,查看 students 表的结果如图 4-4 所示。

图 4-4　向 students 表中插入记录后的结果(4)

4.1.3　知识拓展:CREATE TABLE...SELECT 语句

还可以使用 CREATE TABLE...SELECT 语句从另一个表中批量输入数据。因为 SELECT 语句我们将在后面介绍,这里只给出其语法形式和说明其基本意义,暂不举例说明。后面学习了 SELECT 语句的使用方法后就能掌握这个语句的使用方法了。

CREATE TABLE...SELECT 语句的语法格式如下：

```
CREATE TABLE table_name1
    SELECT column_name21,column_name22,...,column_name2n
    FROM table_name2
    [WHERE search_condition];
```

该语句表示从 table_name2 表中查询符合给定条件(使表达式 search_condition 的值为真)的记录(可能多条)插入表 table_name1 中，其中两个表的结构和数据相同，table_name1 没有主键和索引。实际上从 SELECT 起到最后就是一条查询语句，整个语句的作用是将查询的结果(多条记录)插入表 table_name1 中。

任务 4.2　数据表更新数据

4.2.1　相关知识点：UPDATE 语句语法

在 SQL 语言中，使用 UPDATE 语句更新表中的数据记录值。其基本语法如下：

```
UPDATE table_name
    SET column_name_1= value_1,
    column_name_2= value_2,
    ...
    column_name_n= value_n
    [WHERE search_condition];
```

其中，table_name 是表名，关键字 SET 后面的 column_name_1,column_name_2,...,column_name_n 为表中要修改值的列名，value_1,value_2,...,value_n 表示对应列的修改后的新值。search_condition 为查询条件，如果给出了 WHERE 子句选项，则更改表中使 WHERE 子句中查询条件为真的记录对应的列值；若省略 WHERE 子句，则会将表中所有记录的对应列的值进行修改。一般来说，更新语句与删除语句一样，不会省略 WHERE 子句。

4.2.2　项目实施

1. 操作准备

为方便举例，我们向 students_courses 数据库中的 teachers 和 courses 表各添加 6 条记录，向 sc 表中添加若干语句，其插入命令如下：

```
INSERT INTO `teachers `VALUES
('1998000002','吴英俊','男','教授','52'),
('2002000007','陈天乐','女','副教授','49'),
('2008000007','王小可','女','教授','47'),
('2011000003','李坦率','男','副教授','45'),
('2013000005','张一飞','男','副教授','40'),
('2013000111','张大明','男','副教授','39'),
('2015000001','李明天','男','讲师','32'),
```

```
('2018000001','李明%  ','男',NULL,NULL),
('2018000002','邱丽丽','女','讲师','28'),
('2018000012','李子然','男','助教','28'),
('2019000005','王丽','女','讲师','29'),
('2019000011','李梅','女','讲师','32'),
('2019000021','赵峰','男','讲师','30');

INSERT INTO `courses` VALUES
('10010001','C语言程序设计','4','2013000111'),
('10010002','JAVA语言程序设计','5','2011000003'),
('10010003','数据库技术','5','2013000111'),
('10010004','网络通信技术','5','2018000012'),
('10010005','网页设计与制作','3','2019000021'),
('10010006','物联网技术导论','3','2019000005'),
('10020003','英语阅读','4','2015000001'),
('10020004','英语写作','4','2019000011'),
('10030001','会计学基础','3','2018000002'),
('10030002','统计学原理','4','2013000005');
```

2. 单列更新（更新表中一个列的数据）

如将 students_courses 数据库中 courses 表中所有课程的学分加 1。

单列更新是指使用 UPDATE 语句只对表中一个列的值进行更新，即 UPDATE 语句中的 SET 子句后只有一个赋值语句（每个赋值语句更新一个列的值）。

在修改之前首先查看 courses 表中所有课程信息，如图 4-5 所示。

cno	cname	xf	tno
10010001	C语言程序设计	4	2013000111
10010002	JAVA语言程序设计	5	2011000003
10010003	数据库技术	5	2013000111
10010004	网络通信技术	5	2018000012
10010005	网页设计与制作	3	2019000021
10010006	物联网技术导论	3	2019000005
10020003	英语阅读	4	2015000001
10020004	英语写作	4	2019000011
10030001	会计学基础	3	2018000002
10030002	统计学原理	4	2013000005

图 4-5　courses 表修改前的课程信息

选择当前数据库为 students_courses，更新命令代码如下：

```
UPDATE courses
SET xf= xf+1;
```

执行上述命令后，查看 courses 表的内容，如图 4-6 所示。

在这个更新语句中，没有加 WHERE 子句，所以表中 xf 列的值都更新了。如果只对表中某一列中的部分值进行修改，就需要加 WHERE 条件子句了。

3. 单列单行更新

将 students_courses 数据库中 courses 表中"数据库技术"课程的任课教师的教工号改

为 2011000003。选择当前数据库为 students_courses,更新命令代码如下:

cno	cname	xf	tno
10010001	C语言程序设计	5	2013000111
10010002	JAVA语言程序设计	6	2011000003
10010003	数据库技术	6	2013000111
10010004	网络通信技术	6	2018000012
10010005	网页设计与制作	4	2019000021
10010006	物联网技术导论	4	2019000005
10020003	英语阅读	5	2015000001
10020004	英语写作	5	2019000011
10030001	会计学基础	4	2018000002
10030002	统计学原理	5	2013000005

图 4-6 courses 表修改后(学分加 1)的课程信息

```
UPDATE courses
    SET tno= '2011000003'
    WHERE cname= '数据库技术';
```

执行上述命令后,查看 courses 表的内容,对应记录的值进行了修改,如图 4-7 所示,表中第 3 行的 tno 值进行了修改。

cno	cname	xf	tno
10010001	C语言程序设计	5	2013000111
10010002	JAVA语言程序设计	6	2011000003
10010003	数据库技术	6	2011000003
10010004	网络通信技术	6	2018000012
10010005	网页设计与制作	4	2019000021
10010006	物联网技术导论	4	2019000005
10020003	英语阅读	5	2015000001
10020004	英语写作	5	2019000011
10030001	会计学基础	4	2018000002
10030002	统计学原理	5	2013000005

图 4-7 更新后的 courses 表内容

4. 多列更新

将 students_courses 数据库中 teachers 表中"李坦率"老师的职称(zc)改为教授,年龄改为 48。

此时需要同时对表中多个列的数据进行修改,SET 子句后就要跟上多个赋值语句,且语句之间要用逗号分隔。

下面的例题需要用到 teachers 表,其中的数据内容如图 4-8 所示。

tno	tname	txb	zc	age
1998000002	吴英俊	男	教授	52
2002000007	陈天乐	女	副教授	49
2008000007	王小可	女	教授	47
2011000003	李坦率	男	副教授	45
2013000005	张一飞	男	副教授	40

图 4-8 更新前 teachers 表的内容

选择当前数据库为 students_courses,更新命令代码如下：

```
UPDATE teachers
    SET zc= '教授',age= 48
    WHERE tname= '李坦率';
```

执行上述命令后,查看 teachers 表的内容,对应记录的值进行了修改,如图 4-9 所示,表中第 2 行的 zc 和 age 两个列的值进行了修改。

图 4-9　更新后 teachers 表的内容

任务 4.3　数据表删除数据

4.3.1　相关知识点：DELETE 语句语法

在 T-SQL 语言中可以使用 DELETE 语句删除表中部分或全部数据记录。其基本语法如下：

DELETE 语句

```
DELETE [FROM] table_name [WHERE search_condition];
```

其中,table_name 是表名;search_condition 为查询条件;关键字 FROM 可省略。该语句的作用是：如果给出了 WHERE 子句选项,则删除表中使 WHERE 子句中查询条件为真的记录;若省略 WHERE 子句,则会将指定的 table_name 表中的所有记录删除。

使用 DELETE 语句应注意以下两点。

(1) DELETE 语句只能删除数据表中的数据记录(行),而不能将表的结构删除。
(2) DELETE 删除的是表中一行或多行数据,而不能删除表中某一行中的一个字段值。

4.3.2　项目实施

删除命令的执行是一种破坏性的操作,所以在正式执行删除命令之前一定要确认。

1. 删除表中一条记录

因为执行删除操作会破坏表中数据,所以首先将 students_courses 数据库中的 students 表中的记录备份到表 students_copy 中。如果已经选择了当前数据库为 students_courses,则命令代码如下：

```
CREATE TABLE students_copy LIKE students;
INSERT INTO students_copy SELECT *  FROM students;
--将 students 表中记录备份到 students_copy 表中
```

然后删除 students_copy 表中姓名为"吴天天"的一条记录。

```
DELETE FROM students_copy WHERE sname= '吴天天';
```

执行上述命令后,查看 students_copy 表的内容,姓名为吴天天的记录已经删除,如图 4-10 所示。

sno	sname	xb	zhy	in_year	dept
202000010001	张实在	男	物联网应用技术	2020	计算机技术
202000010002	王凯	男	软件测试技术	2020	计算机技术
202000010003	吴天成	男	软件测试技术	(Null)	(Null)
202000010004	刘国庆	男	软件技术	2020	计算机技术
202000010005	李张扬	男	计算机应用技术	2020	计算机技术
202000010006	曾水明	女	计算机应用技术	2020	计算机技术
202000010007	鲁高义	男	计算机网络技术	2020	计算机技术
202100010001	李明娟	女	软件技术	2021	计算机技术

图 4-10 删除一条记录的 students_copy 表

在应用删除命令时,最重要的内容是根据给定的要求确定 WHERE 子句中的条件表达式。其实这里的条件表达式跟 C 或 C++语言中学过的表达式有很多相同的地方,只是在数据库中的条件表达式一般要和表中的字段(列)名联系起来,所以要仔细考虑。

例如,这个例子中给的条件是"姓名为吴天天",我们要知道表中姓名字段名定义为 sname,这是一个相等的比较运算,所以 WHERE 子句中的条件为 sname= '吴天天',一般 WHERE 子句中的条件都是由三部分组成,即列名、比较运算符和值,有多个条件时可以用逻辑运算符(AND、OR、NOT)连接成复合表达式。

还有一个细节很容易出错,就是这个条件中的吴天天要用单引号括起来而 sname 不用单引号,其实这是一个很简单的问题,因为这个"吴天天"是学生的姓名,是一个字符型的常量,在 T-SQL 语言中需要用单引号分隔表示,这是语法要求,如果是数值型的数据就不要这个单引号了;而 sname 是字段(列)名,是变量,代表表中一个列,是不需要加单引号的。

上面的删除语句在 students_name 表中是这样执行的,即从表中的第 1 行记录开始比较直到所有记录比较结束。首先查看第 1 行记录的 sname 列的值为"张实在",不等于"吴天天",因此不满足给定的条件,不删除第 1 条记录;同样地,查看第 2 行记录的 sname 列的值为"王凯",不等于"吴天天",因此条件也不成立,同样不删除第 2 条记录,以此类推,直到比较到第 9 条记录的 sname 列的值为"吴天天",这时条件成立,删除这条记录,如果后面还有第 10 条记录,依此进行,直到表中所有记录比较完毕,命令执行才结束。

2. 删除表中多条记录

删除 students_copy 表中所有 2020 年入学的男学生记录。选择当前数据库为 students_courses,删除命令代码如下:

```
DELETE FROM students_copy WHERE in_year= 2020 AND xb= '男';
```

执行上述命令后,删除了 students_copy 表中符合条件的 5 行记录,查看 students_copy 表的内容,如图 4-11 所示。

这个删除语句中的条件是复合条件,因为要满足两个条件,一个是 2020 年入学(in_year=2020),另一个是男学生(xb= '男'),我们使用"与"运算符 AND 将它们连接起来。

因为入学年份 in_year 定义时是整数类型,所以 2020 是个数据值而不是字符型数据,不需要用单引号括起来,而性别 xb 定义为字符类型,所以它的常量值"男"需要使用单引号,这里再次强调说明。

图 4-11　删除多条记录后的 students_copy 表

3. 删除表中所有记录

删除 students_copy 表中所有记录。

选择当前数据库为 students_courses,删除命令代码如下:

```
DELETE FROM students_copy;
```

执行上述命令后,会删除 students_copy 表中所有(剩余 3 条)记录,表为空(表中没有记录,但表结构还在),查看 students_copy 表的内容,如图 4-12 所示。

图 4-12　删除所有记录后的 students_copy 表

项目 4 答疑
主键与复合主键的使用

项目 5

查询数据

◇ 项目提出

在项目 2 中已经完成了数据库和表的创建,在项目 4 中利用 DML 向数据库添加和更新了数据,接下来就需要向应用系统提供数据查询服务,即 DQL 的应用。DQL 仅对应 SELECT 语句,是 SQL 语言中使用最多、最灵活的语句,可以说 SELECT 语句是 SQL 语言的灵魂。

◇ 项目分析

本部分使用项目 2 和项目 4 创建的数据库 students_courses(学生选课),其中有四张表,分别是 students(学生)表、teachers(教师)表、courses(课程)表和 sc(选课)表。为方便举例,我们在几个表中增加一些记录,相应的 INSERT 语句如下。

```
INSERT INTO `students` VALUES
('201900020007','高明明','女','商务英语','2019','外语'),
('201900030001','刘书旺','男','财务管理','2019','经济管理'),
('201900030008','吴天天','女','投资与理财','2019','经济管理'),
('202000010001','张实在','男','物联网应用技术','2020','计算机技术'),
('202000010002','王凯','男','软件测试技术','2020','计算机技术'),
('202000010003','吴天成','男','软件测试技术',NULL,NULL),
('202000010004','刘国庆','男','软件技术','2020','计算机技术'),
('202000010005','李张扬','男','计算机应用技术','2020','计算机技术'),
('202000010006','曾水明','女','计算机应用技术','2020','计算机技术'),
('202000010007','鲁高义','男','计算机网络技术','2020','计算机技术'),
('202000020001','李小可','女','商务英语','2020','外语'),
('202000030008','李小园','女','投资与理财','2020','经济管理'),
('202000030009','陈洁','女','投资与理财','2020','经济管理'),
('202100010001','李明媚','女','软件技术','2021','计算机技术'),
('202100010008','吴天天','女','软件技术','2021','计算机技术');

INSERT INTO `teachers` VALUES
('1998000002','吴英俊','男','教授','52'),
('2002000007','陈天乐','女','副教授','49'),
('2008000007','王小可','女','教授','47'),
('2011000003','李坦率','男','副教授','45'),
('2013000005','张一飞','男','副教授','40'),
('2013000111','张大明','男','副教授','39'),
('2015000001','李明天','男','讲师','32'),
('2018000001','李明%','男',NULL,NULL),
```

```
('2018000002','邱丽丽','女','讲师','28'),
('2018000012','李子然','男','助教','28'),
('2019000005','王丽','女','讲师','29'),
('2019000011','李梅','女','讲师','32'),('2019000021','赵峰','男','讲师','30');

INSERT INTO `courses` VALUES
('10010001','C语言程序设计','4','2013000111'),
('10010002','JAVA语言程序设计','5','2011000003'),
('10010003','数据库技术','5','2013000111'),
('10010004','网络通信技术','5','2018000012'),
('10010005','网页设计与制作','3','2019000021'),
('10010006','物联网技术导论','3','2019000005'),
('10020003','英语阅读','4','2015000001'),
('10020004','英语写作','4','2019000011'),
('10030001','会计学基础','3','2018000002'),
('10030002','统计学原理','4','2013000005');

INSERT INTO `sc` VALUES
('201900020007','10020003','75','2'),('201900020007','10020004','89','4'),
('201900030008','10030001','66','3'),('201900030008','10030002','79','1'),
('202000010001','10010001','70','2'),('202000010001','10010002','67','5'),
('202000010001','10010003','42','2'),('202000010001','10010004','88','4'),
('202000010001','10010005','56','1'),('202000010001','10010006','90','1'),
('202000010002','10010001','85','2'),('202000010002','10010002','90','4'),
('202000010002','10010003','66','3'),('202000010002','10010004','72','3'),
('202000010002','10010006','70','1'),('202000010003','10010001','64','2'),
('202000010003','10010002','90','5'),('202000010003','10010003','78','1'),
('202000010003','10010004','32','4'),('202000010004','10010001','70','1'),
('202000010004','10010002','75','4'),('202000010004','10010003','72','3'),
('202000010004','10010004','90','4'),('202000010004','10010005','85','2'),
('202000010004','10010006','70','1'),('202000010005','10010001','82','1'),
('202000010005','10010002','95','3'),('202000010005','10010003','72','3'),
('202000010005','10010004','70','1'),('202000010005','10010005','78','2'),
('202000010005','10010006','68','1'),('202000010006','10010001','68','1'),
('202000010006','10010002','50','2'),('202000010006','10010003','82','3'),
('202000010007','10010001','66','1'),('202000010007','10010002','79','2'),
('202000030009','10030001','66','1'),('202100010001','10010001','65','1'),
('202100010001','10010002','49','2'),('202100010008','10010003','72','1');
```

任务 5.1 查询语句入门

5.1.1 相关知识点

SQL 语言中查询只对应一条语句,即 SELECT 语句。该语句带有丰富的选项(又称子句),每个选项都由一个特定的关键字标识,后跟一些需要用户指定的参数。

SELECT 语句用于从数据库的一个或多个表中选择一个或多个行或列

SELECT 语法基础

组成一个结果表。下面首先介绍数据库中数据查询的基本思想,然后介绍 SELECT 语句的语法格式及其子句内容。

1. 查询的基本思想

所谓查询,是指从数据表中检索数据的方法。在进行查询操作之前,必须要建立好数据库和表,最重要的是表中应该有数据。如果表中没有数据,查询就没有了意义,数据库中数据越多,使用查询语句的意义就越大。

计算机中使用查询命令来查找数据就好比在家中查找某一样东西一样。如果家里的东西分门别类地放好了,找东西时直接到存放的房间内的某个位置查找就好了。这里介绍的查询是指在给定的数据库的一个或多个表中进行的检索,将符合条件的数据组成一个新的表(不管是单个数据项还是多个表内容的组合)返回给查询语句的用户。

2. SELECT 语句基本语法

SELECT 语句的语法接近于英语口语,容易理解,但其使用方法灵活多变,掌握好并不容易,下面将通过大量的例题帮助同学们理解和掌握。

下面是 SELECT 语句的简易语法格式。

```
SELECT [DISTINCT] * | select_list
[ FROM table_source ]
[ WHERE search_condition ]
[ GROUP BY group_by_expression ]
[ HAVING search_condition ]
[ ORDER BY order_expression [ASC | DESC ] ]
[ LIMIT [ OFFSET ] number ]
```

SELECT 语句的完整语法比较复杂,SELECT 是语句关键字,不可默认,其他的可默认子句包括 FROM 子句、WHERE 子句、GROUP BY 子句、HAVING 子句、ORDER BY 子句、LIMIT 子句。在 SELECT 语句之间还可以使用 UNION、EXCEPT 和 INTERSECT 运算符,将各个查询的结果合并到一个结果集中。

例 5-1 查询 students 表中的所有记录的所有列,SELECT 子句中使用 *,其代码如下:

```
SELECT * FROM students;
```

查询结果如图 5-1 所示。

```
+---------------+--------+----+----------------+---------+--------------+
| sno           | sname  | xb | zhy            | in_year | dept         |
+---------------+--------+----+----------------+---------+--------------+
| 201900020007  | 高明明 | 女 | 商务英语       | 2019    | 外语         |
| 201900030001  | 刘书旺 | 男 | 财务管理       | 2019    | 经济管理     |
| 201900030008  | 吴天天 | 女 | 投资与理财     | 2019    | 经济管理     |
| 202000010001  | 张实在 | 男 | 物联网应用技术 | 2020    | 计算机技术   |
| 202000010002  | 王凯   | 男 | 软件测试技术   | 2020    | 计算机技术   |
| 202000010003  | 吴天成 | 男 | 软件测试技术   | NULL    | NULL         |
| 202000010004  | 刘国庆 | 男 | 软件技术       | 2020    | 计算机技术   |
| 202000010005  | 李张扬 | 男 | 计算机应用技术 | 2020    | 计算机技术   |
| 202000010006  | 曾水明 | 女 | 计算机应用技术 | 2020    | 计算机技术   |
| 202000010007  | 鲁高义 | 男 | 计算机网络技术 | 2020    | 计算机技术   |
| 202000020001  | 李小可 | 女 | 商务英语       | 2020    | 外语         |
| 202000030008  | 李小园 | 女 | 投资与理财     | 2020    | 经济管理     |
| 202000030009  | 陈洁   | 女 | 投资与理财     | 2020    | 经济管理     |
| 202100010001  | 李明娟 | 女 | 软件技术       | 2021    | 计算机技术   |
| 202100010008  | 吴天天 | 女 | 软件技术       | 2021    | 计算机技术   |
+---------------+--------+----+----------------+---------+--------------+
15 rows in set
```

图 5-1 students 表中所有记录列

5.1.2 项目实施

从完整的 SELECT 语句语法中可以看到,只有 SELECT 子句是不可省略的(只有 SELECT 子句的语句一般用于 T-SQL 编程中作为赋值运算,详见项目 3 任务 3.3)。在这部分里,会介绍在单表中查询时 SELECT 子句中各个参数的意义及使用方法。

SELECT 子句的作用是指定查询返回的列,SELECT 关键字后包含的参数很多,下面介绍主要的几个。

① DISTINCT:指定在结果集中只包含唯一行,即从结果集中去掉重复行。
② select_list:指定要显示的列,各列之间用逗号分隔。
③ *:指定返回 FROM 子句中所有表和视图中的所有列。

1. 查询表中某几列

查询 students 表中 sno(学号)、sname(姓名)和 dept(所在院系)三个列,SELECT 子句中给出列名列表,其代码如下:

```
SELECT sno,sname,dept FROM students;
```

查询结果如图 5-2 所示。

2. 给列名指定别名

查询 students 表中 sno(学号)、sname(姓名)和 dept(所在院系)三个列,其列名用对应的中文名字显示,SELECT 子句中列名后用 AS 给出别名,其代码如下:

```
SELECT sno AS 学号,sname AS 姓名,dept AS 所在系
   FROM students;
```

查询结果如图 5-3 所示。

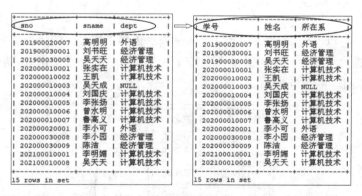

图 5-2 查询表中指定列   图 5-3 指定表中列的别名

3. 使用 DISTINCT 去除结果中重复的记录

查询 students 表中所有系名列表,其代码如下:

```
SELECT dept AS 系名
   FROM students;
```

查询结果如图 5-4 所示。

查询 students 表中所有系名列表,去掉重复的系名,其代码如下:

```
SELECT DISTINCT dept AS 系名
  FROM students;
```

查询结果如图 5-5 所示。

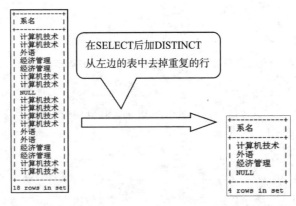

图 5-4　查询系名列　　　　　　图 5-5　查询系名列并去掉重复的行

4. 构造计算列并查询每位老师的出生年份

SELECT 后的子句中可以是表达式,因此可根据表中一些列的值计算出所需要的一些结果,这称为构造计算列。teachers 表中每位老师的年龄,通过语句 YEAR(CURDATE()) 读取到当前的年份,减掉老师的年龄,即可得到出生年份。有其代码如下:

```
SELECT tno AS 教师号,tname AS 姓名,YEAR(CURDATE())- age AS 出生年份
FROM teachers;
```

其中,表达式 YEAR(CURDATE())－age 表示根据系统时间的年份减去入学年份 age 的结果为教师的出生年份,其中 CURDATE()和 YEAR()都是系统函数,请查看附录或帮助文档。查询结果如图 5-6 所示。

图 5-6　教师出生年份计算列的结果

5.1.3　拓展知识:LIMIT 子句的使用

查询 students 表且只显示结果中前 5 条记录,使用 LIMIT 关键字。其代码如下:

```
SELECT *  FROM students LIMIT 5;
```

查询结果如图 5-7 所示。

sno	sname	xb	zhy	in_year	dept
201900020007	高明明	女	商务英语	2019	外语
201900030001	刘书旺	男	财务管理	2019	经济管理
201900030008	吴天天	女	投资与理财	2019	经济管理
202000010001	张实在	男	物联网应用技术	2020	计算机技术
202000010002	王凯	男	软件测试技术	2020	计算机技术

5 rows in set

图 5-7　查询表中前 5 条记录

查询 students 表中第 3～7 条记录,其代码如下:

```
SELECT *  FROM students LIMIT 2,5;
```

其中,第 1 个参数表示偏移量,如果偏移量为 0,则从查询结果的第 1 条记录开始,偏移量为 1 则从查询结果中的第 2 条记录开始,以此类推;第 2 个参数表示返回查询记录的条数,表中当前共有 18 条记录,所以查询结果如图 5-8 所示。

sno	sname	xb	zhy	in_year	dept
201900030008	吴天天	女	投资与理财	2019	经济管理
202000010001	张实在	男	物联网应用技术	2020	计算机技术
202000010002	王凯	男	软件测试技术	2020	计算机技术
202000010003	吴天成	男	软件测试技术	NULL	NULL
202000010004	刘国庆	男	软件技术	2020	计算机技术

5 rows in set

图 5-8　查询表中第 3～7 条记录

任务 5.2　设定查询条件

5.2.1　相关知识点

WHERE 子句设定查询条件

在实际应用中一般是根据一定的条件来查找所需要的数据,而不是表中所有记录。因此 WHERE 子句在查询语句中显得特别重要。

包含 WHERE 子句的 SELECT 语句基本格式如下:

```
SELECT column_expression
FROM table_name
WHERE condition_expression;
```

其中,condition_expression 是条件表达式,也就是查询条件。查询条件就是一种逻辑表达式,只有那些使这个表达式的值为真值的记录才按照目标列表达式 column_expression 指定的方式组成一个新记录在结果中显示。

1. 简单的查询条件（仅包含比较运算符）

简单的查询条件采用这种模式即"列名 比较运算符 值"，例如 sname='吴天天'，或 cj>60 这种形式。一般来说，在 SQL 中使用的比较运算符及其含义见表 5-1。

表 5-1　比较运算符及其意义

比较运算符	意　义	比较运算符	意　义
=	等于	<=	小于等于
<	小于	<>（或!=）	不等于
>	大于	!>	不大于
>=	大于等于	!<	不小于

需要注意的是，查询条件中的列名必须是表中存在的，不能有拼写错误，不要用单引号括起来；而对应的值如果是字符和日期型数据就需要用单引号括起来。

例 5-2　查询 students 表中软件技术专业的所有学生信息。其代码如下：

```
SELECT sno,sname,xb,zhy FROM students
WHERE zhy='软件技术';
```

其中查询条件是 zhy='软件技术'，代表的意义是"软件技术专业的所有学生"，查询结果如图 5-9 所示。

图 5-9　students 表中软件技术专业的所有学生

查询的过程可以这样模拟，根据条件 zhy='软件技术'首先对 students 表中第 1 条记录进行条件比对，查看其 zhy 列的值为"计算机应用技术"，不等于给定的比较值"软件技术"，因此条件为假，查询结果中不包括此记录；再依次查看第 2 条记录，其 zhy 列的值为"软件技术"，等于给定的比较值"软件技术"，因此条件为真，查询结果中包括此记录；依此类推，将 students 表中所有记录比较完成后，产生如图 5-9 所示的查询结果。

2. 由连接词构成的复合查询条件

当给定的查询要求比较复杂，不能用简单的查询条件来表示时，可以使用逻辑运算符非、或、与（NOT、OR、AND）将多个简单条件组合成复合条件。因为表达式的结果是一个逻辑值，因此多个条件可以用逻辑连接词 NOT、OR、AND（逻辑非运算、逻辑或运算、逻辑与运算）组合成复合条件。

例 5-3　查询 students 表中 2020 年及之后入学的女学生的信息。其代码如下：

```
SELECT * FROM students
WHERE in_year>=2020 AND xb='女';
```

这里的查询条件有两个，其一是 2020 年及之后入学，用条件表达式 in_year>=2020 表示,另一个条件是女学生,用条件表达式 xb='女'表示,要求两个条件同时满足使用逻辑连接词 AND 组合起来形成复合条件。

其查询结果如图 5-10 所示。

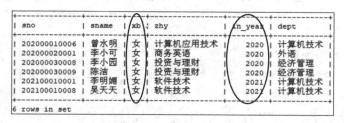

图 5-10　students 表中 2020 年及之后入学的女学生的信息

3. BETWEEN…AND…运算符

当要查询的条件取值在某个范围之内时,可使用 BETWEEN…AND 进行范围锁定例如课程成绩取值为 60～84 分,用上面介绍的复合条件表示为 cj>=60 AND cj<=84,也可以用范围表达式表示为 cj BETWEEN 60 AND 80。

使用 BETWEEN…AND 进行范围比较的字段列数据类型可以是数值型、字符型和日期型等其值可以进行比较的数据类型,还可以使用 NOT BETWEEN…AND 进行值不在某个范围内的比较。

例 5-4　查询选课表(sc)中成绩为良好(80～89 分)的成绩信息,其代码如下:

```
SELECT *
FROM sc
WHERE cj BETWEEN 80 AND 89;
```

其查询结果如图 5-11 所示。

4. 空值查询

在计算机中,空值 NULL 不是 0,不是空格,也不是空字段(关于空值 NULL 的介绍详见项目 2 任务 2.3)。如果要查询职称(zc)值为空(NULL)的教师信息,查询条件不能写为 zc=NULL,而应该写成 zc IS NULL。因为 NULL 代表未知或不确定的值,所以在 T-SQL 语言中不能用"="对 NULL 值进行比较,只能使用 IS 进行判断。

图 5-11　sc 表中成绩良好的记录信息

例 5-5　查询学生表(students)表中入学年份(in_year)值为空(NULL)的学生信息。

其代码如下:

```
SELECT *
FROM students
WHERE in_year IS NULL;
```

运行结果如图 5-12 所示。

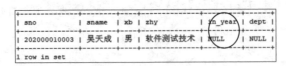

图 5-12　入学年份(in_year)值为空(NULL)的学生信息

5. 进行 LIKE 模糊查询

模糊查询是与精确查询相对应的一种查询,即给出的条件不是完整精确的,只是部分内容,或者说查询条件有些模糊。例如,要查找姓名为"李明天"的老师,这是精确查询;而要找的老师姓李,具体名字不太清楚,这时就只能使用模糊查询了。

在 T-SQL 的实际应用中模糊查询使用比较多,且必须通过 LIKE 关键字才能实现模糊查询。WHERE 子句中使用 LIKE 进行模糊查询的 SELECT 语句基本格式如下:

```
SELECT column_expression
FROM table_name
WHERE column_name [NOT] LIKE character_string;
```

其中,column_name 表示要进行模糊查询的列的名字,这个列的数据类型一定要是字符型才能进行模糊查询;character_string 表示的是一个可能包含通配符的字符串,该查询判断表中记录指定列的值与 character_string 字符串相匹配的记录,然后按照目标列表达式 column_expression 指定的方式组成一个新记录在查询结果中显示。

通配符在模糊查询中显得十分重要,见表 5-2 列出了能够在 LIKE 后字符串中使用的通配符及其意义。

表 5-2　通配符及其意义

通配符	中文名	意　　义	举　　例
%	百分号	任意多个字符(字符数为0,1,…)	吴%,第1个字为吴的字符串
_	下划线	任意一个字符(仅仅一个字符)	_明_,三个字中间为明的串

例 5-6　查询教师表(teachers)中所有姓李的教师信息。其代码如下:

```
SELECT *
FROM teachers
WHERE tname LIKE '李%';
```

其查询结果如图 5-13 所示。

6. ORDER BY 子句——结果排序

有时候希望将查询结果按照一定的顺序进行排列,以便更快速地查询到所需要的信息。例如按照学生成绩由高到低进行排列数据记录,可以很快知道成绩最高的学生记录。在 SELECT 查询语句中使用

图 5-13　所有姓李的教师信息

ORDER BY 子句可以方便地实现对查询结果进行排序输出,在没有 WHERE 子句的情况下也可以使用。ORDER BY 子句的基本语法格式如下:

```
ORDER BY column_name [ASC|DESC][,...]
```

其中,column_name 表示排序的依据列;ASC 表示按照指定列的值进行升序排列,是默认选择,可以省略;而 DESC 表示按照指定的列值降序排列。列名可以有多个,表示可以按多列排序,此时先按第 1 个列进行排序,第 1 个列有相等的值再按第二个列值的顺序排列,依此类推。

例 5-7 对课程(courses)表中的课程信息按照其学分大小降序排列。其实现语句为:

```
SELECT *
FROM courses
ORDER BY xf DESC;
```

运行结果如图 5-14 所示。

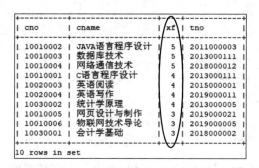

图 5-14 课程(courses)表中的课程信息按照其学分大小降序排列

使用 ORDER BY 子句,有以下几点需要注意:

(1) ORDER BY 子句与其他子句(如 WHERE 子句、GROUP BY 子句等)可以同时存在,但它必须放在其他所有子句的后面,因此,一般来说,ORDER BY 子句总是放到 SELECT 语句的最后面。

(2) 对某些特殊类型如 BOLB、TEXT 类型的字段,不能使用 ORDER BY 子句进行排序。

(3) 空值 NULL 按最小值处理。

(4) ORDER BY 子句只影响显示效果,并不会改变数据库中表中记录的位置。

5.2.2 任务实施

按照逻辑条件的构成方式,下面分几种类型进行介绍。

1. 查询 students 表中所有女学生的姓名、性别和所学专业

其代码如下:

```
SELECT sname AS 姓名,xb AS 性别,zhy AS 专业
FROM students
WHERE xb='女';
```

查询结果如图 5-15 所示。

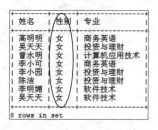

图 5-15 students 表中女学生的信息

2. 请运行下列 5 个符合条件查询并对比查询结果

其代码如下：

```
SELECT *
FROM students
WHERE NOT(in_year>= 2020 AND xb= '女');
```

```
SELECT *
FROM students
WHERE in_year>= 2020 OR xb= '女';
```

```
SELECT *
FROM students
WHERE NOT in_year>= 2020 OR xb= '女';
```

```
SELECT *
FROM students
WHERE in_year>= 2020 AND NOT xb= '女';
```

```
SELECT *
FROM students
WHERE NOT in_year>= 2020 AND NOT xb= '女';
```

3. 查询教师表（teachers）表中年龄不在 30 到 50 岁之间的教师信息

其代码如下：

```
SELECT *
FROM teachers
WHERE age NOT BETWEEN 30 AND 50;
```

其查询结果如图 5-16 所示。

图 5-16　teachers 表中年龄不在 30 到 50 岁之间的教师信息

4. 查询职称（zc）值不为空（NULL）的教师信息

查询条件可以写为 zc IS NOT NULL。

其代码如下：

```
SELECT *
FROM teachers
WHERE zc IS NOT NULL;
```

运行结果如图 5-17 所示。

```
+------------+--------+------+--------+------+
| tno        | tname  | txb  | zc     | age  |
+------------+--------+------+--------+------+
| 1998000002 | 吴英俊 | 男   | 教授   |  52  |
| 2002000007 | 陈天乐 | 女   | 副教授 |  49  |
| 2008000007 | 王小可 | 女   | 教授   |  47  |
| 2011000003 | 李坦率 | 男   | 副教授 |  45  |
| 2013000005 | 张一飞 | 男   | 副教授 |  40  |
| 2013000111 | 张大明 | 男   | 副教授 |  39  |
| 2015000001 | 李明天 | 男   | 讲师   |  32  |
| 2018000002 | 邱丽丽 | 女   | 讲师   |  28  |
| 2018000012 | 李子然 | 男   | 助教   |  28  |
| 2019000005 | 王丽   | 女   | 讲师   |  29  |
| 2019000011 | 李梅   | 女   | 讲师   |  32  |
| 2019000021 | 赵峰   | 男   | 讲师   |  30  |
+------------+--------+------+--------+------+
12 rows in set
```

图 5-17 职称(zc)值不为空(NULL)的教师信息

5. 查询学生表(students)中所有姓吴的学生信息

这里需要使用 LIKE 进行模糊查询。其代码如下：

```
SELECT *
FROM  students
WHERE sname LIKE '吴%';
```

其查询结果如图 5-18 所示。

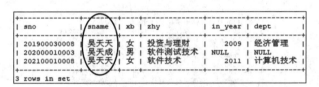

图 5-18 所有姓吴的学生信息

6. 查询教师表(teachers)中姓名只有两个字的教师信息

其代码如下：

```
SELECT *
FROM teachers
WHERE tname LIKE '__';
```

其中'__'是两个下划线连写的情况,表示任意的两个字。查询结果如图 5-19 所示。

```
+------------+--------+------+--------+------+
| tno        | tname  | txb  | zc     | age  |
+------------+--------+------+--------+------+
| 2019000005 | 王丽   | 女   | 讲师   |  29  |
| 2019000011 | 李梅   | 女   | 讲师   |  32  |
| 2019000021 | 赵峰   | 男   | 讲师   |  30  |
+------------+--------+------+--------+------+
3 rows in set
```

图 5-19 姓名为两个字的教师信息

7. 查询学生表(students)中入学年份(in_year)值不为空(NULL)而且姓吴的学生信息

此处使用 IS 进行空值(NULL)查询,其代码如下：

```
SELECT *
FROM students
WHERE in_year IS NOT NULL AND sname LIKE '吴%';
```

运行结果如图 5-20 所示。

图 5-20 入学年份值不为空且姓吴的学生信息

8. 将课程按照学分从大到小排列且同时相同学分的课程按照课程号由小到大排列

这一操作要求对结果进行排序。要实现此处的任务要求，代码如下：

```
SELECT *
FROM courses
ORDER BY xf DESC,cno ASC;
```

运行结果如图 5-21 所示。

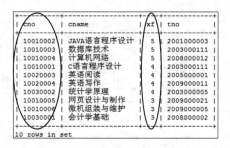

图 5-21 课程信息按照其学分降序课程号升序显示

5.2.3 知识拓展：关于通配符的深入讨论

前面介绍中提到通配符%和_表示任意多个字符和单个字符，如果要查找的字符串中指定包括这两个字符中的一个或两个，应该如何表示这样的查询呢？这时使用反斜杠(\)可以解决问题。将%和_放在\后，即\%和_，表示普通字符%和_而不是通配符的意义了。

在查询之间，首先向教师表(teachers)中添加两条符合条件要求的记录。

```
INSERT INTO teachers(tno,tname) VALUES('12121212','李铁%'),
('2018000001','李明%');
```

下面这个查询的功能是查找姓名中包含%的记录，运行后结果如图 5-22 所示。

```
SELECT *
FROM teachers
WHERE tname LIKE '% \% %';
```

图 5-22 姓名中包含%字符的教师信息

任务 5.3　分组统计查询

5.3.1　相关知识点

1. 在 SELECT 子句中使用聚合函数进行统计或计算

MySQL 提供了很多 SQL 函数,每个函数能实现不同的功能。其中聚合函数在查询语句中使用最多,下面介绍聚合函数的作用及使用方法。

聚合函数可以将多个值合并为一个值,其作用是对一组值进行统计或计算,并返回计算后的值,见表 5-3 列出了常用的聚合函数。

分组查询

表 5-3　常用聚合函数列表

函数名	意 义	使 用 说 明
AVG	求平均值	AVG(age),age 列必须是数值类型
COUNT	返回元素个数	COUNT(age),age 列中元素个数,即记录数
MAX	返回最大值	MAX(age),返回 age 列中的最大值
MIN	返回最小值	MIN(age),返回 age 列中的最小值
SUM	返回和值	SUM(age),返回 age 列中的值之和

对于这些聚合函数,在运算时都会忽略空值 NULL。另外 AVG、MAX 和 MIN 三个函数中的参数如果是表中的字段列,则列的类型一定是可计算的数值类型,不能是非数值类型(如字符型或日期型)。

例 5-8　查询学生(students)表中的学生(记录)数。其代码如下:

```
SELECT COUNT(sno)
FROM students;
```

上面语句在 SELECT 子句中使用了函数 COUNT,COUNT(sno)的作用是计算学生(students)表中学号(sno)列的数目,表中有多少个记录就有多少个学号,也就知道有多少个学生了,语句运行结果如图 5-23 所示。

从运行结果可以看到,结果输出无列名,因为 SELECT 语句后面给出的是 COUNT 函数而不是表的列名,所以显示的是"无列名",为方便查看结果的意义,需要用 AS 给出表的别名;还有一个问题是 COUNT 函数中的参数可用 * 代替具体的列名,因为使用表中任何一个列名来进行计算,其结果都是一样的,SQL 为简化写法就用 * 来代替列名。该例题修改后的语句如下所示,运行结果如图 5-24 所示。

```
SELECT COUNT(*) AS 学生数
FROM students;
```

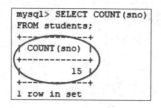

图 5-23 统计学生数结果图(1)

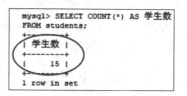

图 5-24 统计学生数结果图(2)

2. 分组查询——使用 GROUP BY 子句

聚合函数的应用价值主要体现在与 GROUP BY 子句一起使用。分组即按照表中某一列或某几列的值将表中的所有记录分成若干组，然后进行统计或计算结果。在 T-SQL 语言中 SELECT 语句使用 GROUP BY 子句实现分组，然后在 SELECT 子句后使用聚合函数进行统计或计算。GROUP BY 子句的基本语法代码如下：

```
GROUP BY group_by_expression
[HAVING search_condition]
```

其中，group_by_expression 是用于进行分组所依据的表达式，也称为组合列；HAVING 子句是 GROUP BY 子句的可选项，表示分组后限制条件，search_condition 就是条件表达式。

例 5-9 使用 GROUP BY 分组统计学生(students)表中男女学生人数。

使用 GROUP BY 子句，我们首先要理解分组的含义。学生(students)表中有性别(xb)列，性别的值有两个"男"和"女"，如果在查询时按性别(xb)列进行分组(GROUP BY xb)，则所有男同学的记录分为一个组，女同学的记录分为另一个组，然后在组内进行统计计算。其代码如下：

```
SELECT xb AS 性别,COUNT(*) AS 人数
FROM students
GROUP BY xb;
```

```
+------+------+
| 性别 | 人数 |
+------+------+
| 女   |    8 |
| 男   |    7 |
+------+------+
2 rows in set
```

运行结果如图 5-25 所示。

图 5-25 统计男女学生人数

5.3.2 项目实施

1. 使用统计函数查询出学号为 202000010003 的学生所选修的所有课程的平均成绩

对于这个问题，可分两步来完成，首先找出学号为 202000010003 的学生所选修的所有课程，因为学生选修的课程成绩存放在 sc 表中，从 sc 表找出对应学号的修课记录即可，对应的查询代码如下：

```
SELECT * FROM sc
WHERE sno= '202000010003';
```

运行结果如图 5-26 所示。

求这个学生所选修课的平均成绩,即上面查询结果表中 cj 列的平均值,查询代码如下:

```
SELECT AVG(cj) AS 平均成绩
FROM sc
WHERE sno= '202000010003';
```

运行结果如图 5-27 所示。

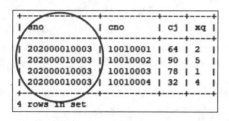
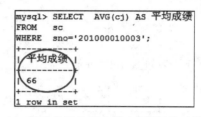

图 5-26　指定学号的学生所选修的所有课程　　图 5-27　指定学号的学生所选修课程的平均成绩

2. 使用统计函数查询学生选课(sc)表中记录数、所有学生所选修的课程成绩总和以及最高成绩、最低成绩和平均成绩

根据题意,要计算的是学生选课(sc)表中的记录数(使用 COUNT 函数)、成绩总和即成绩(cj)列所有数据求和(使用 SUM 函数)、平均成绩即成绩(cj)列所有数据求平均值(使用 AVG 函数)、最高成绩、最低成绩即表中成绩(cj)列数据的最大值和最小值,其实现代码如下:

```
SELECT COUNT(*) AS 记录数,SUM(cj) AS 成绩总和,MAX(cj) AS 最高成绩,
MIN(cj) AS 最低成绩,AVG(cj) AS 平均成绩
FROM sc;
```

运行结果如图 5-28 所示。

图 5-28　所有学生所选修课程的成绩统计

3. 使用 GROUP BY 分组统计学生(students)表中专业人数在 2 个及以上的专业名称和人数

统计过程可分为 2 步。

(1)统计每个专业的学生人数。其实现代码如下:

```
SELECT zhy AS 专业,COUNT(*) AS 人数
FROM students
GROUP BY zhy;
```

运行结果如图 5-29 所示。

(2) 统计专业人数在 2 个及以上的专业名称和人数。要对分组结果进行筛选，即选择满足一定条件的组，这时可以加 HAVING 子句。HAVING 子句的作用有点像 WHERE 子句，用于指定条件查询。但实际上，HAVING 子句只能在 GROUP BY 子句后使用，是对组设定条件，而不是针对具体的某一条记录，而 WHERE 子句是针对记录设定条件的。其实现代码如下：

```
SELECT zhy AS 专业,COUNT(* ) AS 人数
FROM students
GROUP BY zhy
HAVING COUNT(* )>= 2;
```

运行结果如图 5-30 所示。

专业	人数
商务英语	2
财务管理	1
投资与理财	3
物联网应用技术	1
软件测试技术	2
软件技术	3
计算机应用技术	2
计算机网络技术	1

8 rows in set

图 5-29　统计各个专业学生人数

专业	人数
商务英语	2
投资与理财	3
软件测试技术	2
软件技术	3
计算机应用技术	2

5 rows in set

图 5-30　专业人数在 2 个及以上的专业名称和人数

举一反三，运行下列代码，理解查询语句的功能和意义。

```
SELECT in_year AS 入学年份,COUNT(* ) AS 人数
FROM students
GROUP BY in_year;
```

```
SELECT dept AS 所在系,COUNT(* ) AS 人数
FROM students
GROUP BY dept
HAVING COUNT(* )> 1;
```

```
SELECT xf AS 学分,COUNT(* ) AS 课程门数
FROM courses
GROUP BY xf;
```

```
SELECT zc AS 职称,COUNT(* ) AS 人数
FROM teachers;
GROUP BY zc
HAVING COUNT(* )>= 2;
```

4. 统计每个学生选修的所有课程的平均成绩

其实现代码如下：

```
SELECT sno AS 学号,AVG(cj) AS 平均成绩
FROM sc
GROUP BY sno;
```

运行结果如图 5-31 所示。

5. 统计选修课程的平均成绩在 75 分及以上的学生学号和平均成绩

其实现代码如下：

```
SELECT  sno AS 学号,AVG(cj) AS 平均成绩
FROM sc
GROUP BY sno
HAVING AVG(cj)>= 75;
```

运行结果如图 5-32 所示。

学号	平均成绩
201900020007	82.0000
201900030008	72.5000
202000010001	68.8333
202000010002	76.6000
202000010003	66.0000
202000010004	77.0000
202000010005	77.5000
202000010006	66.6667
202000010007	72.5000
202000030009	66.0000
202100010001	57.0000
202100010008	72.0000

12 rows in set

图 5-31　统计每个学生所修课程的平均成绩

学号	平均成绩
201900020007	82.0000
202000010002	76.6000
202000010004	77.0000
202000010005	77.5000

4 rows in set

图 5-32　统计平均成绩在 75 分以上的学生学号

5.3.3　知识拓展：使用 AS 子句为查询结果建立新表

当使用 SELECT 语句进行查询时可以获取查询结果但并不会保存结果。如果在 CREATE TABLE 子句后使用 AS 子句，则可以将查询的结果保存到一个新表中。其基本语法如下：

```
CREATE TABLE table_name1 AS(
  SELECT select_list
  FROM table_name2
  ...
);
```

对学生(students)表中的计算机技术系所有学生信息保存在一个新表 students_computer 中。

其实现代码如下：

```
CREATE TABLE students_computer AS(
SELECT *  FROM students
WHERE dept=  '计算机技术');
```

运行上面语句，将在数据库中建立新的表 students_computer，因为选择 students 中的所有列，所以新表的结构与原学生表完全一样，其记录仅仅是计算机技术系的若干记录。查看新表 students_computer 中记录如图 5-33 所示。

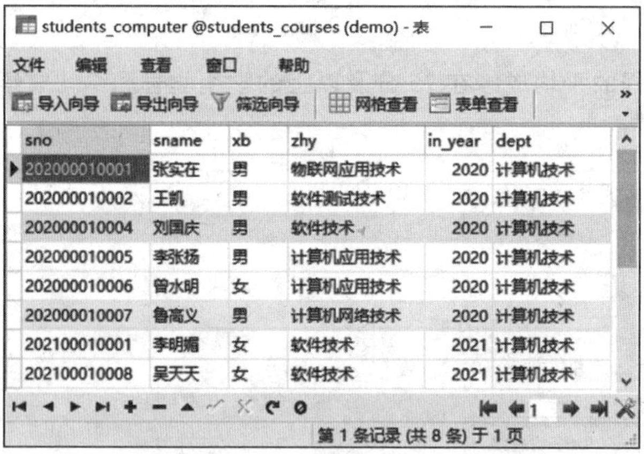

sno	sname	xb	zhy	in_year	dept
202000010001	张实在	男	物联网应用技术	2020	计算机技术
202000010002	王凯	男	软件测试技术	2020	计算机技术
202000010004	刘国庆	男	软件技术	2020	计算机技术
202000010005	李张扬	男	计算机应用技术	2020	计算机技术
202000010006	曾水明	女	计算机应用技术	2020	计算机技术
202000010007	鲁高义	男	计算机网络技术	2020	计算机技术
202100010001	李明媚	女	软件技术	2021	计算机技术
202100010008	吴天天	女	软件技术	2021	计算机技术

图 5-33 查看 students_computer 表中记录

使用 AS 子句可以将查询的结果保存到新表中，如果新表中不希望有记录只想复制表的结构，可以在 WHERE 子句中使用 1=2 这样的纯假条件，这样只会将表的结构（字段列和数据类型）复制到新表中，而没有记录。请理解下面语句的执行过程。

```
CREATE TABLE courses_new AS(
SELECT *  FROM   courses
WHERE 1= 2);
```

任务 5.4 内连接查询

5.4.1 相关知识点

前面介绍了 SELECT 语句的基本使用方法，但只是针对单个数据表的简单查询，而实际问题往往会很复杂，一般查询要通过多个表连接才能完成。多表查询是指在多个数据表之间的查询，这种查询是根据表与表之间的联系条件来组织结果表中的数据记录，从而获取所需要的查询内容。多表连接的基础是两个表的连接，下面先介绍两个表连接，然后将其推广到多表之间的连接。

连接查询

先介绍使用的最多的内连接查询，包括等值连接和非等值连接查询。其中最重要的连接是等值连接，因为自然连接和自连接都是等值连接的特例，如图 5-34 所示。

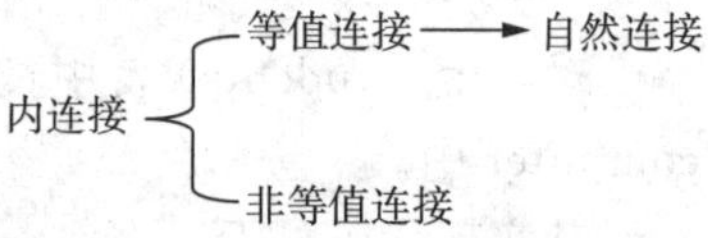

图 5-34 内连接查询

为方便大家理解这些连接的概念，接下来首先设计两个简单的表，再将它们进行上述几种连接的过程和结果进行说明。

S1 表中有两个列，分别是 sno 代表学生的学号列，sname 代表学生的姓名列；S2 表中也有两个列，sno 代表学生的学号列，sport 代表参加的运动项目列；这两个表中各有 3 行数据，其内容如图 5-35 和图 5-36 所示。

sno	sname
0001	子鼠
0002	丑牛
0003	寅虎

图 5-35 S1 表数据

sno	sport
0001	跳远
0003	短跑
0004	铅球

图 5-36 S2 表数据

1. 等值连接

两个表的连接是有条件的，如果这个条件中的比较运算符是等于(=)运算符，则这种连接称之为等值连接。

例 5-10 将如图 5-34 所示的 S1 表与图 5-36 所示的 S2 表按照条件(S1. sno=S2. sno)进行连接。

S1 表中的第 1 条记录与 S2 表中的每一条记录相比较，满足条件的只有 S2 表中的第 1 条记录，这两条记录连接成一条新记录，同样地，S1 表中的第 2 条记录与 S2 表中的每一条记录相比较，在 S2 表中没有满足条件的记录，则不会产生结果记录；S1 表中的第 3 条记录与 S2 表中的每一条记录相比较，满足条件的只有 S2 表中的第 2 条记录，这两条记录连接成另一条新记录，连接后的结果数据如图 5-37 所示。

sno	sname	sno	sport
0001	子鼠	0001	跳远
0003	寅虎	0003	短跑

2 rows in set

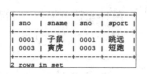

图 5-37 S1 表与 S2 表按 sno 等值连接后的结果数据

对应的查询语句如下：

```
SELECT *
FROM S1 INNER JOIN S2
    ON S1. sno= S2. sno;
```

2. 自然连接

自然连接是一种特殊的等值连接，这种连接是在等值连接的基础上增加以下两个条件。

- 自然连接参加条件比较的两个列必须是相同的，即同名同类型；但等值连接的条件中，两个表中的比较列名不要求相同。
- 自然连接结果集中的列是参加连接的两个表的列的并集，即去掉了重复的列。

sno	sname	sport
0001	子鼠	跳远
0003	寅虎	短跑

2 rows in set

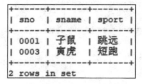

图 5-38 S1 表与 S2 表自然连接后的结果数据

对于前面的 S1 表和 S2 表进行自然连接(不需要给出条件，因为两个表中自然连接就一定有相同的列，自然连接即相同列的值相等的连接，这是默认的)后的结果如图 5-38 所示。

在今后的连接查询中使用最多的是自然连接，因为只有表之间的连接需要对应的外键值相等时连接才有意义，因此一定要理解自然连接的基本过程和结果的产生原因。

在 SELECT 语句中，连接查询(一般除非特别说明，连接查询都是指内连接中的自然连接或等值连接)是在 FROM 子句中给定要进行连接查询的表名另外加上连接条件而形成的，与前面介绍的 SELECT 语句相比，区别在于 FROM 和 WHERE

两个子句,此时 FROM 基本语句格式如下:

```
FROM table_name1 [INNER] JOIN table_name2
   ON table_name1.column1= table_name2.column2
```

其中,table_name1 和 table_name2 是连接查询的两个表的名称;column1 与 column2 是连接时比较的两个表中的对应列名,如果是自然连接,这两个列名必须是相同的。[INNER] JOIN 代表内连接,其中关键字 INNER 可以省略。

上面这种内连接的形式,连接条件可以不用 ON 而在 WHERE 子句中表示,此时 FROM 子句后面的表名之间用逗号分隔即可,不需要加关键字 JOIN 或 INNER JOIN,即可以表示如下:

```
FROM table_name1 ,table_name2
    WHERE table_name1.column1= table_name2.column2
```

两种写法的意义和得到的运行结果是一致的,习惯哪一种表示方式就用哪一种。

例 5-11 对于上面介绍的表 S1 和 S2 进行自然连接。语句如下:

```
SELECT S1.sno,sname,sport
FROM S1 INNER JOIN S2
    ON S1.sno= S2.sno;
```

或者

```
SELECT S1.sno,sname,sport
FROM S1,S2
WHERE S1.sno= S2.sno;
```

两种语句执行的结果都如图 5-38 所示。

上面的 SELECT 语句中,S1.sno 表示 S1 表中的 sno 列,因为 S1 和 S2 表中都有 sno 列,因此需要在列名前加上表名以便区分。如果我们在 SELECT 子句中不加表名(ON 或 WHERE 子句中相同),只写 sno,则会出现"列名 sno 不明确"的错误,如图 5-39 所示。据此,今后在涉及多表的查询语句中,表中如果有相同的列,则需要在列名前加上表名,即用圆点分开表名和列名,否则会出现错误。

```
mysql> SELECT sno,sname,sport FROM S1 INNER JOIN S2 ON S1.sno=S2.sno;
1052 - Column 'sno' in field list is ambiguous
```

图 5-39 查询时出现的列名不明确错误

3. 非等值连接查询

内连接的条件也可以是非等值连接。连接的条件可以使用">""<""!="等比较运算符。

例 5-12 将图 5-35 所示的 S1 表与图 5-36 所示的 S2 表按照条件(S1.sno>S2.sno)进行非等值连接。语句如下:

```
SELECT *
FROM S1 INNER JOIN S2
    ON S1.sno> S2.sno;
```

结果如图 5-40 所示。

本例题得到的查询结果没有什么实际意义,但是在某些情况下非等值连接查询还是有实际应用的需求。

```
+------+-------+------+-------+
| sno  | sname | sno  | sport |
+------+-------+------+-------+
| 0002 | 丑牛  | 0001 | 跳远  |
| 0003 | 寅虎  | 0001 | 跳远  |
+------+-------+------+-------+
2 rows in set
```

图 5-40 S1 表与 S2 表按 sno 非等值连接后的结果

5.4.2 项目实施

接下来的查询实例使用前面介绍过的 students_courses(学生选课)数据库。

1. 用自然连接查询每门课程的课程号、课程名、学分和任课教师姓名和职称

在课程表中有课程号、课程名、课程学分、任课教师教工号信息,在教师表中有教工号、姓名、性别、职称和年龄信息,按查询要求,需要将课程表和教师表按教工号自然连接才能找出所需要的信息。使用 USE 命令将当前数据库设为 students_courses(以下操作同此),查询语句如下:

```
SELECT cno AS 课程号,cname AS 课程名,xf AS 学分,
tname AS 教师姓名,zc AS 职称
FROM teachers JOIN courses
ON teachers.tno= courses.tno;
```

或者

```
SELECT cno AS 课程号,cname AS 课程名,xf AS 学分,
tname AS 教师姓名,zc AS 职称
FROM teachers ,courses
WHERE teachers.tno= courses.tno;
```

运行结果如图 5-41 所示。

```
+----------+------------------+------+-----------+--------+
| 课程号   | 课程名           | 学分 | 教师姓名  | 职称   |
+----------+------------------+------+-----------+--------+
| 10010001 | C语言程序设计    | 4    | 张大明    | 副教授 |
| 10010002 | JAVA语言程序设计 | 5    | 李坦率    | 副教授 |
| 10010003 | 数据库技术       | 4    | 张大明    | 副教授 |
| 10010004 | 计算机网络       | 5    | 李子然    | 助教   |
| 10010005 | 网页设计与制作   | 3    | 赵峰      | 讲师   |
| 10010006 | 微机组装与维护   | 3    | 王丽      | 讲师   |
| 10020003 | 英语阅读         | 4    | 李明天    | 讲师   |
| 10020004 | 英语写作         | 4    | 李梅      | 讲师   |
| 10030001 | 会计学基础       | 3    | 邱丽丽    | 讲师   |
| 10030002 | 统计学原理       | 4    | 张一飞    | 副教授 |
+----------+------------------+------+-----------+--------+
10 rows in set
```

图 5-41 课程表与教师表连接查询结果

2. 用自然连接查询 students_courses(学生选课)数据库中有不及格成绩的学生姓名

在 students_courses(学生选课)数据库中的学生基本信息(学号、姓名、性别、专业、入学

年份和所在系）保存在学生（students）表中，而学生选课信息（学号、课程号、成绩、修课学期）保存在选课（SC）表中，这两个表通过学号（sno）字段进行自然连接，加上条件成绩不及格就能够完成查询要求。其对应的语句如下：

```
SELECT sname
FROM students JOIN sc ON students.sno= sc.sno
WHERE cj< 60;
```

或者

```
SELECT sname
FROM students ,sc
WHERE students.sno= sc.sno AND cj< 60;
```

运行结果如图 5-42 所示，结果中"张实在"的名字出现两次，是因为这个学生有两门课程不及格，所以会在结果表中出现两次。可以在 SELECT 子句后加 DISTINCT 子句，去掉重复记录，语句如下：

```
SELECT DISTINCT sname
FROM students JOIN sc ON students.sno= sc.sno
WHERE cj< 60;
```

运行结果如图 5-43 所示。

图 5-42 有不及格课程的学生姓名　　图 5-43 去掉姓名重复的记录

上面介绍的两个操作步骤都是对两个表而进行的连接查询，那么如果查询涉及三个表或更多表应该如何处理呢？其实对于三个表的连接一般是首先将两个表连接后形成一个中间结果表，然后与第三个表进行连接合为一个表，即可以看作是两次两个表的连接，那么四个表或更多表的连接也可依此类推。

3. 用自然连接查询每位已选修课程的学生姓名、所选修的课程名称和课程成绩

这个查询涉及三个表，因为学生姓名在学生表中、课程名称在课程表中，成绩在选课表中，学生表与选课表有公共属性学号，课程表与选课表有公共属性课程号。其对应的语句如下：

```
SELECT sname AS 姓名,cname AS 课程名,cj AS 成绩
FROM students JOIN sc ON students.sno= sc.sno
    JOIN courses ON courses.cno= sc.cno;
```

或者

```
SELECT sname AS 姓名,cname AS 课程名,cj AS 成绩
FROM students,sc ,courses
WHERE students.sno= sc.sno   AND courses.cno= sc.cno;
```

其运行结果数据较多,就不在此列出了。

接下来会只列出一种语句写法,另一种写法请读者参照写出,然后测试其结果。

4. 利用自然连接+分组查询在 students_courses 数据库中查询有 3 人以上(含 3 人)选修的课程号、课程名称和选修人数

这个查询涉及两个表,因为课程名称在课程表中,学生选课记录在选课表中,课程表与选课表有公共属性课程号可以进行自然连接。但如何判断每一门课有多少人选修呢?按前面介绍的分组子句,选修一门课则其课程号相同,可统计其选课人数,再加 HAVING 子句进行条件限制即可。其对应的语句如下:

```
SELECT courses.cno AS 课程号,cname AS 课程名,COUNT(*) AS  选课人数
FROM courses JOIN sc ON courses.cno= sc.cno
GROUP BY courses.cno,cname
HAVING COUNT(*)>= 3;
```

注意:因为要显示课程名称,所以 GROUP BY 子句中的分组列中一定要包含此列,否则运行会出错。其运行结果如图 5-44 所示。

```
+----------+-------------------+-----------+
| 课程号   | 课程名            | 选课人数  |
+----------+-------------------+-----------+
| 10010001 | C语言程序设计     |     8     |
| 10010002 | JAVA语言程序设计   |     8     |
| 10010003 | 数据库技术        |     7     |
| 10010004 | 网络通信技术      |     5     |
| 10010005 | 网页设计与制作    |     3     |
| 10010006 | 物联网技术导论    |     4     |
+----------+-------------------+-----------+
6 rows in set
```

图 5-44 有 3 人以上选修的课程信息

5. 用自然连接在 students_courses 数据库中查询选修了"数据库技术"课程的学生姓名、所在系和成绩信息

其对应的语句如下:

```
SELECT sname AS 姓名,dept AS 所在系,cname AS 课程名,cj AS 成绩
FROM courses JOIN sc ON courses.cno= sc.cno
     JOIN students ON students.sno= sc.sno
WHERE cname= '数据库技术';
```

其运行结果如图 5-45 所示。

6. 利用自然连接+分组查询在 students_courses 数据库中查询所有选修课程的平均成绩在 75 分及以上的学生学号、姓名、平均成绩和所在系的信息

其对应的语句如下:

```sql
SELECT students.sno AS 学号,sname AS 姓名,AVG(cj) AS 平均成绩,
dept AS 所在系
FROM sc JOIN students ON students.sno= sc.sno
GROUP BY students.sno,sname,dept
HAVING AVG(cj)>= 75;
```

```
+--------+--------------+--------------+--------+
| 姓名   | 所在系       | 课程名       | 成绩   |
+--------+--------------+--------------+--------+
| 张实在 | 计算机技术   | 数据库技术   |   42   |
| 王凯   | 计算机技术   | 数据库技术   |   66   |
| 吴天成 | NULL         | 数据库技术   |   78   |
| 刘国庆 | 计算机技术   | 数据库技术   |   72   |
| 李张扬 | 计算机技术   | 数据库技术   |   72   |
| 曾水明 | 计算机技术   | 数据库技术   |   82   |
| 吴天天 | 计算机技术   | 数据库技术   |   72   |
+--------+--------------+--------------+--------+
7 rows in set
```

图 5-45　选修了"数据库技术"课程的学生成绩信息

其运行结果如图 5-46 所示。

注意：查询的问题千变万化，对于同一个查询要求，其实现的方法也有多种。这里给出的案例大多只列举了其中的一种解决方法，也不一定就是最好的，同学们可以多练习、多思考，找出更好的解决问题的查询语句。

```
+---------------+--------+-----------+--------------+
| 学号          | 姓名   | 平均成绩  | 所在系       |
+---------------+--------+-----------+--------------+
| 200900020007  | 高明明 | 82        | 外语         |
| 201000010002  | 王凯   | 76.6      | 计算机技术   |
| 201000010004  | 刘国庆 | 77        | 计算机技术   |
| 201000010005  | 李张扬 | 77.5      | 计算机技术   |
+---------------+--------+-----------+--------------+
4 rows in set
```

图 5-46　选修课程平均成绩在 75 分以上的学生和成绩信息

7. 利内连接的特例——自查询在 students_courses 数据库中查询所有同名的学生信息

在连接查询的两个表中，如果这两个表是同一个表，即表自己与自己进行的查询，称为自查询。在自连接的查询中，虽然实际操作是同一张表，但在逻辑上要使之分为两个表，这种逻辑上的分开可以利用表的别名来实现，这就好像同一个表复制了两份来使用一样。

在进行自查询时需要对 students 表中的两条记录进行比较，如果姓名相同而学号不同，代表这两个学生的姓名相等，要显示在结果列中。在这个查询中的 FROM 子句中，students 表两个别名 a 和 b 相当于成了两个表，对 a 中的一条记录和 b 中的另一条记录进行比较其姓名和学号，得出同名的学生对。其实现语句如下：

```sql
SELECT a.sname ,a.sno,b.sno
FROM students a JOIN students b ON a.sname= b.sname
WHERE a.sno< > b.sno;
```

运行结果如图 5-47 所示。

sname	sno	sno
吴天天	201900030008	202100010008

1 row in set

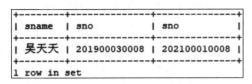

图 5-47　学生表中同名的学生

任务 5.5　交叉连接和外连接查询

5.5.1　相关知识点

交叉连接和外连接

1. 连接查询的类型

连接的分类如图 5-48 所示。

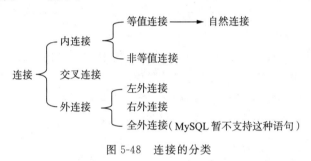

图 5-48　连接的分类

在上一个任务中学习了内连接查询,而所有外连接都是由内连接引申扩展而来的。

2. 交叉连接

交叉连接是将两个表中的记录进行所有可能的组合。

例 5-13　将 S1 表(图 5-35)和 S2 表(图 5-36)进行交叉连接。即 S1 表中的 3 条记录与 S2 表中的 3 条记录组合进行所有可能的组合,结果将有 9 条记录。查询语句如下:

```
SELECT *  FROM S1 CROSS JOIN S2;
```

也可以

```
SELECT *  FROM S1,S2;
```

其结果如图 5-49 所示。

sno	sname	sno	sport
0001	子鼠	0001	跳远
0002	丑牛	0001	跳远
0003	寅虎	0001	跳远
0001	子鼠	0003	短跑
0002	丑牛	0003	短跑
0003	寅虎	0003	短跑
0001	子鼠	0004	铅球
0002	丑牛	0004	铅球
0003	寅虎	0004	铅球

9 rows in set

图 5-49　S1 表与 S2 表交叉连接后的结果数据

在该例中,连接的结果可以理解为所有同学参加所有项目的组合。在实际应用中,交叉查询体现的是所有记录进行连接的结果集合。交叉连接查询是理解其他查询的基础,其他查询都是在其基础上通过附加条件从而在结果表中去掉不符合条件的记录而进行的。

3. 外连接

前面介绍的等值连接和自然连接都属于内连接,其特点是返

回的结果集中只包含两个数据表在连接条件上相匹配的记录,不匹配的记录不会出现在结果集中。例如 S1 表中学号为 002 的学生记录,因为在 S2 表中没有相同学号的记录匹配也就不会在结果表中存在了;同样在 S2 表中的学号为 004 的运动记录,因为在 S1 表中没有相同学号的记录匹配也不会在结果表中显示。有时候,如果希望这些不匹配的记录也在结果集中出现,就可以使用外连接。

外连接又分为左外连接、右外连接两种。

(1) 外连接——左外连接。左外连接是指结果集中除包括内连接的所有记录外,还包括了连接时左边表中不匹配的记录,这些记录对应的右边表中相应字段的值取 NULL。

例 5-14 对 S1 表与 S2 表进行左外连接。查询语句如下:

```
SELECT *
FROM S1 LEFT OUTER JOIN S2
ON S1.sno= S2.sno;
```

其结果如图 5-50 所示。

(2) 外连接——右外连接。右外连接是指结果集中除包括内连接的所有记录外,还包括了连接时右边表中不匹配的记录,这些记录对应的左边表中相应字段的值取 NULL。

例 5-15 对 S1 表与 S2 表进行右外连接。查询语句如下:

```
SELECT *
FROM S1 RIGHT  OUTER JOIN S2
ON S1.sno= S2.sno;
```

其结果如图 5-51 所示。

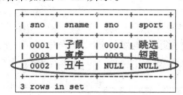
图 5-50　S1 表与 S2 表左外连接的结果

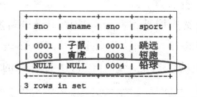
图 5-51　S1 表与 S2 表右外连接的结果

5.5.2　项目实施

1. 将 students 和 courses 表进行交叉连接

```
SELECT *
FROM students CROSS JOIN courses;
```

其结果包含 150 行,读者可自行测试。

2. students 表和 sc 表的左外连接查询

左外连接是指结果集中除包括内连接的所有记录外,还包括了连接时左边表中不匹配的记录,这些记录对应的右边表中相应字段的值取 NULL。

查询语句如下:

```
SELECT *
FROM students LEFT OUTER JOIN sc
ON students. sno= sc. sno;
```

其结果如图 5-52 所示。

sno	sname	xb	zhy	in_year	dept	sno1	cno	cj	xq
201900020007	高明明	女	商务英语	2019	外语	201900020007	10020003	75	2
201900020007	高明明	女	商务英语	2019	外语	201900020007	10020004	89	4
201900030001	刘书旺	男	财务管理	2019	经济管理	(Null)	(Null)	(Null)	(Null)
201900030008	吴天天	女	投资与理财	2019	经济管理	201900030008	10030001	66	3
201900030008	吴天天	女	投资与理财	2019	经济管理	201900030008	10030002	79	1
202000010001	张实在	男	物联网应用技术	2020	计算机技术	202000010001	10010001	70	2
202000010001	张实在	男	物联网应用技术	2020	计算机技术	202000010001	10010002	67	5
202000010001	张实在	男	物联网应用技术	2020	计算机技术	202000010001	10010003	42	2
202000010001	张实在	男	物联网应用技术	2020	计算机技术	202000010001	10010004	88	4
202000010001	张实在	男	物联网应用技术	2020	计算机技术	202000010001	10010005	56	1
202000010001	张实在	男	物联网应用技术	2020	计算机技术	202000010001	10010006	90	1
202000010002	王凯	男	软件测试技术	2020	计算机技术	202000010002	10010001	85	2
202000010002	王凯	男	软件测试技术	2020	计算机技术	202000010002	10010002	90	4
202000010002	王凯	男	软件测试技术	2020	计算机技术	202000010002	10010003	66	3
202000010002	王凯	男	软件测试技术	2020	计算机技术	202000010002	10010004	72	3
202000010002	王凯	男	软件测试技术	2020	计算机技术	202000010002	10010006	70	1
202000010003	吴天成	男	软件测试技术	(Null)	(Null)	202000010003	10010001	64	2
202000010003	吴天成	男	软件测试技术	(Null)	(Null)	202000010003	10010002	90	5
202000010003	吴天成	男	软件测试技术	(Null)	(Null)	202000010003	10010003	78	1
202000010003	吴天成	男	软件测试技术	(Null)	(Null)	202000010003	10010004	32	4
202000010004	刘国庆	男	软件技术	2020	计算机技术	202000010004	10010001	70	1

图 5-52　左外连接查询的结果

3. courses 表和 teachers 表的右外连接查询

右外连接查询是指结果集中除包括内连接的所有记录外，还包括了连接时右边表中不匹配的记录，这些记录对应的左边表中相应字段的值取 NULL。查询语句如下：

```
SELECT *
FROM courses RIGHT OUTER JOIN teachers
ON courses. tno= reachers. tno;
```

其结果如图 5-53 所示。

cno	cname	xf	tno	tno1	tname	txb	zc	age
(Null)	(Null)	(Null)	(Null)	1998000002	吴英俊	男	教授	52
(Null)	(Null)	(Null)	(Null)	2002000007	陈天乐	女	副教授	49
(Null)	(Null)	(Null)	(Null)	2008000007	王小可	女	教授	47
10010002	JAVA语言程序设计	5	2011000003	2011000003	李坦率	男	副教授	45
10030002	统计学原理	4	2013000005	2013000005	张一飞	男	副教授	40
10010001	C语言程序设计	4	2013000111	2013000111	张大明	男	副教授	39
10010003	数据库技术	5	2013000111	2013000111	张大明	男	副教授	39
10020003	英语阅读	4	2015000001	2015000001	李明天	男	讲师	32
(Null)	(Null)	(Null)	(Null)	2018000001	李明%	男	(Null)	(Null)
10030001	会计学基础	3	2018000002	2018000002	邱丽丽	女	讲师	28
10010004	网络通信技术	5	2018000012	2018000012	李子然	男	助教	28
10010006	物联网技术导论	3	2019000005	2019000005	王丽	女	讲师	29
10020004	英语写作	4	2019000011	2019000011	李梅	女	讲师	32
10010005	网页设计与制作	3	2019000021	2019000021	赵峰	男	讲师	30

图 5-53　右外连接的结果

任务 5.6 嵌套查询

5.6.1 相关知识点

前面介绍的简单查询或连接查询,其结果或简单或复杂,但都可以看作是一个结果记录的集合,还是一个数据表。如果一个查询的结果作为另一个 SQL 语句的参数时,这个查询称为子查询(或内部查询),相应的 SQL 语句(可以是 INSERT、UPDATE、DELETE 或 SELECT)如果是查询语句则称为父查询(或外部查询)。这种将一个 SELECT 语句嵌入另一个 SELECT 语句的查询称为嵌套查询。

嵌套查询

使用子查询时,需要用一对圆括号将子查询括起来,以便与外查询区别。

1. 基于单值的子查询

如果能够确定子查询的结果是单个值,比如在学生表中给定关键字学号(sno)值进行查询,则返回的姓名结果就肯定是一个学生的姓名,就是单值。对于返回结果是单值的子查询,在 WHERE 子句中可以使用比较运算符(>、<、=、>=、<=、<>等)将字段值与这个单值进行比较,构成查询的逻辑表达式。

例 5-16 在 students_courses 数据库中查询课程学分比"C 语言程序设计"课程学分高的课程信息。

首先查询"C 语言程序设计"课程学分,执行下面查询语句:

```
SELECT xf
FROM courses
WHERE cname='C 语言程序设计';
```

运行结果如图 5-54 所示。

图 5-54 查询结果为单值

将这个语句作为子查询,再在课程(courses)表中再次逐条记录进行判断就可以找出所需要的课程记录。查询语句如下:

```
SELECT  *
FROM courses
WHERE xf >
(
    SELECT xf
    FROM courses
    WHERE cname='C 语言程序设计'
);
```

运行结果如图 5-55 所示。

子查询常出现在外查询的 WHERE 子句中,也可以出现在 FROM 或 HAVING 子句中。子查询可以嵌套多层,但在子查询中是不可以出现 ORDER BY 子句的。

```
+-----------+----------------------+-----+------------+
| cno       | cname                | xf  | tno        |
+-----------+----------------------+-----+------------+
| 10010002  | JAVA语言程序设计     |  5  | 2001000003 |
| 10010003  | 数据库技术           |  5  | 2003000111 |
| 10010004  | 计算机网络           |  5  | 2008000012 |
+-----------+----------------------+-----+------------+
3 rows in set
```

图 5-55　课程表中学分比"C 语言程序设计"课程学分大的课程

2. 基于多值的子查询

（1）基于多值的比较运算符。另外还可以使用 SOME 和 ALL（或 ANY）加逻辑运算符来构成新的比较运算实现查询。SOME 代表多值中的一个，而 ALL 或 ANY 代表多值中的所有。在嵌套子查询中，使用 ALL 与 ANY 具有完全相同的功能。用于子查询的基于多值的部分比较运算符见表 5-4。

表 5-4　用于子查询的基于多值的部分比较运算符

基于多值的比较运算	意　义
＝SOME	等于子查询结果中的某一个值
＞＝SOME	大于或等于子查询结果中的某一个值
＞SOME	大于子查询结果中的某一个值
＜＝SOME	小于或等于子查询结果中的某一个值
＜SOME	小于子查询结果中的某一个值
＜＞SOME	不等于子查询结果中的某一个值
＝ALL	等于子查询结果中的所有值，不常用
＞＝ALL	大于或等于子查询结果中的所有值
＞ALL	大于子查询结果中的所有值
＜＝ALL	小于或等于子查询结果中的所有值
＜ALL	小于子查询结果中的所有值
＜＞ALL	不等于子查询结果中的所有值

例 5-17　在 students_courses 数据库的选课表中查询所有选课记录中成绩最高的选课记录的学号、课程号和成绩信息。

我们首先将所有修课记录的成绩全部查询出来，这是一个多值，使用＞＝ALL 来判断最高成绩即可。对应的嵌套查询语句如下：

```
SELECT sno AS 学号,cno AS 课程号,cj AS 成绩
FROM sc
WHERE cj>= ALL
(
    SELECT cj
    FROM sc
);
```

其运行结果如图 5-56 所示。

这个查询语句也可以写成如下的形式，运行结果一样。

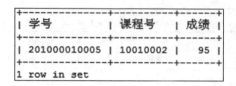

图 5-56 成绩最高的修课记录

```
SELECT sno AS 学号,cno AS 课程号,cj AS 成绩
FROM sc
WHERE cj=
(
    SELECT MAX(cj)
    FROM sc
);
```

(2) 使用 IN 谓词的嵌套查询。如果子查询的结果是多个值,比如在选课(sc)表中给定学号(sno)值查询学生所选修的课程号,则返回的结果是由多个课程号组成的多值信息。对于返回多值的子查询,可以使用 IN 和 EXIT 谓词进行判断。

嵌套查询中的父子查询一般要通过运算符或谓词短语连接。如果子查询的结果是一个集合(单列数据),在父查询的 WHERE 子句中使用 IN 谓词来判断某一列的值是否属于这个集合,从而确定查询结果,这是最常用的嵌套查询。关键字 IN 前面可以加上 NOT,表示"不在...",以达到排除的目的。

例 5-18 在 students_courses 数据库中查询上课的教工信息。

在课程表中可以查询到所有上课的教师编号,这是子查询;要找不上课的教师姓名等信息,只要在教师表中查找教师编号不在子查询的结果表中即可,可以使用 NOT IN 关键字加以实现。查询语句如下:

```
SELECT tno AS 教工号,tname AS 姓名,txb AS 性别,zc AS 职称,age AS 年龄
FROM teachers
WHERE tno IN
(
    SELECT tno
    FROM courses
);
```

查询结果如图 5-57 所示。

```
+------------+----------+--------+----------+------+
| 教工号      | 姓名      | 性别    | AS职称    | 年龄  |
+------------+----------+--------+----------+------+
| 2011000003 | 李坦率    | 男      | 副教授    | 45   |
| 2013000005 | 张一飞    | 男      | 副教授    | 40   |
| 2013000111 | 张大明    | 男      | 副教授    | 39   |
| 2015000001 | 李明天    | 男      | 讲师      | 32   |
| 2018000002 | 邱丽丽    | 女      | 讲师      | 28   |
| 2018000012 | 李子然    | 男      | 助教      | 28   |
| 2019000005 | 王丽      | 女      | 讲师      | 29   |
| 2019000011 | 李梅      | 女      | 讲师      | 32   |
| 2019000021 | 赵峰      | 男      | 讲师      | 30   |
+------------+----------+--------+----------+------+
9 rows in set
```

图 5-57 所有上课的教工信息

而如果要查询不上课的教工的信息,则所对应的查询语句如下:

```
SELECT tno AS 教工号,tname AS 姓名,txb AS 性别,zc AS 职称,age AS 年龄
FROM teachers
WHERE tno NOT IN
(
    SELECT tno
    FROM courses
);
```

查询结果如图 5-58 所示。

```
+------------+--------+------+--------+------+
| 教工号     | 姓名   | 性别 | AS职称 | 年龄 |
+------------+--------+------+--------+------+
| 12121212   | 李铁   | 男   | NULL   | NULL |
| 1988000002 | 吴英俊 | 男   | 教授   |   52 |
| 1992000007 | 陈天乐 | 女   | 副教授 |   49 |
| 1998000007 | 王小可 | 女   | 教授   |   47 |
| 2008000001 | 李明   | 男   | NULL   | NULL |
+------------+--------+------+--------+------+
5 rows in set
```

图 5-58 不上课的教工信息

(3) 使用与 EXISTS 的嵌套查询。在 SELECT 语句的 WHERE 子句中使用 EXISTS 谓词和子查询,只要子查询的结果不为空则条件为真;相反地,使用 NOT EXISTS 和子查询,则只要子查询为空则条件为真。使用 EXISTS 谓词的子查询结果其内容并不重要,子查询结果记录的多少也不重要,只要区分结果中有无记录即可。

例 5-19 在 students_courses 数据库中查询至少选修了一门课程的学生记录。

对于学生表中的每一条记录,都用它的学号去查询选课表中的学号列,若该列中至少有一个值与其相同,则子查询结果非空,即父查询条件为真,父查询就把该学生记录查询出来。这里的子查询依赖于父查询,既是不能独立运行的,也是相关子查询。

其对应的嵌套查询语句如下:

```
SELECT *
FROM students
WHERE EXISTS
(
    SELECT *
    FROM sc
    WHERE sc.sno= students.sno
);
```

运行结果如图 5-59 所示。

在嵌套查询中,如果子查询能够独立运行,不依赖于父查询的数据和结果,则这种子查询称为无关子查询。上面我们介绍的子查询基本上都是无关子查询,这些子查询可以独立运行,在父查询运行前先获得了运行结果。

如果子查询不能独立运行,依赖于父查询的数据或结果,则这种子查询称为相关子查询;例 5-17 就是一个典型的相关子查询。相关子查询一般是使用 EXISTS 谓词的嵌套查询。

```
+----------------+--------+----+----------------+---------+-----------+
| sno            | sname  | xb | zhy            | in_year | dept      |
+----------------+--------+----+----------------+---------+-----------+
| 200900020007   | 高明明 | 女 | 商务英语       | 2009    | 外语      |
| 200900030008   | 吴天天 | 女 | 投资与理财     | 2009    | 经济管理  |
| 201000010001   | 张实在 | 男 | 计算机信息管理 | 2010    | 计算机技术|
| 201000010002   | 王凯   | 男 | 软件测试技术   | 2010    | 计算机技术|
| 201000010003   | 吴天成 | 男 | 软件测试技术   | NULL    | NULL      |
| 201000010004   | 刘国庆 | 男 | 软件技术       | 2010    | 计算机技术|
| 201000010005   | 李张扬 | 男 | 计算机应用技术 | 2010    | 计算机技术|
| 201000010006   | 曾水明 | 女 | 计算机应用技术 | 2010    | 计算机技术|
| 201000010007   | 鲁高义 | 男 | 计算机网络技术 | 2010    | 计算机技术|
| 201000030009   | 陈洁   | 女 | 投资与理财     | 2010    | 经济管理  |
| 201100010001   | 李明媚 | 女 | 软件技术       | 2011    | 计算机技术|
| 201100010008   | 吴天天 | 女 | 软件技术       | 2011    | 计算机技术|
+----------------+--------+----+----------------+---------+-----------+
12 rows in set
```

图 5-59 至少选修了一门课程的学生记录

5.6.2 项目实施

1. 基于单值子查询

在 students_courses 数据库中查询选修了"数据库技术"课程并且其成绩比这门课的平均成绩高的学生姓名和专业信息。

在课程表(courses)表中可以查询到"数据库技术"课程对应的课程号,根据这个课程号在选课(sc)表中可以计算这门课的平均成绩,这是一个单值;根据这个平均成绩值再次在三个表连接后的结果表中逐条记录进行判断就可以找出所需要的记录。查询语句如下:

```sql
SELECT sname AS 姓名,zhy AS 专业,cname AS 课程名,cj AS 成绩
FROM students JOIN sc ON students.sno= sc.sno
    JOIN courses ON courses.cno= sc.cno
WHERE cname= '数据库技术' AND cj>
(
    SELECT AVG(cj)
    FROM sc
    WHERE cno=
        (SELECT cno
        FROM courses
        WHERE cname= '数据库技术')
);
```

运行结果如图 5-60 所示。

```
+--------+----------------+------------+------+
| 姓名   | 专业           | 课程名     | 成绩 |
+--------+----------------+------------+------+
| 吴天成 | 软件测试技术   | 数据库技术 | 78   |
| 刘国庆 | 软件技术       | 数据库技术 | 72   |
| 李张扬 | 计算机应用技术 | 数据库技术 | 72   |
| 曾水明 | 计算机应用技术 | 数据库技术 | 82   |
| 吴天天 | 软件技术       | 数据库技术 | 72   |
+--------+----------------+------------+------+
5 rows in set
```

图 5-60 "数据库技术"课程成绩比平均成绩高的相关信息

2. 基于多值的比较运算符在嵌套查询中的使用

在 students_courses 数据库中查询课程 10010001 成绩除了最低分的其他同学的学号和成绩信息。第 1 步先查询出 10010001 课程的所有成绩,语句如下:

```sql
SELECT cj FROM sc WHERE cno= '10010001';
```

运行结果如图 5-61 所示。
查询语句如下：

```
SELECT sno,cno,cj
FROM sc
WHERE cno= '10010001' AND cj > min
(SELECT cj FROM sc WHERE cno= '10010001');
```

运行结果如图 5-62 所示。

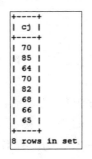

图 5-61　课程 10010001　　图 5-62　课程 10010001 除了最低分
　　所有成绩信息　　　　　　　　的其他同学的学号和成绩信息

3. 使用 IN 谓词的嵌套查询

在 students_courses 数据库中查询有不及格课程的学生的学号、姓名和所在系。

接下来分两步来完成这个查询操作。第 1 步，在学生选课(sc)表中查找有不及格课程的学生的学号，其对应的语句如下：

```
SELECT DISTINCT sno
FROM sc
WHERE cj< 60;
```

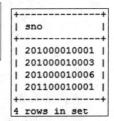

查询结果如图 5-63 所示。查询结果是单列数据，可以看作四个学号组成的集合。

第 2 步，在学生(students)表中查看每条记录的学号，如果学号在子查询的结果表中，则符合查询要求，生成结果记录，如果学号不在子查询的结果集中，则不生成结果记录。其完整的查询语句如下。其运行结果如图 5-64 所示。

图 5-63　有不及格课程的学生学号

```
SELECT sno AS 学号,sname AS 姓名,dept AS 所在系       ⎫
FROM students                                         ⎬ 父查询
WHERE sno IN                                          ⎭
(
    SELECT DISTINCT sno       ⎫
    FROM sc                   ⎬ 子查询
    WHERE cj< 60              ⎭
);
```

```
+----------------+----------+--------------+
| 学号           | 姓名     | 所在系       |
+----------------+----------+--------------+
| 201000010001   | 张实在   | 计算机技术   |
| 201000010003   | 吴天成   | NULL         |
| 201000010006   | 曾水明   | 计算机技术   |
| 201100010001   | 李明媚   | 计算机技术   |
+----------------+----------+--------------+
4 rows in set
```

图 5-64 有不及格课程的学生姓名等信息

对于这个查询实例,前面已经讲过并通过连接查询的方法加以实现。事实上,很多嵌套查询都可以通过连接查询实现,但嵌套查询的好处是结构清晰,易于理解。

4. 使用 IN 谓词的嵌套查询

在 students_courses 数据库中查询选修了"C 语言程序设计"课程的学生姓名和专业信息。

在课程表中可以查询到"C 语言程序设计"课程对应的课程号,这是子查询;根据课程号在选课(sc)表中可以找到选修了这门课的学生学号,这是中间查询;根据学号可以在学生(students)表中找出学生的姓名和专业信息,这是一个 3 层嵌套查询。查询语句如下:

```
SELECT sname AS 姓名,zhy AS 专业
FROM students
WHERE sno IN
(
    SELECT sno
    FROM sc
    WHERE cno IN
    (
        SELECT cno
        FROM courses
        WHERE cname='C 语言程序设计'
    )
);
```

查询结果如图 5-65 所示。

如果查询结果不能确定是单值而是单列多个值,就用 IN 来进行判断比较好。

5. 使用 EXISTS 谓词的嵌套查询

在 students_courses 数据库中查询没有选修任何课程的学生记录。

对于学生表中的每一条记录,都用它的学号去查询选课表中的学号列,若该列中至少有一个值与其相同,则子查询结果非空,即父查询条件为真,利用父查询就可把该学生记录查询出来。这里的子查询依赖于父查询,是不能独立运行的,是相关子查询。

图 5-65 选修了"C 语言程序设计"课程的学生

其对应的嵌套查询语句如下:

```sql
SELECT *
FROM students
WHERE EXISTS
(
    SELECT *
    FROM sc
    WHERE sc.sno= students.sno
);
```

运行结果如图 5-66 所示。

```
+---------------+---------+-----+-------------------+---------+-----------------+
| sno           | sname   | xb  | zhy               | in_year | dept            |
+---------------+---------+-----+-------------------+---------+-----------------+
| 200900020007  | 高明明  | 女  | 商务英语          |  2009   | 外语            |
| 200900030008  | 吴天天  | 女  | 投资与理财        |  2009   | 经济管理        |
| 201000010001  | 张实在  | 男  | 计算机信息管理    |  2010   | 计算机技术      |
| 201000010002  | 王凯    | 男  | 软件测试技术      |  2010   | 计算机技术      |
| 201000010003  | 吴天成  | 男  | 软件测试技术      |  NULL   | NULL            |
| 201000010004  | 刘国庆  | 男  | 软件技术          |  2010   | 计算机技术      |
| 201000010005  | 李张扬  | 男  | 计算机应用技术    |  2010   | 计算机技术      |
| 201000010006  | 曾水明  | 男  | 计算机应用技术    |  2010   | 计算机技术      |
| 201000010007  | 鲁高义  | 男  | 计算机网络技术    |  2010   | 计算机技术      |
| 201000030009  | 陈洁    | 女  | 投资与理财        |  2010   | 经济管理        |
| 201100010001  | 李明媚  | 女  | 软件技术          |  2011   | 计算机技术      |
| 201100010008  | 吴天天  | 女  | 软件技术          |  2011   | 计算机技术      |
+---------------+---------+-----+-------------------+---------+-----------------+
12 rows in set
```

图 5-66 至少选修了一门课程的学生记录

6. 使用 EXISTS 谓词的三层嵌套查询

在 students_courses 数据库中查询与"陈洁"同学选课至少有一门课程相同的学生信息。

此查询的大致执行过程是,对于学生表中的每一个元组,若它的姓名不等于"陈洁",同时用它的学生号到选课表中去查询对应的元组,若该元组的课程号等于陈洁同学所选的任一个课程号,则 exists 后的子查询非空,外循环的选择条件为真,该学生记录就被选择出来。查询语句如下:

```sql
SELECT *
FROM students x
WHERE x.sname< > '陈洁' AND EXISTS
(
    SELECT y.cno
    FROM sc y
    WHERE y.sno= x.sno AND y.cno= SOME
    (
            SELECT w.cno
            FROM students z,sc w
            WHERE z.sno= w.sno AND z.sname= '陈洁'
    )
);
```

运行结果如图 5-67 所示。

```
+----------------+--------+----+--------------+---------+----------+
| sno            | sname  | xb | zhy          | in_year | dept     |
+----------------+--------+----+--------------+---------+----------+
| 200900030008   | 吴天天 | 女 | 投资与理财   |    2009 | 经济管理 |
+----------------+--------+----+--------------+---------+----------+
1 row in set
```

图 5-67 与"陈洁"同学选课至少有一门课程相同的学生

这个查询中的表使用了别名。写查询语句时，如果表名太长，写起来很麻烦，可以在 FROM 子句中给表定义一个别名，在整个 SELECT 子句中都可以利用这个别名进行相关操作。上面查询中的语句 students x、sc y 即分别对表 students 定义了别名 x，对表 sc 定义了别名 y。

5.6.3 拓展知识：在 DML 语句中使用子查询

除了查询语句 SELECT 外，在 DML（UPDATE、DELETE 和 INSERT）语句中也可以嵌入查询语句。INSERT 语句中嵌入 SELECT 语句可将查询结果插入目标表，另外 SELECT 语句可嵌入 DML 语句的 WHERE 子句中，以构成条件表达式。下面举例说明其使用方法。

1. INSERT 语句中嵌入 SELECT 语句

在 students_courses 数据库中，通过定义表语句新建一个课程备份（courses_copy）表，然后将 courses 表中 4 学分的课程插入这个课程备份（courses_copy）表中。语句如下：

```
CREATE TABLE courses_copy LIKE courses;
                              --构造一个与 courses 表结构相同的空表 courses_copy
```

```
INSERT courses_copy
SELECT *
  FROM courses                  }--子查询
    WHERE xf= 4;
```

2. 在 UPDATE 语句中使用嵌套查询

在 students_courses 数据库中，给所有女同学的课程成绩加 2 分。

作为练习，为保护数据库中的数据，首先将 sc 表中的数据备份到 sc_copy 表中，对 sc_copy 表中数据进行更改。

```
CREATE TABLE sc_copy LIKE sc;
INSERT INTO sc_copy SELECT *  FROM sc;
--将 sc 表中所有数据复制到 sc_copy 表中
```

```
UPDATE sc_copy SET cj= cj+2   --更新 sc_copy 表中女生的成绩
  WHERE sno IN
    (
      SELECT sno
      FROM students              }--子查询
      WHERE xb= '女'
    );
```

3. 在 DELETE 语句中使用嵌套查询

在 students_courses 数据库中,删除学分最高的课程记录。

作为练习,为保护数据库中的数据,首先将 courses 表中的数据备份到 courses_copy 表中,再对 courses_copy 表中数据进行更改。

```
CREATE TABLE courses_copy LIKE courses;
INSERT INTO courses_copy SELECT *  FROM   courses;
--将 courses 表中所有数据复制到 courses_copy 表中
```

```
DELETE FROM courses_copy   --删除 courses_copy 表中的记录
  WHERE xf=
   (
     SELECT MAX(xf)
     FROM courses          }--子查询
   );
```

项目 5
答疑-补充 SQL 注释符的使用

项目 6

使用 SQL 语言管理数据库对象

◇ **项目提出**

虽然使用图形界面工具可以方便地创建关系表和约束,但是有时候需要让程序自动创建关系表、约束、视图等数据库对象,就需要采用语句的方式进行创建。本项目就是采用 DDL 进行数据库对象的创建和管理,包括表、约束、索引、视图 4 类对象的管理。

◇ **项目分析**

在之前的任务 3.2 中,为了更好地开展 SQL 语言的入门学习,我们已经掌握了使用语句方式创建和使用 DATABAES(在 MySQL 中 DATABASE 更像是文件夹,方便用户将特定业务相关的数据和对象集中管理)。本项目除了需要使用语句创建和管理那些之前使用过的对象,还会接触到诸如视图、索引等新的对象类型。

任务 6.1 使用 SQL 语言创建表

6.1.1 相关知识点

1. 创建表 CREATE TABLE 语句

本任务需要使用 CREATE TABLE 语句创建表、使用 ALTER TABLE 语句修改表结构和使用 DROP TABLE 语句删除表。

在使用 CREATE TABLE 创建基本表时,仅定义了表的名称、表中每列的名称和数据类型,以及表中的约束,其格式如下:

使用 SQL 命令
建立、修改用户表

```
CREATE TABLE table_name
(
  column_name1 data_type(size) constraint_name1 [NOT NULL|DEFAULT value],
  column_name2 data_type(size) constraint_name2 [NOT NULL|DEFAULT value]
  [,PRIMARY KEY(column_name3[,column_name])]
  [,UNIQUE KEY constraint_name4(column_name)]
  [,CONSTRAINT constraint_name5 FOREIGN KEY(column_name) REFERENCES table_name
  (column_name)]
  ...
);
```

其中,用于创建约束的参数如下。

- NOT NULL:创建该列非空约束。

- DEFAULT：创建该列默认值约束。
- PRIMARY KEY：指定主键约束。
- FOREIGN KEY：创建外键约束。
- UNIQUE KEY：创建唯一约束。

其中 column_name 是根据约束需要对应的列名，可能是相同或不同的列名。

使用 SQL 创建表

2. 查看表 SHOW CREATE TABLE 语句

在 MySQL 中，SHOW CREATE TABLE 语句不仅可以查看创建表时的定义语句，还可以查看表的字符编码。其语句语法如下：

```
SHOW CREATE TABLE table_name;
```

其中，table_name 是指要查询数据库表的名称。

3. 查看表 DESCRIBE 语句

在 MySQL 中，使用 DESCRIBE 语句可以查看表的字段信息，其中包括字段名、字段类型等。其语句语法如下：

```
DESCRIBE table_name;
```

或

```
DESC table_name;
```

6.1.2 任务实施

1. 选择需要操作的数据库

表是数据库的对象，因此我们在对表进行操作之前一定要搞清楚当前的数据库是哪个，否则会出现创建的表不知去了哪儿，修改的对象存在但系统却提示没有这样的对象等问题。

如何选择要操作的数据库呢？如果在打开的 Navicat for MySQL 主界面的"连接"选项区中双击选择了某个数据库，则在打开的"命令列界面"窗口中操作的数据库就是选中的数据库。如果没有选择任何数据库，则会报 1046-No database selected 错误信息。

也可以执行 USE database_name 语句来改变当前数据库。如需要使用 students_courses 数据库：

```
USE students_courses;
```

该步骤是后续操作的基础！

2. 创建表

创建一个简单的数据表，表名为 testtable_1，有 4 个字段，字段名称分别为 col1～col4，从 col1 到 col4 对应列的数据类型分别 varchar(10)、int、datetime、decimal(10,2)。

创建表语句语法格式如下：

```
CREATE TABLE [IF NOT EXISTS] table_name
(
  column1_name data_type1[constraint_option],
  column2_name data_type2[constraint_option],
  ...
  columnn_name data_typen[constraint_option],
  [table_option]
);
```

其中,CREATE TABLE 是创建表的语句关键字,是不可以更改的;而 table_name 是需要用户给定的数据表的名称;column1_name 代表表中对应列的名称;data_type1 是列的数据类型,表中可以定义多个列,列之间的定义用逗号分隔;constraint_option 是可选内容,用于描述该列的约束,具体用法将在项目 6 任务 6.2 中详细介绍。

本项目将使用查询编辑器,可以在 navicat 主界面,选中数据库 students_courses,单击选择"查询"选项,单击"新建查询"按钮,如图 6-1 所示。

在打开的查询编辑器中输入如下代码,然后单击"运行"按钮,结果如图 6-2 所示。

```
CREATE TABLE testtable_1
(
  col1    varchar(10),
  col2    int,
  col3    datetime,
  col4    decimal(10,2)
);
```

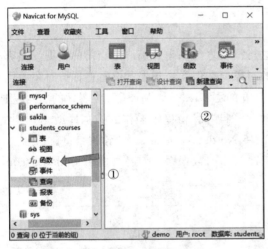

图 6-1　查询编辑器的使用

图 6-2　创建 testtable_1 表

3. 使用 DESCRIBE 查看数据表各列数据类型

其语句语法如下:

```
DESCRIBE table_name;
```

查看 student 表,实现代码如下:

```
DESCRIBE testtable_1;
```

执行完上面的语句后,结果如图 6-3 所示。

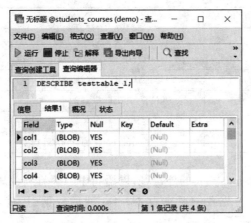

图 6-3　testtable_1 表的字段信息

上述执行结果显示出了 testtable_1 表的字段信息。执行结果中的不同字段的含义具体如下。

(1) Null:表示该列是否可以存储 NULL 值。
(2) Key:表示该列是否已经编制索引。
(3) Default:表示该列是否有默认值。
(4) Extra:表示获取到的与给定列相关的附加信息。

4. SHOW CREATE TABLE 查看数据表。

其语句语法如下:

```
SHOW CREATE TABLE table_name;
```

使用 SHOW CREATE TABLE 语句查看 testtable_1 表,实现代码如下:

```
SHOW CREATE TABLE testtable_1;
```

执行完上面的语句后,testtable_1 数据表的定义信息显示出来了,如图 6-4 所示。

图 6-4　查看创建表 testtable_1 表的信息

5. 创建表时创建约束

在 students_courses 数据库中创建一个简单的数据表,表名为 book,它一共有 6 个字段,见表 6-1。

表 6-1 book 表的字段说明

字段名	数据类型	约束	含义
bno	int	PRIMARY KEY 主键约束	书号
bname	varchar(50)	UNIQUE 唯一约束	书名
in_use	char(2)	DEFAULT 'T' 默认约束	是否在使用
price	int	NOT NULL 非空约束	价格
author	char(20)		作者
course	char(8)	参照 courses 表的(cno)外键约束	对应课程

由于需要创建参考 courses 表的外键,所以语句中必须将新建表 book 的数据引擎类型和 courses 表保持一致。首先我们要查看 courses 表的数据引擎类型,查询过程与结果如图 6-5 所示。

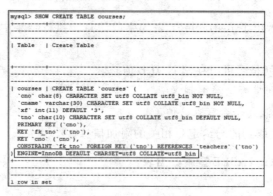

图 6-5 查询 courses 表存储引擎

将图 6-5 中红线标注部分的代码写在创建表语句最后部分。请同学根据自己查询到的存储引擎结果修改创建表语句。否则可能会遇到如图 6-6 所示的错误提示。

图 6-6 外键约束不相容错误提示

根据如图 6-5 所示的查询结果,创建带约束的 book 表的语句如下:

```
CREATE TABLE book(
    bno int PRIMARY KEY,                    -- 主键定义
    bname varchar(50)  UNIQUE,              -- 唯一约束定义
    in_use char(2) DEFAULT 'T',             -- 默认约束定义
```

```
    price int NOT NULL,                              --非空约束定义
    author char(20),
    course char(8),
    FOREIGN KEY(course) REFERENCES courses(cno)      --外键约束定义
)ENGINE= InnoDB DEFAULT CHARSET=utf8 COLLATE=utf8_bin;  --存储引擎与排序规则说明
```

运行结果如图 6-7 所示。

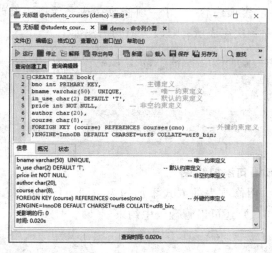

图 6-7　创建 book 表成功

注意：由多个字段构成的主键，不能直接在各个字段的定义后加主键约束（PRIMARY KEY），需要在所有列定义完成后，单独来定义主键为列的组合，即这个主键约束属于表级完整性约束。

如创建一个简单的数据表，表名为 sc2，它一共有 3 个字段，其中 sno 与 cno 的组合是主键。实现代码如下：

```
CREATE TABLE sc2
(
    sno char(12),
    cno char(8),
    score float,
    PRIMARY KEY(sno,cno)                             --定义复合主键
);
```

任务 6.2　使用 SQL 语言修改表

6.2.1　相关知识点

在项目 2 任务 2.4 中介绍了如何在建立表时定义表的约束（包括主键、唯一、非空、默认和外键共五种约束），这些约束分为列级约束（在列的定义后

使用 SQL
修改表

给出)和表级约束(在所有列定义后给出,一般这种约束涉及表中多个列)。

1. 修改表 ALTER TABLE 语句添加、修改、删除字段

所谓数据表的修改指的是对表的结构(列名称、列的类型和约束等)的修改,可以在表中增加、修改或删除字段(列),还可以使用该语句添加、修改或删除表的约束,所以 ALTER TABLE 语句语法比较复杂。本任务主要使用该语句对表中的列进行管理,任务 6.2 将使用该语句进行表中约束的管理。

如果一次要修改表的多项内容,最好一项修改完成之后再去修改另外一项,而不要在 ALTER TABLE 语句中一次完成所有修改。语句语法如下:

```
ALTER TABLE table_name [RENAME new_table_name]
    [ADD column_name datatype|
    DROP COLUMN column_name|
    MODIFY COLUMN column_name datatype|
    CHANGE old_column new_column data_type];
```

2. ALTER TABLE 语句添加约束

可以在创建表之后,用修改表的方式添加约束。即 ALTER TABLE 语句不仅可以管理表中的字段(见任务 6.1),还可以管理表中约束。

```
ALTER TABLE table_name
    [MODIFY column_name datatype NOT NULL|DEFAULT value]
    [,ADD CONSTRAINT constraint_name1 UNIQUE(column1,column2...)]
    [,ADD CONSTRAINT constraint_name2 PRIMARY KEY(column1,column2...)]
    [,ADD CONSTRAINT constraint_name3 FOREIGN KEY(column) REFERENCES tablex_name
    (columnx)];
```

其中,table_name 是要修改的表的名字;tablex_name(columnx)是外键需要参考的表和列;column 是约束创建需对应的列名,可能是相同或不同的列名。

3. ALTER TABLE 语句删除约束

在表中的约束名已知的情况下(如果要查看约束名,可以使用 SHOW CREATE TABLE 语句),可以使用修改表语句删除表中的约束。

删除表中命名约束的 ALTER TABLE 语句格式如下:

```
ALTER TABLE table_name
    [DROP CONSTRAINT constraint_name];
```

4. 删除表 DROP TABLE 语句

当数据库中的数据表确认不需要使用时,可以使用 DROP TABLE 语句将其删除。DROP TABLE 语句的语法如下:

```
DROP TABLE table_name [,...n]
```

6.2.2 任务实施

1. 修改表名

将任务 6.1 中创建的 testtable_1 表改名为 sc_copy 表。

修改表名的语句格式如下：

```
ALTER TABLE old_table_name RENAME [TO] new_table_name;
```

实现代码如下：

```
ALTER TABLE testtable_1 RENAME TO sc_copy;         --修改表名
```

为了检测表名是否修改正确，可以使用 SHOW TABLES 语句查看数据库中的所有表。将上面语句输入查询编辑器运行结果如图 6-8 所示。

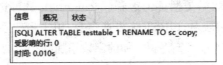

图 6-8　修改表名运行成功提示

2. 修改表中字段名

将 sc_copy 表中的 col3 字段改名为 score，数据类型为 int。

修改表名的语句格式如下：

```
ALTER TABLE table_name CHANGE old_column new_column data_type;
```

其中，table_name 是要修改字段名对应的表的名字；old_column 是修改前的字段名；new_column 是修改后的字段名；data_type 是修改后的数据类型。需要注意的是，新数据类型不能为空，即使新字段与旧字段的数据类型相同，也必须将新数据类型设置为与原来一样的数据类型。运行结果如图 6-9 所示，提示修改情况如图 6-9(a)所示，修改后的表结构如图 6-9(b)所示。

（a）提示修改情况　　　　　　　　（b）修改后的表结构

图 6-9　修改表中字段名

实现代码如下：

```
ALTER TABLE sc_copy CHANGE col3 score int;        -- 修改字段名
```

为了检测表名是否修改正确，可以使用 DESCRIBE 语句查看表中字段修改结果。

3. 修改表增加字段

在 sc_copy 表中添加新字段 xq 且其数据类型为字符型，最多 2 个字符。

在表中添加一个字段(列)的表修改语句格式如下：

```
ALTER TABLE table_name
  ADD new_column data_type
  [integrality_condition][FIRST|AFTER column_name];
```

其中，table_name 是要修改的表的名字；new_column 是要添加的字段(列)的名字；data_type 是新添加的列的数据类型；integrality_condition 是可选项，是字段(列)的约束条件；column_name 是已有的字段名；FIRST 为可选参数，用于将新添加的字段设置为表的第一个字段；AFTER 也为可选参数，用于将新添加的字段添加到指定的 column_name 的后面。

实现代码如下：

```
ALTER TABLE sc_copy ADD xq char(2);        -- 添加新的字段(列)
```

新添加的字段(列)默认在表的已有字段(列)的最后面。请注意，不能添加主键、外键约束的字段，当添加具有 UNIQUE 约束和 NOT NULL 约束的字段时，数据表必须是空的，否则修改失败。一般来说，如果对表的结构增加列，尽量不要加约束。运行结果如图 6-10 所示。

4. 修改表删除字段

在 sc_copy 表中删除字段 col4。

在表中删除一个字段(列)的表修改语句格式如下：

```
ALTER TABLE table_name
 DROP column_name;
```

其中，table_name 是要修改的表的名字；column_name 是删除的字段(列)的名字。

实现代码如下：

```
ALTER TABLE sc_copy DROP COLUMN col4;        -- 删除字段(列)
```

运行结果如图 6-11 所示。请注意，当一个字段(列)使用上面的方法被删除以后，表中这列相应的数据也都被删除了。另外，如果字段(列)上定义了除非空(NOT NULL)约束之外的约束或者定义了索引时，这个字段(列)是不能删除的，这时必须先删除列上的约束(或索引)然后才能删除该字段(列)。

5. 修改表中字段数据类型

将 sc_copy 表中 col1 字段的数据类型改为 char(50)。

要修改表中一个字段(列)的数据类型或长度时对应的表修改语句格式如下：

```
ALTER TABLE table_name
  MODIFY column_name new_data_type;
```

其中,table_name 是要修改的表的名字;column_name 是要修改的字段(列)的名字;new_data_type 是修改后的新数据类型。

图 6-10 修改表增加字段

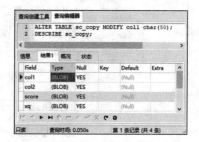

图 6-11 修改表删除字段

运行下面的代码,结果如图 6-12 所示。

```
ALTER TABLE sc_copy MODIFY col1 char(50);      -- 修改字段(列)的数据类型
```

对于字符类型的长度修改,一般来说要修改得比原来大才能成功。如果变得比原来长度还要小,则可能容不下表中已有的字段(列)的内容而导致修改失败。也可以修改字段的数据类型,但一定要这两个类型能够相互转换才能成功。

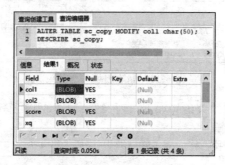

图 6-12 修改表字段的类型

6. 修改表删除约束

删除约束前需要先查看约束的名称。

```
SHOW CREATE TABLE book;
```

得到结果如图 6-13 所示。

删除 book 表中主键约束语句如下,运行结果如图 6-14 所示。

```
ALTER TABLE book DROP PRIMARY KEY;
```

删除 book 表中唯一约束语句如下,运行结果如图 6-15 所示。

```
ALTER TABLE book DROP KEY bname;
```

```
| book  | CREATE TABLE `book` (
  `bno` int(11) NOT NULL,
  `bname` varchar(50) COLLATE utf8_bin DEFAULT NULL,
  `in_use` char(2) COLLATE utf8_bin DEFAULT 'T',
  `price` int(11) NOT NULL,
  `author` char(20) COLLATE utf8_bin DEFAULT NULL,
  `course` char(8) COLLATE utf8_bin DEFAULT NULL,
  PRIMARY KEY (`bno`),
  UNIQUE KEY `bname` (`bname`),
  KEY `course` (`course`),
  CONSTRAINT `book_ibfk_1` FOREIGN KEY (`course`) REFERENCES `courses` (`cno`)
) ENGINE=InnoDB DEFAULT CHARSET=utf8 COLLATE=utf8_bin |
```

图 6-13　查看表中约束

```
mysql> ALTER TABLE book DROP PRIMARY KEY;
Query OK, 0 rows affected
Records: 0  Duplicates: 0  Warnings: 0
```

图 6-14　删除表中主键约束

```
mysql> ALTER TABLE book DROP KEY bname;
Query OK, 0 rows affected
Records: 0  Duplicates: 0  Warnings: 0
```

图 6-15　删除表中唯一约束

删除 book 表中非空约束语句如下，运行结果如图 6-16 所示。

```
ALTER TABLE book MODIFY price int NULL;
```

```
mysql> ALTER TABLE  book MODIFY price int NULL;
Query OK, 0 rows affected
Records: 0  Duplicates: 0  Warnings: 0
```

图 6-16　删除表中非空约束

删除 book 表中默认值约束语句如下，运行结果如图 6-17 所示。

```
ALTER TABLE book MODIFY in_use char(2) DEFAULT NULL;
```

```
mysql> ALTER TABLE  book MODIFY in_use char(2) DEFAULT NULL;
Query OK, 0 rows affected
Records: 0  Duplicates: 0  Warnings: 0
```

图 6-17　删除表中默认值约束

删除 book 表中的外键约束，先查看 book 的表结构，对 course 字段的外键约束名为 book_ibfk_1。实现代码如下，运行结果如图 6-18 所示。

```
ALTER TABLE book DROP FOREIGN KEY book_ibfk_1;                            -- 删除表中的约束
```

```
mysql> ALTER TABLE  book DROP FOREIGN KEY book_ibfk_1;
Query OK, 0 rows affected
Records: 0  Duplicates: 0  Warnings: 0
```

图 6-18　删除表中外键约束

此时 book 表的结构如图 6-19 所示。

```
| book | CREATE TABLE `book` (
  `bno` int(11) NOT NULL,
  `bname` varchar(50) COLLATE utf8_bin DEFAULT NULL,
  `in_use` char(2) COLLATE utf8_bin DEFAULT NULL,
  `price` int(11) DEFAULT NULL,
  `author` char(20) COLLATE utf8_bin DEFAULT NULL,
  `course` char(8) COLLATE utf8_bin DEFAULT NULL,
  KEY `course` (`course`)
) ENGINE=InnoDB DEFAULT CHARSET=utf8 COLLATE=utf8_bin
```

图 6-19　删除约束之后的 book 表

7. 修改表添加约束

向 book 表中添加主键约束语句格式如下：

```
ALTER TABLE book ADD PRIMARY KEY(bno);
```

或者

```
ALTER TABLE book MODIFY bno int PRIMARY KEY ;
```

如果同时设置该主键列为自动递增列（自动递增字段必须是主键，否则会提示错误 1075）可采用如下语句，运行结果如图 6-20 所示。

```
ALTER TABLE book MODIFY bno int PRIMARY KEY AUTO_INCREMENT;
```

```
mysql> ALTER TABLE book MODIFY bno int PRIMARY KEY AUTO_INCREMENT;
Query OK, 0 rows affected
Records: 0  Duplicates: 0  Warnings: 0
```

图 6-20　向 book 表添加主键约束

向 book 表中添加唯一约束语句格式如下，运行结果如图 6-21 所示。

```
ALTER TABLE book MODIFY bname varchar(50) UNIQUE;
```

```
mysql> ALTER TABLE book MODIFY bname varchar(50) UNIQUE;
Query OK, 0 rows affected
Records: 0  Duplicates: 0  Warnings: 0
```

图 6-21　向 book 表添加唯一约束

向 book 表中添加非空约束语句格式如下，运行结果如图 6-22 所示。

```
ALTER TABLE book MODIFY price int NOT NULL;
```

```
mysql> ALTER TABLE book MODIFY price int NOT NULL;
Query OK, 0 rows affected
Records: 0  Duplicates: 0  Warnings: 0
```

图 6-22　向 book 表添加非空约束

向 book 表中添加默认值约束语句格式如下，运行结果如图 6-23 所示。

```
ALTER TABLE book MODIFY in_use char(2) DEFAULT 'F';
```

```
mysql> ALTER TABLE book MODIFY in_use char(2) DEFAULT 'F';
Query OK, 0 rows affected
Records: 0  Duplicates: 0  Warnings: 0
```

图 6-23　向 book 表添加默认值约束

在 book 表中对 course 字段添加外键约束。实现代码如下,运行结果如图 6-24 所示。

```
ALTER TABLE book ADD FOREIGN KEY(course) REFERENCES courses(cno);
```

```
mysql> ALTER TABLE book ADD FOREIGN KEY (course) REFERENCES courses(cno);
Query OK, 0 rows affected
Records: 0  Duplicates: 0  Warnings: 0
```

图 6-24　向 book 表添加外键约束

查看一下前面修改过后的 book 表,结果如图 6-25 所示。

```
| book | CREATE TABLE `book` (
  `bno` int(11) NOT NULL AUTO_INCREMENT,
  `bname` varchar(50) COLLATE utf8_bin DEFAULT NULL,
  `in_use` char(2) COLLATE utf8_bin DEFAULT 'F',
  `price` int(11) NOT NULL,
  `author` char(20) COLLATE utf8_bin DEFAULT NULL,
  `course` char(8) COLLATE utf8_bin DEFAULT NULL,
  PRIMARY KEY (`bno`),
  UNIQUE KEY `bname` (`bname`),
  KEY `course` (`course`),
  CONSTRAINT `book_ibfk_1` FOREIGN KEY (`course`) REFERENCES `courses` (`cno`)
) ENGINE=InnoDB DEFAULT CHARSET=utf8 COLLATE=utf8_bin |
```

图 6-25　添加约束后的 book 表

8. 删除表:删除 sc_copy 数据表

DROP TABLE 语句的语法如下:

```
DROP TABLE table_name[,...n]
```

其中,table_name 是要删除的表的名字,使用此语句一次可以删除多个表,表名之间用逗号隔开。

实现代码如下,运行结果如图 6-26 所示。

```
DROP TABLE sc_copy;           -- 删除表 sc_copy
```

图 6-26　删除表

注意:

(1) 使用 DROP TABLE 语句删除数据表时,表中的所有数据及约束等都将被删除,而且不可恢复,所以删除表时一定要小心确认。

(2) 不能使用 DROP TABLE 语句删除被主键约束的表。例如前面操作中建立了三个表,即 student 表、course 表和 sc 表,因为 sc 表中引用了 student 表中的 sno 和 course 表中的 cno 字段(即 sc 表中有两个外键联系),因此在 sc 表没有删除之前是不能删除 student 表和 course 表的。

6.2.3 知识拓展：关于表中约束的命名及查看

1. 系统自动命名

如图 6-26 所示，在 book 表中此时总共定义了五个约束。其中，包括一个主键约束、一个唯一约束、一个非空约束、默认值约束和外键约束。这五个约束用户都没有命名，当保存表时会对主键约束、唯一约束和外键约束命名保存。

系统自动给表中的约束命名，每个约束名都有一串随机生成的字母数据串。主键约束命名为 PRIMARY（无法修改），唯一约束命名规则为与定义唯一约束的字段（列）同名，外键约束命名公式为"表名_ibfk_n"，其中 ibfk 表示外键约束，n 从 1 开始计数。那我们如何查找这些约束的名称呢？

选择要查找表的约束所对应的数据库为当前数据库，然后执行下面的查询语句。

```
SELECT CONSTRAINT_CATALOG,CONSTRAINT_SCHEMA,CONSTRAINT_NAME,
TABLE_SCHEMA,TABLE_NAME,CONSTRAINT_TYPE
FROM information_schema.TABLE_CONSTRAINTS
WHERE TABLE_NAME='table_name';
```

这里要根据实际情况修改 table_name 为实际的表名，例如对于 book 表其查询语句和运行结果如图 6-27 所示。

```
mysql> SELECT CONSTRAINT_CATALOG,CONSTRAINT_SCHEMA,CONSTRAINT_NAME,TABLE_SCHEMA,TABLE_NAME,CONSTRAINT_TYPE
FROM information_schema.TABLE_CONSTRAINTS
WHERE TABLE_NAME='book';
+-------------------+-------------------+-----------------+-----------------+------------+-----------------+
| CONSTRAINT_CATALOG| CONSTRAINT_SCHEMA | CONSTRAINT_NAME | TABLE_SCHEMA    | TABLE_NAME | CONSTRAINT_TYPE |
+-------------------+-------------------+-----------------+-----------------+------------+-----------------+
| def               | students_courses  | PRIMARY         | students_courses| book       | PRIMARY KEY     |
| def               | students_courses  | bname           | students_courses| book       | UNIQUE          |
| def               | students_courses  | book_ibfk_1     | students_courses| book       | FOREIGN KEY     |
+-------------------+-------------------+-----------------+-----------------+------------+-----------------+
3 rows in set
```

图 6-27 book 表中所有约束列表显示

2. 给约束命名

可以使用在约束定义前加 CONSTRAINT constraint_name 来给约束命名。例如，当创建一个 sc_1_constraint_name 表时，同时给约束命名，定义语句如下：

```
CREATE TABLE book_constraint_name(
  bno int,
  bname varchar(50) UNIQUE,
  in_use char(2) DEFAULT 'T',                              -- 默认约束定义
  price int NOT NULL,                                      -- 非空约束定义
  author char(20),
  course char(8),
  PRIMARY KEY(bno),                                        -- 主键定义
  CONSTRAINT uq_bname UNIQUE(bname),                       -- 唯一约束命名定义
  CONSTRAINT bookcn_fk_cno FOREIGN KEY(course) REFERENCES courses(cno)
                                                           -- 外键命名定义
)ENGINE=InnoDB DEFAULT CHARSET=utf8 COLLATE=utf8_bin;
```

使用之前介绍的查询语句查看表中的约束如图 6-28 所示,这时表中约束的名字都是自己定义的,而不是系统生成的。

```
mysql> SELECT CONSTRAINT_CATALOG,CONSTRAINT_SCHEMA,CONSTRAINT_NAME,TABLE_SCHEMA,TABLE_NAME,CONSTRAINT_TYPE
FROM information_schema.TABLE_CONSTRAINTS
WHERE TABLE_NAME='book_constraint_name';
+--------------------+-------------------+-----------------+----------------+----------------------+-----------------+
| CONSTRAINT_CATALOG | CONSTRAINT_SCHEMA | CONSTRAINT_NAME | TABLE_SCHEMA   | TABLE_NAME           | CONSTRAINT_TYPE |
+--------------------+-------------------+-----------------+----------------+----------------------+-----------------+
| def                | students_courses  | PRIMARY         | students_courses | book_constraint_name | PRIMARY KEY   |
| def                | students_courses  | bname           | students_courses | book_constraint_name | UNIQUE        |
| def                | students_courses  | uq_bname        | students_courses | book_constraint_name | UNIQUE        |
| def                | students_courses  | bookcn_fk_cno   | students_courses | book_constraint_name | FOREIGN KEY   |
+--------------------+-------------------+-----------------+----------------+----------------------+-----------------+
4 rows in set
```

图 6-28　sc_1_constraint_name 表中所有约束列表显示

可以看到查询结果中有两个唯一约束,是由于在创建表时第 3 行和第 9 行都进行了唯一约束声明,虽然是同一字段的约束,系统还是分别生成了约束,第 3 行按照系统命名方式,第 9 行按照用户命名方式创建。

3. 添加外键约束的参数说明

我们知道建立外键是为了保证数据的完整性和一致性,但如果主表中的数据被删除或修改,从表中对应的数据该怎么办?很明显,从表中对应的数据也应该被删除,否则数据库中会存在很多无意义的垃圾数据。MySQL 可以在建立外键时添加 ON DELETE 或 ON UPDATE 子句来告诉数据库,怎样避免垃圾数据的产生。具体语法格式如下:

```
ALTER TABLE table_name1 add CONSTRAINT constraint_name
    FOREIGN KEY(column_name1) REFERENCES table_name2(column_name2)
    [ON DELETE{CASCADE|SET NULL|NO ACTION|RESTRICT}]
    [ON UPDATE{CASCADE|SET NULL|NO ACTION|RESTRICT}];
```

其中,table_name1 是外键所在表的名字;constraint_name 是外键约束名;column_name1 是外键字段名;table_name2 是主表表名;column_name2 是主键字段名。ON DELETE 子句和 ON UPDATE 子句中各参数的具体说明见表 6-2。

表 6-2　ON DELETE 子句和 ON UPDATE 子句的参数说明

参数名称	功能说明
CASCADE	删除包含与已删除键值有参照关系的所有记录
SET NULL	修改包含与已删除键值有参照关系的所有记录,使用 NULL 值替换(不能用于已标记为 NOT NULL 的字段)
NO ACTION	不进行任何操作
RESTRICT	拒绝主表删除或修改外键关联列。(在不定义 ON DELETE 和 ON UPDATE 子句时,这是默认设置,也是最安全的设置)

向 book 表中创建外键约束 book_fk_cno,并添加 ON DELETE 子句和 ON UPDATE 子句。实现代码如下,运行结果如图 6-29 所示。

```
ALTER TABLE  book ADD CONSTRAINT book_fk_cno FOREIGN KEY(course) REFERENCES
   courses(cno) ON DELETE RESTRICT ON UPDATE CASCADE;
```

```
mysql> ALTER TABLE  book ADD CONSTRAINT book_fk_cno FOREIGN KEY(course) REFERENCES courses(cno) ON DELETE RESTRICT
ON UPDATE CASCADE;
Query OK, 0 rows affected
Records: 0  Duplicates: 0  Warnings: 0

mysql> SELECT CONSTRAINT_CATALOG,CONSTRAINT_SCHEMA,CONSTRAINT_NAME,TABLE_SCHEMA,TABLE_NAME,CONSTRAINT_TYPE
FROM information_schema.TABLE_CONSTRAINTS
WHERE TABLE_NAME='book';
+--------------------+-------------------+-----------------+-----------------+------------+-----------------+
| CONSTRAINT_CATALOG | CONSTRAINT_SCHEMA | CONSTRAINT_NAME | TABLE_SCHEMA    | TABLE_NAME | CONSTRAINT_TYPE |
+--------------------+-------------------+-----------------+-----------------+------------+-----------------+
| def                | students_courses  | PRIMARY         | students_courses| book       | PRIMARY KEY     |
| def                | students_courses  | bname           | students_courses| book       | UNIQUE          |
| def                | students_courses  | book_fk_cno     | students_courses| book       | FOREIGN KEY     |
| def                | students_courses  | book_ibfk_1     | students_courses| book       | FOREIGN KEY     |
+--------------------+-------------------+-----------------+-----------------+------------+-----------------+
4 rows in set
```

图 6-29 创建外键约束时使用 ON DELETE 子句和 ON UPDATE 子句

任务6.3 索引的添加与删除

6.3.1 相关知识点

1. 索引简介

索引(Index)是依赖数据表建立的,它的作用是用来提高表中数据的查询速度。为了提高搜索(查询)数据的能力,可以为数据表中的一个或多个字段创建索引,以大大提高查询的效率。

在 MySQL 数据库中索引是在创建表时由系统自动创建或由用户根据查询需要来专门建立的;而索引的使用是根据查询的需要由系统自动选择调用的,不需要用户的参与。

索引的概念

形象地说,索引是一系列指向数据表中具体数据的指针集合。例如,《新华字典》中的检字表就是一种索引,字典中的具体内容相当于表中的数据,检字表通过页号指向字典的具体内容。假如《新华字典》没有检字表供我们查找,想要查找字典中某个字的具体内容就需要从头开始翻阅书本,直到找到指定内容为止。如果有了检字表,就可以先从中知道了某个字所在的起始页号,直接翻阅到此页上即可查阅指定内容,如图 6-30 所示。

索引提供指针以指向表中指定字段的数据值,然后根据指定的规则来排列这些指针(《新华字典》的检字表中的页码就相当于"指针",检字表也是根据一定的规则来排列顺序),通过查询索引找到特定的值,从而快速找到所需要的记录。

例如,有一个学生表见表 6-3。

表 6-3 学生表

学 号	姓 名	性别	年龄	专 业
20210303	李一鸣	男	20	计算机网络技术
20210101	王汉光	男	21	软件技术
20210102	张凯	男	21	计算机网络技术

续表

学　号	姓　名	性别	年龄	专　业
20210203	吴天明	男	20	经济管理
20210202	龙杰一	女	19	会计学
20200101	蓝洁	女	21	英语
20180201	陈怡乐	女	22	工商管理

图 6-30 《新华字典》利用索引提高查询速度

对于学生表按学号建立的索引可以形象地表示，见表 6-4。

表 6-4 学号索引表

学　号	索引指针
20180201	7
20200101	6
20210101	2
20210102	3
20210202	5
20210203	4
20210303	1

在上面这个模拟例子中,对学生表中的学号字段按其值由小到大排列,其索引指针值是原表中对应学号所在的顺序号,这样就得到学号索引表,这里的"学号"字段即为索引字段。

索引字段可以是单个字段也可以是多个字段的组合,如果是多个字段的组合,其索引值的排列首先按第一个字段值进行排列,如果其值相同,再按第二个字段的值进行排列,以此类推。

如果将索引简单地分类,可以分为聚集索引(Clustered)和非聚集索引(non-Clustered)两种。聚集索引改变数据表中记录的物理存储顺序,使之与索引列的顺序完全相同。非聚集索引不改变数据表中记录的存放顺序,只是将索引建立在索引页上,查询时先从索引页上获取记录位置,再找到所需要的记录内容,见表6-2。

例如,前面介绍的"学生表",如果按学号建立聚集索引,则表中数据将按学号从小到大重新排列,见表6-5。

表 6-5　学生表按学号建立的聚集索引表

学　号	姓　名	性别	年龄	专　业
20180201	陈怡乐	女	22	工商管理
20200101	蓝洁	女	21	英语
20210101	王汉光	男	21	软件技术
20210102	张凯	男	21	计算机网络技术
20210202	龙杰一	女	19	会计学
20210203	吴天明	男	20	经济管理
20210303	李一鸣	男	20	计算机网络技术

由于一个表中的数据只能按一种顺序来存储,所以在一个表中只能建立一个聚集索引,但允许建立多个非聚集索引。MySQL 中 InnoDB 按照主键进行聚集,如果没有定义主键,InnoDB 会试着使用唯一的非空索引来代替。如果没有这种索引,InnoDB 就会定义隐藏的主键然后在上面进行聚集。所以,对于聚集索引来说,在创建主键的时候,自动就创建了主键的聚集索引。

从索引数据存储的角度来分,索引可分为聚集索引和非聚集索引;从索引取值的角度来区分,索引可分为唯一索引与非唯一索引;从索引列是否为表的主键来区分,可分为主键索引和非主键索引;其中主键索引是唯一索引的特例。从索引值对应的列是单列还是多列来划分索引又分为简单索引和复合索引。

2. 常用索引类型

通常有以下常用索引类型。

(1) 普通索引。这是最基本的索引,它没有任何限制。

(2) 主键索引。主键既是约束,也是一种特殊的唯一索引,主键字段值不能为 NULL。当在数据表中创建了主键以后,数据库会自动为该主键创建唯一索引。

(3) 唯一索引。在 MySQL 中,唯一约束(Unique Index)也是唯一索引。如果表中一行以上的记录在某个字段上具有相同的值,则不能基于这个字段来建立唯一性索引。同样,如果表中一个字段或多个字段的组合在多行记录中具有相同 NULL 值,则不能将这个字段或字段组合作为唯一索引键。

（4）复合索引。在表中创建索引时，并不是只能对其中的一个字段创建索引，可以包含多个字段。这种将多个字段组合起来建立的索引，称为复合索引（Composite Index）。例如，在学生表中按学号和姓名作为查询条件来查找学生信息时，就可以将"学号"和"姓名"两个字段组合起来创建复合索引。

对于复合索引，在 MySQL 中会默认从左到右的使用索引中的字段，一个查询可以只使用索引中的一部分，但只能是最左侧部分。例如，索引是 key index(a,b,c)。可以支持(a)、(a,b)、(a,b,c)共 3 种组合进行查找，但不支持组合(b,c)进行查找。当最左侧字段是常量引用时，索引就十分有效。

（5）全文索引。全文索引是一种特殊类型的基于标记的功能性索引，FULLTEXT 即为全文索引，目前只有 MyISAM 引擎支持。其可以在 CREATE TABLE、ALTER TABLE、CREATE INDEX 等语句使用，不过目前只有 CHAR、VARCHAR、TEXT 列上可以创建全文索引。值得一提的是，在数据量较大的时候，先将数据放入一个没有全局索引的表中，然后用 CREATE INDEX 创建 FULLTEXT 索引，要比先为一张表建立索引 FULLTEXT 然后将数据写入的速度快很多。

全文索引由 MySQL 中的全文引擎服务来创建和维护，主要用于大量文本文字中搜索字符串，此时使用全文索引的效率比使用 T-SQL 中的 like 语句效率要高很多。

（6）空间索引。MySQL 从 5.7.4 实验版本开始，InnoDB 引擎支持空间索引，通过 R 树来实现，空间搜索从而变得高效。InnoDB 空间索引也支持 MyISAM 引擎现有的空间索引的语法，此外，InnoDB 空间索引支持完整的事务特性以及隔离级别。目前，InnoDB 空间索引只支持两个维度的数据，MySQL 开发团队表示层有计划地支持多维。此外，相关人员正在做更多关于性能方面的工作，以使其更加高效。

3. 索引的使用原则

在数据库中查询数据记录时，如果适当地利用索引对记录进行排列，就会提高查询的速度。但并不是说对表中每个字段都需要建立索引，因为当往表中增加、删除记录时，除了需要进行数据处理外，还要对每个索引进行维护。这就是说，建立索引不仅占用存储空间还会降低添加、删除和更新记录的速度。通常情况下，只有需要经常查询某些字段中的数据时，才需要在表上建立索引。如果频繁地更新数据且磁盘空间有限，最好对索引的数量进行控制。不过，大多数情况下，索引所带来的数据查询的优势是明显的。

对索引字段的选择是基于表的设计和实施的查询决定的。到底在哪些列上创建什么类型的索引，通常根据列在查询语句中 WHERE、ORDER BY、GROUP BY 子句中出现的频率来决定。

创建索引前确认索引字段是作为查询数据的一部分放置在该表中；另外还要注意，对表中包含该字段数据记录少、数据取值范围大、字段宽度较长及查询无关的字段不适合作为索引关键字。

4. 索引的创建和删除

创建索引既可以使用 CREATE INDEX 语句，也可以使用 ALTER TABLE 语句，还可以在创建表的同时创建索引，使用的是 CREAT TABLE 语句。各类型索引的语句格式略有不同,见表 6-6 和表 6-7。

表 6-6 创建索引的语句格式

索引类型	CREATE INDEX...	ALTER TABLE...	CREAT TABLE...
主键索引（主键约束）	—	ALTER TABLE 表名 ADD PRIMARY KEY ON (字段名)	CREATE TABLE 表名(… PRIMARY KEY(字段列表));
唯一索引（唯一约束）	CREATE UNIQUE INDEX 索引名 ON 表名(字段名)	ALTER TABLE 表名 ADD UNIQUE INDEX[索引名](字段名)	CREATE TABLE 表名(… UNIQUE INDEX[索引名](字段名));
普通索引	CREATE INDEX 索引名 ON 表名(字段名)	ALTER TABLE 表名 ADD INDEX[索引名](字段名)	CREATE TABLE 表名(… INDEX 索引名(字段名));
复合索引	CREATE INDEX 索引名 ON 表名(字段名列表)	ALTER TABLE 表名 ADD INDEX[索引名](字段名列表)	CREATE TABLE 表名(… INDEX 索引名(字段列表));
全文索引	CREATE FULLTEXT INDEX 索引名 ON 表名(字段名)	ALTER TABLE 表名 ADD FULLTEXT INDEX[索引名](字段名)	CREATE TABLE 表名(… FULLTEXT KEY[索引名](字段名));
空间索引	CREATE SPATIAL INDEX 索引名 ON 表名(字段名)	ALTER TABLE 表名 ADD SPATIAL INDEX[索引名](字段名)	CREATE TABLE 表名(… SPATIAL KEY[索引名](字段名));

表 6-7 查看和删除索引的语句格式

索引类型	删除索引	查看索引
主键索引（主键约束）	ALTER TABLE 表名 DROP PRIMARY KEY;	SHOW INDEX FROM 表名; SHOW CREATE TABLE 表名;
唯一索引（唯一约束）	DROP INDEX 索引名 ON 表名; ALTER TABLE 表名 DROP INDEX 索引名;	
普通索引		
复合索引		
全文索引		
空间索引		

6.3.2 任务实施

1. 使用 CREATE INDEX 语句创建索引

使用 SQL 语言中的 CREATE INDEX 语句可以创建索引,下面用实例介绍其使用方法。

索引的创建、查看和删除

(1) 为学生(students)表中的姓名(sname)字段创建一个索引。其代码如下,运行结果如图 6-31 所示。

```
CREATE INDEX inx_sname1 ON students(sname);
```

默认情况下创建的是普通索引。

```
mysql> CREATE  INDEX inx_sname1 ON students(sname);
Query OK, 0 rows affected
Records: 0  Duplicates: 0  Warnings: 0
```

图 6-31 CREATE INDEX 创建普通索引

(2) 为学生(students)表中的学号(sno)和姓名(sname)字段创建一个复合索引。其代码如下,运行结果如图 6-32 所示。

```
CREATE INDEX inx_sno_sname ON students(sno,sname);
```

```
mysql> CREATE  INDEX inx_sno_sname ON students(sno,sname);
Query OK, 0 rows affected
Records: 0  Duplicates: 0  Warnings: 0
```

图 6-32 CREATE INDEX 创建复合索引

查看上面两条语句的运行结果,可以使用 SHOW CREATE TABLE students 语句。结果如图 6-33 所示。

```
| students | CREATE TABLE `students` (
 `sno` char(12) CHARACTER SET utf8 COLLATE utf8_bin NOT NULL,
 `sname` char(8) CHARACTER SET utf8 COLLATE utf8_bin NOT NULL,
 `xb` char(2) CHARACTER SET utf8 COLLATE utf8_bin DEFAULT '男',
 `zhy` varchar(30) CHARACTER SET utf8 COLLATE utf8_bin DEFAULT NULL,
 `in_year` int(11) DEFAULT NULL,
 `dept` varchar(30) CHARACTER SET utf8 COLLATE utf8_bin DEFAULT NULL,
 PRIMARY KEY (`sno`),
 KEY `inx_sname1` (`sname`),
 KEY `inx_sno_sname` (`sno`,`sname`)
) ENGINE=InnoDB DEFAULT CHARSET=utf8 COLLATE=utf8_bin |
```

图 6-33 查看 students 表中索引

(3) 为选课(sc)表中按成绩(cj)字段的降序和课程号(cno)的升序创建一个复合索引,其代码如下,运行结果如图 6-34 所示。

```
CREATE INDEX inx_cj_cno ON sc(cj DESC,cno ASC);
```

```
mysql> CREATE  INDEX inx_cj_cno ON sc(cj DESC,cno ASC);
Query OK, 0 rows affected
Records: 0  Duplicates: 0  Warnings: 0
```

图 6-34 用 CREATE INDEX 创建复合索引并指定排序规则

因为索引字段排序默认是升序,因此 cno 后的 ASC 可省略。

(4)为课程表(courses)中课程名创建一个唯一索引,其代码如下,运行结果如图 6-35 所示。

```
CREATE  UNIQUE INDEX inx_cname ON courses(cname);
```

```
mysql> CREATE  UNIQUE INDEX inx_cname ON courses(cname);
Query OK, 0 rows affected
Records: 0  Duplicates: 0  Warnings: 0
```

图 6-35　用 CREATE INDEX 创建唯一索引

(5)为学生(students)表中专业(zhy)创建 FULLTEXT 索引,其代码如下,运行结果如图 6-36 所示。

```
CREATE FULLTEXT INDEX inx_zhy ON students(zhy);
```

```
mysql> CREATE FULLTEXT INDEX inx_zhy ON students(zhy);
Query OK, 0 rows affected
Records: 0  Duplicates: 0  Warnings: 1
```

图 6-36　用 CREATE INDEX 创建全文索引

2. 查看与删除索引语句

(1)启动 MySQL Command Line Client 或 Navicat 的命令列界面。

(2)使用 SHOW CREATE TABLE 语句查看特定表的索引,运行结果如图 6-37 所示。

```
mysql> SHOW CREATE TABLE students;
+----------+--------------+
| Table    | Create Table |
+----------+--------------+
| students | CREATE TABLE `students` (
  `sno` char(12) COLLATE utf8_bin NOT NULL,
  `sname` char(8) COLLATE utf8_bin NOT NULL,
  `xb` char(2) COLLATE utf8_bin DEFAULT '男',
  `zhy` varchar(30) COLLATE utf8_bin DEFAULT NULL,
  `in_year` int(11) DEFAULT NULL,
  `dept` varchar(30) COLLATE utf8_bin DEFAULT NULL,
  PRIMARY KEY (`sno`),
  KEY `inx_sname1` (`sname`),
  KEY `inx_sno_sname` (`sno`,`sname`),
  FULLTEXT KEY `inx_zhy` (`zhy`)
) ENGINE=InnoDB DEFAULT CHARSET=utf8 COLLATE=utf8_bin |
1 row in set
```

图 6-37　查看特定表的索引

(3)删除索引。删除索引语句如下:

```
DROP INDEX inx_sname1 ON students;
```

(4)再用 SHOW CREATE TABLE 语句查看表结构,可以看到索引 inx_sname1 已经被成功删除,结果如图 6-38 所示。

3. 可视化工具中创建、删除索引

在学生(Students)表中常作为查询条件的字段是姓名(sname),下面以姓名(sname)字段添加索引为例介绍在 MySQL 中创建索引的方法与步骤。

```
mysql> DROP INDEX inx_sname1 ON students;
Query OK, 0 rows affected
Records: 0  Duplicates: 0  Warnings: 0

mysql> SHOW CREATE TABLE students;
+----------+--------------------------------------------------------------+
| Table    | Create Table                                                 |
+----------+--------------------------------------------------------------+
| students | CREATE TABLE `students` (
  `sno` char(12) COLLATE utf8_bin NOT NULL,
  `sname` char(8) COLLATE utf8_bin NOT NULL,
  `xb` char(2) COLLATE utf8_bin DEFAULT '男',
  `zhy` varchar(30) COLLATE utf8_bin DEFAULT NULL,
  `in_year` int(11) DEFAULT NULL,
  `dept` varchar(30) COLLATE utf8_bin DEFAULT NULL,
  PRIMARY KEY (`sno`),
  KEY `inx_sno_sname` (`sno`,`sname`),
  FULLTEXT KEY `inx_zhy` (`zhy`)
) ENGINE=InnoDB DEFAULT CHARSET=utf8 COLLATE=utf8_bin |
+----------+--------------------------------------------------------------+
1 row in set
```

图 6-38　删除索引并查看结果

(1) 启动 Navicat for MySQL, 连接到服务器后, 在左侧树形目录中打开数据库及其表, 依次选择 students_courses→"表"→students 选项, 右击 students 结点, 并在弹出的快捷菜单中选择"设计表"命令, 如图 6-39 所示。

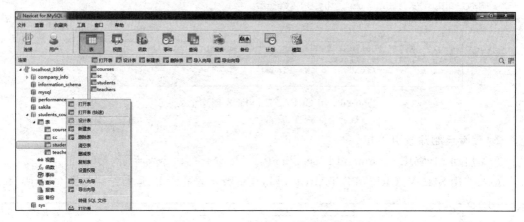

图 6-39　Navicat 中打开设计表菜单

(2) 在弹出的设计表窗口中单击选中"索引"选项卡, 如图 6-40 所示。

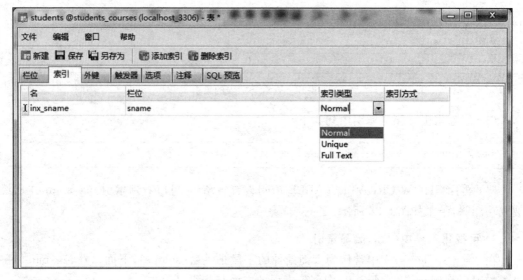

图 6-40　设计表窗口

（3）在"名"文本框中输入索引的名字 inx_sname，在"栏位"列直接输入字段名或单击图标，在弹出的"栏位"对话框（图 6-41）中选择对应字段，也可以选择多个列，这样就是建立复合索引，然后单击图标。

图 6-41 "栏位"对话框

（4）在打开的如图 6-40 所示的窗口中单击"索引类型"下拉按钮选择索引类型。
（5）单击"索引方式"下拉按钮选择索引方式，如图 6-42 所示。

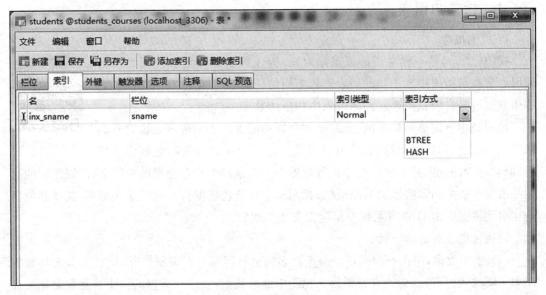

图 6-42 选择索引方式

（6）如果没有其他特别的需要，单击"保存"按钮完成索引的建立。
（7）单击选中"索引"选项卡，可以看到表中已经创建的所有索引，如图 6-43 所示。
（8）右击其中的一个索引名，例如名为 inx_sno_sname 的索引，在弹出的快捷菜单中选择"删除"命令可删除此索引。
（9）单击"保存"按钮完成索引删除。

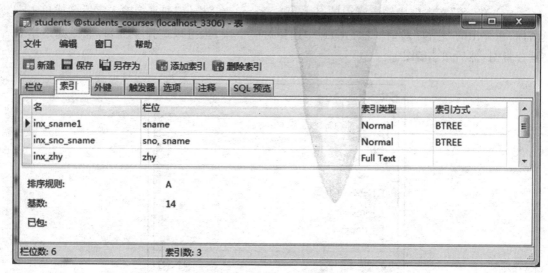

图 6-43　查看表中已经建立的索引

任务 6.4　视图的添加与删除

6.4.1　相关知识点

1. 视图概念

视图(View)是一种常用的数据库对象,为了数据的安全和使用方便等原因通常在数据库中为不同的用户创建不同的视图(即所谓的"外模式"),允许用户通过各自的视图查看和修改表中相应的数据。

视图是由查询语句构成的,是基于选择查询的虚拟表。也就是说它看起来像是一个表,由行和列组成,还可以像表一样作为查询语句的数据源来使

视图的概念

用,但它对应的数据并不实际存储在数据库中。数据库中只存储视图的定义,即视图中的数据是由哪些表中的哪些数据列组成的,视图不生成所选数据行和列的永久拷贝,其中的数据是在引用视图时由 DBMS 系统根据定义动态生成的。

创建视图主要有以下优点。

(1)集中数据,简化查询操作。当用户多次进行同一个查询操作时,而且数据来自数据库中不同的表时,可以先建立视图再从视图中读取数据,以达到数据的集中管理和简化查询语句的目的。

(2)控制用户提取的数据,达到数据安全保护的目的。在数据库中不同的用户对数据的操作和查看范围往往是不同的,数据库管理人员通常为不同的用户设计不同的视图,这样数据库中的数据安全更有保证。

(3)便于数据的交换操作。当与其他类型的数据库交换数据(导入/导出)时,如果原始数据存放在多个表中进行数据交换就比较麻烦。如果将要交换的数据集中到一个视图中,再进行交换就大大简化了操作。

2. 创建视图的语法

```
CREATE [OR REPLACE] [ALGORITHM={UNDEFINED I MERGE I TEMPTABLE}]
    VIEW view_name [(column_list)]
    AS select_statement
    [WITH [CASCADED | LOCAL] CHECK OPTION]
```

其中的参数说明如下：

(1) CREATE。表示创建视图的关键字，上述语句能创建新的视图。

(2) OR REPLACE。如果给定了此子句，表示该语句能替换已有视图。

(3) ALGORITHM。可选，表示视图选择所要使用的算法。

(4) UNDEFINED。表示 MYSQL 将自动选择所要使用的算法。

(5) MERGE。表示将使用视图的语句与视图定义合并起来，使得视图定义的某一部分取代语句的对应部分。

(6) TEMPTABLE。表示将使用视图的结果存入临时表，然后使用临时表执行语句。

(7) view_name。表示要创建的视图名称。

(8) column_list。可选，表示属性清单。指定了视图中各个属性的名，默认情况下，与 SELECT 语句中查询的属性相同。

(9) AS。表示指定视图要执行的操作。

(10) select_statement。是一个完整的查询语句，表示从某个表或视图中查出某些满足条件的记录，将这些记录导入视图中。

(11) WITH CHECK OPTION。可选，表示创建视图时要保证该视图的权限范围之内。

(12) CASCADED。可选，表示创建视图时，需要满足跟该视图有关的所有相关视图和表的条件，该参数为默认值。

(13) LOCAL。可选，表示创建视图时，只要满足该视图本身定义的条件即可。

例 6-1 创建计算机技术系学生视图。

建立视图语句如下：

```
CREATE  VIEW view_students_computer  AS
    SELECT *  FROM students WHERE dept= '计算机技术';
```

执行上面代码后，在当前数据库下建立了视图 view_students_computer。要查看视图内容使用下面的查询语句即可（已经建立好的视图，可以像使用基本表一样使用）。

```
SELECT * FROM view_students_computer;
```

其视图内容如图 6-44 所示。

创建视图存在以下注意事项。

(1) 运行创建视图的语句需要用户具有创建视图（Crate View）的权限，若加了参数 or replace 时，还需要用户具有删除视图（Drop View）的权限。

```
mysql> CREATE OR REPLACE VIEW  view_students_computer  AS
    SELECT * FROM students WHERE dept='计算机技术';
Query OK, 0 rows affected

mysql> SELECT * FROM view_students_computer
;
+--------------+--------+------+------------------+---------+------------+
| sno          | sname  | xb   | zhy              | in_year | dept       |
+--------------+--------+------+------------------+---------+------------+
| 201000010001 | 张实在 | 男   | 计算机信息管理   | 2010    | 计算机技术 |
| 201000010002 | 王凯   | 男   | 软件测试技术     | 2010    | 计算机技术 |
| 201000010004 | 刘国庆 | 男   | 软件技术         | 2010    | 计算机技术 |
| 201000010005 | 李张扬 | 男   | 计算机应用技术   | 2010    | 计算机技术 |
| 201000010006 | 曾水明 | 女   | 计算机应用技术   | 2010    | 计算机技术 |
| 201000010007 | 鲁高义 | 男   | 计算机网络技术   | 2010    | 计算机技术 |
| 201100010001 | 李明媚 | 女   | 软件技术         | 2011    | 计算机技术 |
| 201100010008 | 吴天天 | 女   | 软件技术         | 2011    | 计算机技术 |
+--------------+--------+------+------------------+---------+------------+
8 rows in set
mysql>
```

图 6-44　创建和查询视图 view_students_computer

(2) SELECT 语句不能包含 FROM 子句中的子查询。

(3) SELECT 语句不能引用系统或用户变量。

(4) SELECT 语句不能引用预处理语句参数。

(5) 在定义中不能引用 temporary 表,不能创建 temporary 视图。

(6) 在视图定义中命名的表必须已存在。

(7) 不能将触发程序与视图关联在一起。

(8) 在视图定义中允许使用 order by,但是,如果从特定视图进行了选择,而该视图使用了具有自己 order by 的语句,它将被忽略。

3. 查看视图的语法

语法格式如下:

```
DESCRIBE view_name;
```

4. 删除视图的语法

语法格式如下:

```
DROP VIEW view_name1[ ,view_name2 ...]
```

其中,view_name * 指定要删除的视图名称;DROP VIEW 语句可以一次删除多个视图,但是必须在每个视图上拥有 DROP 权限。

例 6-2　查看和删除计算机技术系学生视图。

查看视图语句如下:

```
DESCRIBE view_students_computer;
```

删除视图语句如下,运行结果如图 6-45 所示。

```
DROP VIEW view_students_computer;
```

项目 6　使用 SQL 语言管理数据库对象

```
mysql> DESCRIBE view_students_computer;
+--------+-------------+------+-----+---------+-------+
| Field  | Type        | Null | Key | Default | Extra |
+--------+-------------+------+-----+---------+-------+
| sno    | char(12)    | NO   |     | NULL    |       |
| sname  | char(8)     | NO   |     | NULL    |       |
| xb     | char(2)     | YES  |     | 男?     |       |
| zhy    | varchar(30) | YES  |     | NULL    |       |
| in_year| int(11)     | YES  |     | NULL    |       |
| dept   | varchar(30) | YES  |     | NULL    |       |
+--------+-------------+------+-----+---------+-------+
6 rows in set

mysql> DROP  VIEW  view_students_computer;
Query OK, 0 rows affected
```

图 6-45　例 6-2 运行结果

6.4.2　任务实施

在 MySQL 中,可以使用可视化工具(Navicat)和 SQL 语句两种方法创建视图,下面分别介绍。

视图的管理
操作

1. 语句方式创建、删除视图

(1) 创建有不及格成绩的学生视图。要求视图中包含学号、姓名、专业、课程名称、成绩等信息。

建立视图语句如下,运行结果如图 6-46 所示。

```
CREATE VIEW view_cj_less60 AS
    SELECT students.sno AS 学号,sname AS 姓名,zhy AS 专业,
cname AS  课程名称,cj AS 成绩
FROM students INNER JOIN sc ON students.sno=sc.sno
INNER JOIN courses  ON sc.cno=courses.cno
WHERE cj<60;
```

```
mysql> CREATE  VIEW  view_cj_less60 AS
SELECT students.sno AS 学号,sname AS 姓名,zhy AS 专业,
cname AS  课程名称,cj AS 成绩
FROM students INNER JOIN sc ON students.sno=sc.sno
INNER JOIN courses  ON sc.cno=courses.cno
WHERE cj<60;
Query OK, 0 rows affected
```

图 6-46　创建视图 view_cj_less60

执行上面代码后,在当前数据库下建立了视图 view_cj_less60。要查看视图内容使用下面的查询语句:

```
 SELECT  *  FROM view_cj_less60;
```

其视图内容如图 6-47 所示。

(2) 创建教师的任课视图。要求视图中包含教师号、姓名、职称、任教的课程名称、学分等信息。

```
mysql> SELECT * FROM view_cj_less60;
+--------------+--------+------------------+--------------------+--------+
| 学号         | 姓名   | 专业             | 课程名称           | 成绩   |
+--------------+--------+------------------+--------------------+--------+
| 202000010001 | 张实在 | 物联网应用技术   | 网页设计与制作     |   56   |
| 202000010006 | 曾水明 | 计算机应用技术   | JAVA语言程序设计   |   50   |
| 202100010001 | 李明媚 | 软件技术         | JAVA语言程序设计   |   49   |
| 202000010001 | 张实在 | 物联网应用技术   | 数据库技术         |   42   |
| 202000010003 | 吴天成 | 软件测试技术     | 网络通信技术       |   32   |
+--------------+--------+------------------+--------------------+--------+
5 rows in set
```

图 6-47　视图 view_cj_less60 中的内容

建立视图语句如下：

```
CREATE VIEW view_teacher_course AS
    SELECT teachers.tno AS 教工号,tname AS 教师姓名,zc AS 职称,
    cname AS 课程名称,xf AS 课程学分
    FROM teachers INNER JOIN courses
    ON teachers.tno=courses.tno;
```

执行上面代码后，在当前数据库下建立了视图 view_teacher_course。要查看视图内容使用下面的查询语句：

```
SELECT * FROM view_teacher_course;
```

其视图内容如图 6-48 所示。

```
mysql> CREATE VIEW view_teacher_course   AS
SELECT teachers.tno AS 教工号,tname AS 教师姓名,zc AS 职称,
cname AS 课程名称,xf AS 课程学分
FROM teachers INNER JOIN courses
ON teachers.tno=courses.tno;
Query OK, 0 rows affected

mysql> SELECT * FROM view_teacher_course;
+------------+----------+--------+--------------------+----------+
| 教工号     | 教师姓名 | 职称   | 课程名称           | 课程学分 |
+------------+----------+--------+--------------------+----------+
| 2011000003 | 李坦率   | 副教授 | JAVA语言程序设计   |    5     |
| 2013000005 | 张一飞   | 副教授 | 统计学原理         |    4     |
| 2013000111 | 张大明   | 副教授 | C语言程序设计      |    4     |
| 2013000111 | 张大明   | 副教授 | 数据库技术         |    5     |
| 2015000001 | 李明天   | 讲师   | 英语阅读           |    4     |
| 2018000002 | 邱丽丽   | 讲师   | 会计学基础         |    3     |
| 2018000012 | 李子然   | 助教   | 网络通信技术       |    5     |
| 2019000005 | 王丽     | 讲师   | 物联网技术导论     |    3     |
| 2019000011 | 李梅     | 讲师   | 英语写作           |    4     |
| 2019000021 | 赵峰     | 讲师   | 网页设计与制作     |    3     |
+------------+----------+--------+--------------------+----------+
10 rows in set
```

图 6-48　视图 view_teacher_course 中的内容

2. 语句方式删除视图

删除 view_cj_less60 视图。为了观察删除语句的效果，将在删除前后分别查看视图。语句如下：

```
DESCRIBE view_cj_less60;
```

得到结果如图 6-49 所示。

```
mysql> DESCRIBE view_cj_less60;
+-----------+-------------+------+-----+---------+-------+
| Field     | Type        | Null | Key | Default | Extra |
+-----------+-------------+------+-----+---------+-------+
| 学号      | char(12)    | NO   |     | NULL    |       |
| 姓名      | char(8)     | NO   |     | NULL    |       |
| 专业      | varchar(30) | YES  |     | NULL    |       |
| 课程名称  | varchar(30) | NO   |     | NULL    |       |
| 成绩      | int(11)     | YES  |     | 0       |       |
+-----------+-------------+------+-----+---------+-------+
5 rows in set
```

图 6-49 查看视图 view_cj_less60

运行删除语句。

```
DROP VIEW view_cj_less60;
```

删除成功后再次运行查看视图语句,得到结果如图 6-50 所示。

```
mysql> DROP VIEW view_cj_less60;
Query OK, 0 rows affected

mysql> DESCRIBE view_cj_less60;
1146 - Table 'students_courses.view_cj_less60' doesn't exist
```

图 6-50 查看已删除视图 view_cj_less60

3. 在 MySQL 工具中创建和删除视图

假设我们需要在 students_courses 数据库中创建一个新的视图 scview,要求从学生(students)表、课程表(courses)和选课(sc)表中查询出成绩在 80 分及以上的学生的学号、姓名、课程名和成绩信息。下面介绍在 MySQL 工具中创建视图的基本步骤。

(1) 启动在 Navicat,打开服务器连接后,展开数据库 students_courses→"视图"结点。

(2) 右击"视图"结点,在弹出的快捷菜单中选择"新建视图"命令,打开如图 6-51 所示的"视图设计"窗口。

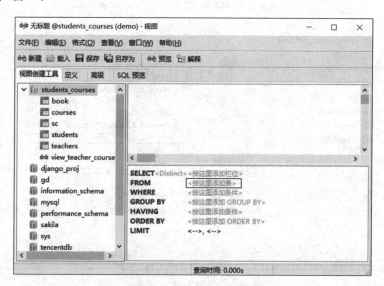

图 6-51 "视图设计"窗口

（3）单击"按这里添加表"，打开的对话框如图 6-52 所示。在本例中，需要添加学生（students）表、课程表（courses）和选课（sc）表。还可以为选中的表设置"别名"，如图 6-53 所示。

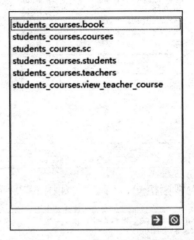

图 6-52 "选择表"对话框

图 6-53 选择视图的基本表

(4) 添加完表之后，设置连接表的条件，如图 6-53 所示。
(5) 在字段列表中选择需要显示的字段。
(6) 设置 WHERE 条件为"sc.cj>=80"，如图 6-53 所示。
(7) 所有设置完成后，单击 预览 按钮，可以看到创建视图的 SQL 语句以及视图预览效果，如图 6-54 所示。

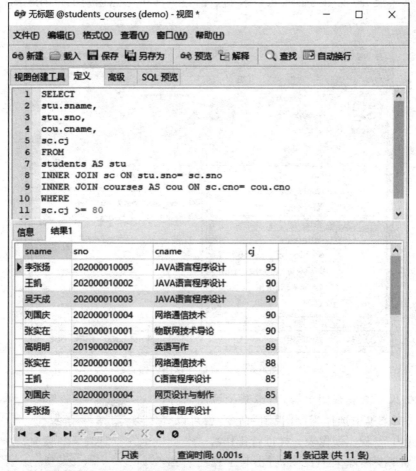

图 6-54　预览视图

(8) 在测试正确之后，单击"保存"按钮，在弹出的对话框中输入视图名称（图 6-55），再单击"确定"按钮，完成视图设计工作。

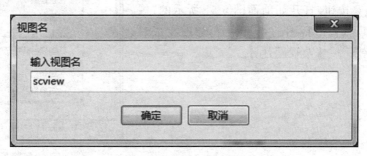

图 6-55　"视图名"对话框

可以看到在 Navicat 工具中创建视图的基本方法是，首先要构造查询语句，最后检查结果，命名保存视图即可。

视图建立好以后，可以对其进行查看和修改，下面完成查看、修改和删除视图的操作。

（9）启动 Navicat，连接到服务器后，在"对象资源管理器"面板中单击展开要查看或修改、删除的数据库结点，这里是 students_courses 结点。

（10）继续展开"视图"选项，可以看到当前数据库中已经创建的所有视图，如图 6-56 所示。

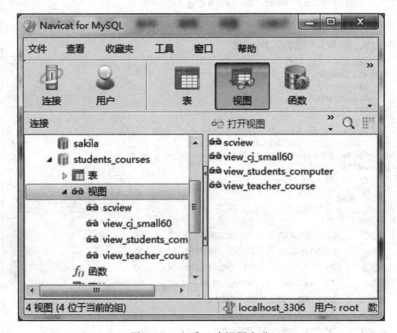

图 6-56　查看已建视图名称

（11）如果要查看视图内容，右击某个视图名称，在弹出的快捷菜单中选择"打开视图"命令，就可以查看视图中的内容（视图就像表一样进行操作）。

（12）如果要删除某个视图，右击某个视图名称，在弹出的菜单中选择"删除视图"命令，如图 6-57 所示，单击"确定"按钮删除指定视图对象。

（13）如果要修改某个视图的定义，选中某个视图名称，单击 设计视图 按钮，打开如前面图 6-51 所示的"视图设计"窗口，可以修改视图的相关设置，修改完成后单击"保存"按钮完成修改视图任务。

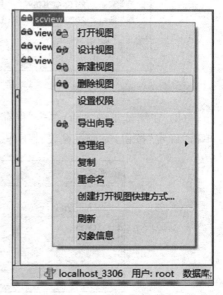

图 6-57　删除指定视图

项目 7

DCL 管理用户与权限

◇ **项目提出**

数据库中的数据是非常重要的信息资源,它可以用于辅助政府部门、军事部门、企业等作出重要决策,是维护企业运转的依据,这些数据的丢失和泄露将会造成巨大损失,可能造成企业瘫痪甚至危及国家安全,因而数据库系统的安全保护措施是否有效是数据库系统的性能指标之一。无论是保密数据泄露、数据篡改还是丢失、数据系统崩溃,都会带来不可预计的后果。数据库由于其在信息系统中的重要地位,是信息安全保护工作的重中之重。

◇ **项目分析**

数据库的保护是一项涉及硬件、软件、人员、管理、网络通信等多方面的工作,应该基于全面的认识和规划的基础上,体系化的开展。本项目在有限的时间内,从日常应用的角度出发,仅涉及数据库管理系统中的用户和权限管理工作。这是数据库安全保护中最基础的技能。

任务 7.1 用户管理

7.1.1 相关知识点

1. 创建用户账号语法

语法如下:

SQL 用户管理

```
CREATE USER <username> [IDENTIFIED] BY [PASSWORD] <password>
```

以下为各参数意义。

(1) <username>:指定创建用户账号,格式为 user_name@host_name。这里,user_name 是用户名,host_name 为主机名,即用户连接 MySQL 时所在主机的名字,均为字符串类型。若在创建的过程中,只给出了账户的用户名,而没指定主机名,则主机名默认为%,表示一组主机。如果两个用户具有相同的用户名和不同的主机名,MySQL 会将他们视为不同的用户,并允许为这两个用户分配不同的权限集合。

(2) PASSWORD:可选项,用于指定散列口令,即若使用明文设置口令,则需忽略 PASSWORD 关键字;若不想以明文设置口令,且知道 PASSWORD()函数返回给密码的散列值,则可以在口令设置语句中指定此散列值,但需要加上关键字 PASSWORD。

(3) <password>:指定用户账号的口令,字符串类型,在 IDENTIFIED BY 关键字或

PASSWORD 关键字之后。给定的口令值可以是只由字母和数字组成的明文,也可以是通过 PASSWORD()函数得到的散列值。

2. 修改用户名语法

语法如下:

```
RENAME USER <oldname> TO <newname>
```

以下为各参数的意义。

(1) <oldname>:系统中已经存在的 MySQL 用户账号,字符串类型。

(2) <newname>:新的 MySQL 用户账号,字符串类型。

3. 修改用户密码语法

语法如下:

```
ALTER USER <username> IDENTIFIED [WITH mysql_native_password] BY <new_password>;
```

以下为各参数的意义。

(1) <username>:系统中已经存在的 MySQL 用户账号,字符串类型。

(2) <new_password>:新的密码,字符串类型。

(3) [WITH mysql_native_password]:可选项,用于将密码的加密方式还原到 mysql 8.0 以下版本。

4. 删除用户语法

语法如下:

```
DROP USER <user1> ,<user2> ...
```

其中,<user>指系统中已经存在的 MySQL 用户账号,字符串类型。

7.1.2 任务实施

1. 在本地服务器 localhost 上创建一个名为 dba 的账户且登录密码为 123456

结果如图 7-1 所示。

语法如下:

```
CREATE USER <username>  IDENTIFIED BY <password>
```

```
CREATE USER 'dba'@'localhost' IDENTIFIED BY '123456';
```

也可以使用 INSERT 语句向系统表 mysql.user 中插入数据来创建用户。此处不再赘述。

使用 CREATE USER 语句应该注意以下几点。

- 如果使用 CREATE USER 语句时没有为用户指定口令,那么 MySQL 允许该用户可以不使用口令登录系统,然而从安全的角度而言,不推荐这种做法。
- 使用 CREATE USER 语句创建一个用户账号后,会在系统自身的 MySQL 数据库的 user 表中添加一条新记录。若创建的账户已经存在,则语句执行时会出现错误。使用 CREATE USER 语句必须拥有 MySQL 中 MySQL 数据库的 INSERT 权限或全局 CREATE USER 权限。
- 新创建的用户拥有的权限很少。新用户可以登录 MySQL,只允许进行不需要权限的操作,如使用 SHOW 语句查询所有存储引擎和字符集的列表等。

2. 查看系统中的用户信息

系统中用户的信息保存在系统库 mysql 的 user 表中,可以直接使用 SQL 语句查询,前提是必须以管理员的身份登录。语法如下:

```
SELECT * FROM mysql.user;
```

为了便于查看结果,使用查询编辑器运行该语句,如图 7-1 所示。

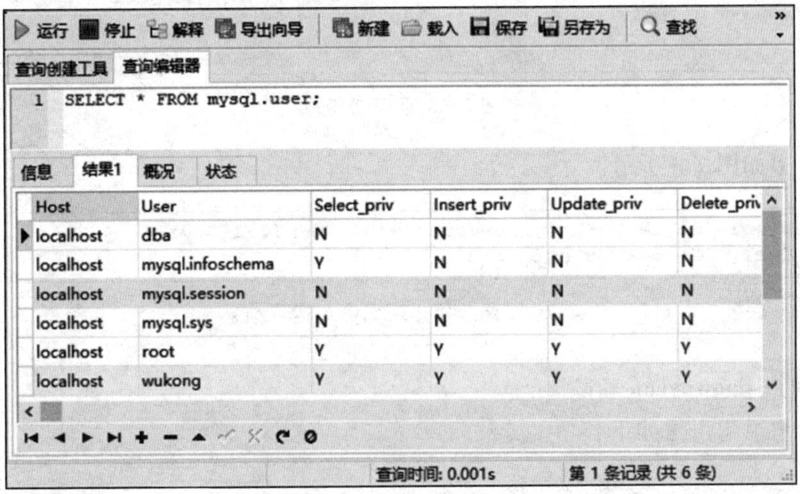

图 7-1 查询 mysql.user

3. 将用户 dba 修改为 jiaowuyuan 且把本机 IP 地址修改为任何主机

语法如下:

```
RENAME USER <oldname> TO <newname>
```

使用 RENAME USER 语句时应注意以下两点。
- 若系统中旧账户不存在或者新账户已存在,该语句执行时会出现错误。
- 使用 RENAME USER 语句,必须拥有 mysql 数据库的 UPDATE 权限或全局 CREATE USER 权限。

```
RENAME USER 'dba'@'localhost' TO 'jiaowuyuan'@'%';
```

运行完成之后可以用查询语句查看 mysql.user 表,观察修改结果,如图 7-2 所示。

4. 将用户 jiaowuyuan 密码修改为 654321

语法如下:

```
ALTER USER <username>  IDENTIFIED [WITH mysql_native_password] BY <new_password>;
```

```
ALTER USER 'jiaowuyuan'@ '% ' IDENTIFIED BY '654321';
```

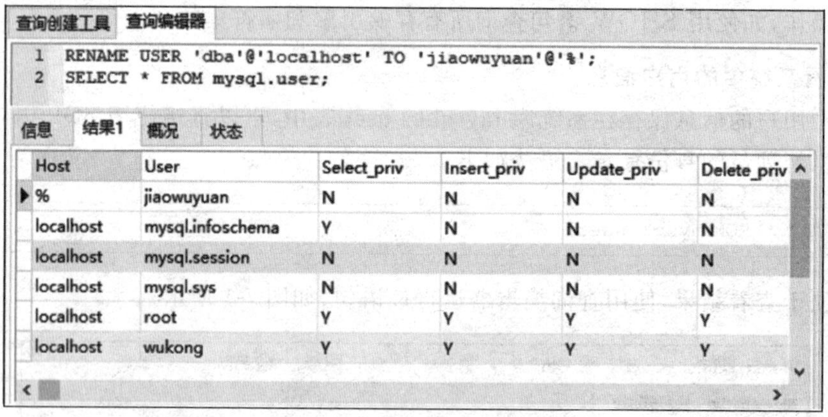

Host	User	Select_priv	Insert_priv	Update_priv	Delete_priv
%	jiaowuyuan	N	N	N	N
localhost	mysql.infoschema	Y	N	N	N
localhost	mysql.session	N	N	N	N
localhost	mysql.sys	N	N	N	N
localhost	root	Y	Y	Y	Y
localhost	wukong	Y	Y	Y	Y

图 7-2 重命名用户

运行结果如图 7-3 所示。

```
mysql> ALTER USER 'jiaowuyuan'@'%' IDENTIFIED BY '654321';
Query OK, 0 rows affected
```

图 7-3 修改用户密码命令运行结果

5. 将用户 jiaowuyuan 删除

删除用户语句语法如下：

```
DROP USER <user1> ,<user2> ...
```

```
DROP USER 'jiaowuyuan';
```

运行结果如图 7-4 所示。

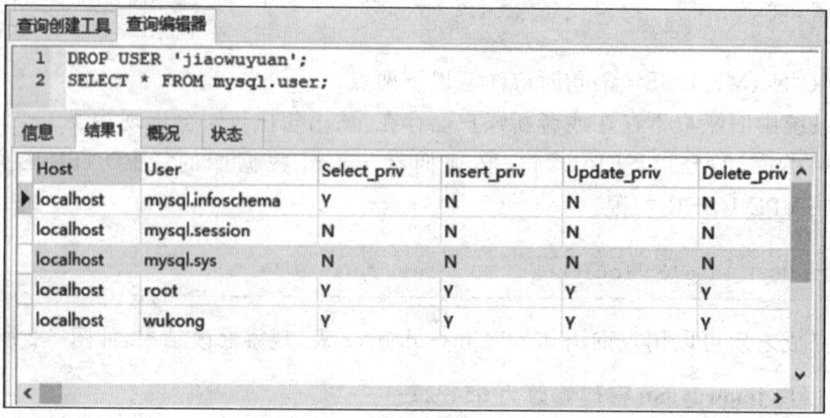

Host	User	Select_priv	Insert_priv	Update_priv	Delete_priv
localhost	mysql.infoschema	Y	N	N	N
localhost	mysql.session	N	N	N	N
localhost	mysql.sys	N	N	N	N
localhost	root	Y	Y	Y	Y
localhost	wukong	Y	Y	Y	Y

图 7-4 删除用户

任务 7.2　权限管理

7.2.1　相关知识点

1. MySQL 权限管理机制

SQL 提供了非常灵活的授权机制,用户对自己建立的基本表和视图拥有全部的操作权限,并且可以用 GRANT 语句把其中某些权限授予其他用户或角色,被授权的用户如果有"继续授权"的许可,还可以把获得的权限再授予其他用户。root 用户拥有对数据库中所有对象的所有权限,并可以根据应用的需要将不同的权限授予不同的用户。而所有授予出去的权力在必要时又都可以用 REVOKE 语句收回,MySQL 常用的权限见表 7-1。

SQL 权限管理

表 7-1　MySQL 常用的权限

权限类型	语句	说明
DCL(数据控制)	create user	建立新的用户的权限
	grant option	为其他用户授权的权限
	super	管理服务器的权限
DDL(数据库定义)	create	新建数据库、表的权限
	alter	修改表结构的权限
	drop	删除数据库和表的权限
	index	建立和删除索引的权限
DML(数据操纵)	select	查询表中数据的权限
	insert	向表中插入数据的权限
	update	更新表中数据的权限
	delete	删除表中数据的权限
	execute	执行存储过程的权限

2. 创建角色

引入角色的目的是方便管理拥有相同权限的用户。恰当的权限设定,可以确保数据的安全性,这是至关重要的。创建角色的语法如下:

```
CREATE ROLE <role1> ,<role2> ...;
```

其中,<role>指将要创建的用户或角色账号,字符串类型。

3. 授予权限语法

授予权限的语法如下:

```
GRANT <privilege> ON <table> TO <user> |<role> [WITH GRANT OPTIONS];
```

以下为各参数的意义。

(1) <privilege>:需要授予的权限关键字。

(2) <table>:权限适用的对象。

(3) <user>|<role>：用户账号或角色名。

4. 查看权限语法

可以通过 mysql.user 表查看用户或角色的权限，也可以通过 SHOW 语句查看指定用户或角色的权限，其语法是：

```
SHOW GRANTS FOR <user> |<role> ;
```

其中，<user>|<role>指用户账号或角色名。

5. 回收权限语法

回收权限语法如下：

```
REVOKE <privilege> ON <table> FROM <user> |<role> ;
```

以下为各参数的意义。
(1) <privilege>：需要授予的权限关键字。
(2) <table>：权限适用的对象。
(3) <user>|<role>：用户账号或角色名。

6. 为用户分配角色的语法

为用户分配角色的语法如下：

```
CRANT <role> TO <user> ;
```

以下为各参数的意义。
(1) <role>：角色名。
(2) <user>：用户账号。

7.2.2 任务实施

利用角色为多个用户授予相同的权限，其基本步骤为：第一，创建新的角色；第二，授予角色权限；第三，为用户分配角色。如果要更改用户的权限，则只需要更改角色的权限即可，这些角色包含的权限将对拥有该角色的所有用户生效。

1. 创建角色 developer、admin、customer 并查看 mysql.user 表

语句如下，结果如图 7-5 所示。

```
CREATE ROLE 'developer','admin','customer';
```

2. 创建角色 jiaowuyuan 并赋予其在 students_courses.students 表上的添加、修改数据的权限

语法如下：

```
CREATE ROLE <role1> ,<role2> ...;
```

语句如下：

```
CREATE USER 'jiaowuyuan'@ 'localhost' IDENTIFIED BY '123456';
GRANT INSERT,UPDATE ON students_courses.students TO 'jiaowuyuan'@ 'localhost';
```

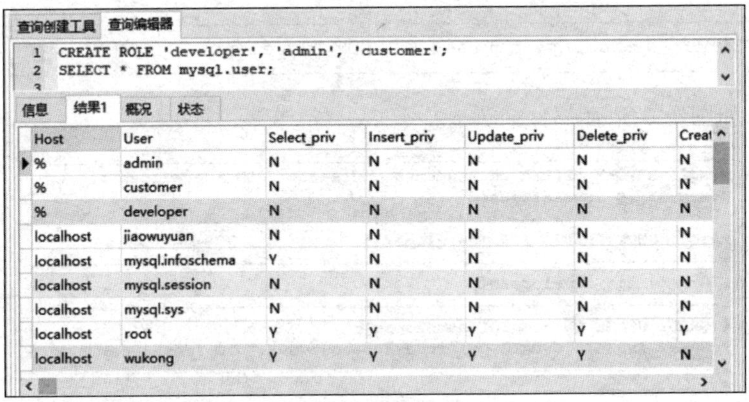

```
1  CREATE ROLE 'developer', 'admin', 'customer';
2  SELECT * FROM mysql.user;
```

Host	User	Select_priv	Insert_priv	Update_priv	Delete_priv	Creat
%	admin	N	N	N	N	N
%	customer	N	N	N	N	N
%	developer	N	N	N	N	N
localhost	jiaowuyuan	N	N	N	N	N
localhost	mysql.infoschema	Y	N	N	N	N
localhost	mysql.session	N	N	N	N	N
localhost	mysql.sys	N	N	N	N	N
localhost	root	Y	Y	Y	Y	Y
localhost	wukong	Y	Y	Y	Y	N

图 7-5 创建角色

3. 赋予 developer 角色在 students_courses 所有表上的添加、修改、删除数据的权限

语法如下：

```
GRANT <privilege> ON <table> TO <user> |<role> [WITH GRANT OPTIONS];
```

语句如下：

```
GRANT INSERT,UPDATE,DELETE ON students_courses.* TO 'developer';
```

4. 查看角色 developer 的权限

语法如下：

```
SHOW GRANTS FOR <user> |<role> ;
```

语句如下：

```
SHOW GRANTS FOR 'developer';
```

运行结果如图 7-6 所示。

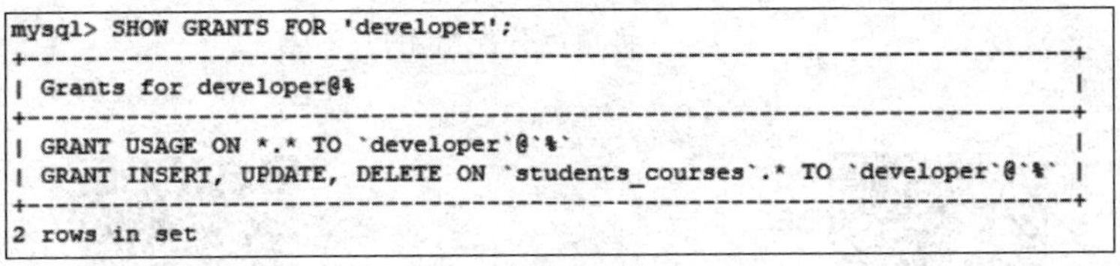

```
mysql> SHOW GRANTS FOR 'developer';
+-----------------------------------------------------------------------+
| Grants for developer@%                                                |
+-----------------------------------------------------------------------+
| GRANT USAGE ON *.* TO `developer`@`%`                                 |
| GRANT INSERT, UPDATE, DELETE ON `students_courses`.* TO `developer`@`%` |
+-----------------------------------------------------------------------+
2 rows in set
```

图 7-6 查看角色权限

5. 回收用户 developer 在 students_courses. * 的删除权限

语法如下：

```
REVOKE <privilege> ON <table> FROM <user> |<role> ;
```

语句如下：

```
REVOKE DELETE ON students_courses.* FROM 'developer';
```

运行结果如图 7-7 所示。

```
mysql> REVOKE DELETE ON students_courses.* FROM 'developer';
Query OK, 0 rows affected

mysql> SHOW GRANTS FOR 'developer';
+-----------------------------------------------------------------------+
| Grants for developer@%                                                |
+-----------------------------------------------------------------------+
| GRANT USAGE ON *.* TO `developer`@`%`                                 |
| GRANT INSERT, UPDATE ON `students_courses`.* TO `developer`@`%`       |
+-----------------------------------------------------------------------+
2 rows in set
```

图 7-7　回收角色权限

6. 为用户 jiaowuyuan 分配角色 developer

语法如下：

```
CRANT <role> TO <user> ;
```

语句如下：

```
GRANT 'developer' TO 'jiaowuyuan'@ 'localhost';
SHOW GRANTS FOR 'jiaowuyuan'@ 'localhost';
```

运行结果如图 7-8 所示。

```
mysql> GRANT 'developer' TO 'jiaowuyuan'@'localhost';
Query OK, 0 rows affected

mysql> SHOW GRANTS FOR 'jiaowuyuan'@'localhost';
+-----------------------------------------------------------------------------------------+
| Grants for jiaowuyuan@localhost                                                         |
+-----------------------------------------------------------------------------------------+
| GRANT USAGE ON *.* TO `jiaowuyuan`@`localhost`                                          |
| GRANT INSERT, UPDATE ON `students_courses`.`students` TO `jiaowuyuan`@`localhost`       |
| GRANT `developer`@`%` TO `jiaowuyuan`@`localhost`                                       |
+-----------------------------------------------------------------------------------------+
3 rows in set
```

图 7-8　将角色分配给用户

项目 7 答疑-看懂错误提示小技巧　　　　　　　　项目 7 难点-分组查询补充讲解

项目 8

数据库恢复

◆ **项目提出**

在与数据库有关的活动中,只要发生数据传输、数据存储、数据交换、软件故障、硬盘坏道等行为或问题就有可能导致数据损坏或丢失。此时,如果没有数据恢复手段,就会导致数据的丢失。而没有数据库的备份,就没有数据库的恢复,各企业、组织、机构都应当把数据备份工作列为一项不可忽视的系统工作。

◆ **项目分析**

不同的数据库,由于管理方式的不同,数据备份和恢复方式差异较大。但是遵循的基本原理是相通的。本项目以 MySQL 数据库的备份和恢复为目标,从备份方式和备份策略出发,分别采用命令和图形界面工具对案例数据库进行备份和恢复演练。

任务 8.1 数据库事务管理

8.1.1 相关知识点

1. 事务的概念

在数据库运行过程中,可能会出现某一条语句或操作还没有运行完成,就遇到故障的情况。比如,使用 UPDATE 语句对表中的多条数据进行更新,在执行过程中,突然遇到故障以致无法做到全部更新,此时,表中有些记录已经更新,有些还没有更新,怎么办? 为了保障数据的完整性和业务的正确运行,数据库系统中引入了事务机制。

事务的概念

所谓事务就是针对数据库的一组操作,它可以由一条或多条 SQL 语句组成,事务中的语句要么都执行,要么都不执行,对同一个事物的操作具备同步的特点。事务有很严格的定义,它必须同时满足 4 个特性(ACID 标准),即原子性(Atomicity)、一致性(Consistency)、隔离性(Isolation)、持久性(Durability),具体如下。

(1) 原子性。是指事务必须执行一个完整的工作,要么执行全部数据的修改,要么全部数据的修改都不执行。

(2) 一致性。是指当事务完成时,必须使所有数据都具有一致的状态。在关系数据库中,所有的规则必须应用到事务的修改上,以便维护所有数据的完整性。

(3) 隔离性。是指执行事务的修改必须与其他并行事务的修改相互隔离。当多个事务同时进行时,它们之间应该互不干扰,应该防止一个事务处理其他事务也要修改的数据时,不合理的存取和不完整的读取数据。

（4）持久性。是指当一个事务完成之后，它的影响永久性地保存在数据库系统中，也就是这种修改写到了数据库中。

事务是单个的工作单元，如果某一事务成功，则在该事务中进行的所有数据修改均会提交，如果事务遇到错误且必须取消或回滚，则所有数据修改均被清除。

MySQL 数据库系统使用事务可以保证数据的一致性和确保在系统失败时的可恢复性。MySQL 中 InnoDB 和 BDB 存储引擎提供事务安全表，其他存储引擎都不支持事务安全机制。

2. MySQL 的事务提交方式

MySQL 有以下三种事务提交方式。

（1）自动提交（默认）。MySQL 在自动提交模式下，每个 SQL 语句都是一个独立的事务。这意味着，当执行一个用于更新（修改）表的语句之后，MySQL 会立刻把更新应用到磁盘中。只要自动提交模式没有被显式或隐式事务替代，MySQL 连接就以该默认模式进行操作。

事务的提交方式

（2）手动提交（commit）。手动设置 set @@autocommit = 0，即设定为非自动提交模式，只对当前的 mysql 命令行窗口有效，打开一个新的窗口后，默认还是自动提交。使用 MySQL 客户端执行 SQL 命令后必须使用 commit 命令执行事务，否则所执行的 SQL 命令无效，如果想撤销事务则使用 rollback 命令（在 commit 之前）。在实际应用中，大多数的事务处理都是使用显式事务来处理。

查看 MySQL 客户端的事务提交方式命令如下：

```
select @@autocommit;
```

该参数的默认值为 1，表示自动提交。

修改 MySQL 客户端的事务提交方式为手动提交命令如下：

```
set @@autocommit = 0;
```

（3）隐式提交。包括 MySQL 在内的一些数据库，当发出一条类似 DROP TABLE 或 CREATE TABLE 这样的 DDL 语句时，会自动进行一个隐式地事务提交。隐式地提交将阻止在此事务范围内回滚任何其他更改（因为事务已经给提交了无法回滚）。

3. 事务操作语句

通常在程序中用 START TRANSACTION 命令来标识一个事务的开始，如果没有遇到错误，可使用 COMMIT 命令标识事务成功结束，这两个命令之间的所有语句被视为一个整体。只有执行到 COMMIT 命令时，事务中对数据库的更新操作才算确认，该事务所有数据修改在数据库中都将永久有效，事务占用的资源将被释放。事务执行的语法如下：

事务的操作

```
START TRANSACTION | BEGIN [WORK];
COMMIT [WORK] [AND [NO] CHAIN] [[NO] RELEASE];
ROLLBACK [WORK] [AND [NO] CHAIN] [[NO] RELEASE];
SET AUTOCOMMIT = {0 | 1};
```

其中,START TRANSACTION 或 BEGIN 语句可以开始一项新的事务;COMMIT 可以提交当前事务,使变更成为永久变更;ROLLBACK 可以回滚当前事务,取消其变更;SET AUTOCOMMIT 语句可以禁用或启用默认的 autocommit 模式,仅用于当前连接,值为 0 是手动提交,值为 1 是自动提交;自选的 WORK 关键词被支持,用于 COMMIT 和 RELEASE,与 CHAIN 和 RELEASE 子句,CHAIN 和 RELEASE 可以被用于对事务完成进行附加控制;AND CHAIN 子句会在当前事务结束时,立刻启动一个新事务,并且新事务与刚结束的事务有相同的隔离等级;RELEASE 子句在终止了当前事务后,会让服务器断开与当前客户端的连接;包含 NO 关键词可以抑制 CHAIN 或 RELEASE 完成。

例 8-1　事务在转账业务中的应用。

在演示之前,首先需要在 students_courses 库中创建一个 account 表,插入相应的数据,SQL 语句如图 8-1 所示。

```
1  CREATE TABLE account(
2      id INT PRIMARY KEY auto_increment,
3      tname char(8) NOT NULL,
4      money FLOAT
5  );
6  INSERT INTO account(tname,money)
7      VALUES('吴英俊',1000),('王小可',1000);
```

图 8-1　创建 account 表并插入数据

为了验证数据是否添加成功,可以打开 account 表查看其中数据,如图 8-2 所示。

接下来使用事务来演示如何实现转账功能。

首先开启一个事务,然后通过 UPDATE 语句将吴英俊(后简称"吴")账户的 100 元转给王小可(后简称"王")账户,最后提交事务,具体语句如下:

id	tname	money
1	吴英俊	1000
2	王小可	1000

图 8-2　查询 account 表中数据

```
START TRANSACTION;
UPDATE account SET money=money-100 WHERE tname='吴英俊';
UPDATE account SET money=money+100 WHERE tname='王小可';
COMMIT;
```

START TRANSACTION 用于开启事务,在数据库中使用事务时,必须先开启事务。事务开启之后就可以执行 SQL 语句,SQL 语句执行成功后,需使用相应语句提交事务,提交事务的语句为 COMMIT。

默认情况下,在 MySQL 中直接写的 SQL 语句都是自动提交的,而事务中的操作语句都需要使用 COMMIT 语句手动提交,只有事务提交后其中的操作才会生效。

针对未提交的事务,可以使用 ROLLBACK 语句执行回滚操作,已提交的事务是不能回滚的。

上述语句执行成功后,可以使用 SELECT 语句来查询 account 表中的余额,查询结果如图 8-3 所示。

从查询结果可以看出,通过事务成功地完成了转账功能。需要注意的是,上述两条 UPDATE 语句中如果任意一条语句出现错误就会导致事务不会提交,这样一来,如果在提

```
mysql> START TRANSACTION;
Query OK, 0 rows affected

mysql> UPDATE account SET money=money-100 WHERE tname='吴英俊';
Query OK, 1 row affected
Rows matched: 1  Changed: 1  Warnings: 0

mysql> UPDATE account SET money=money+100 WHERE tname='王小可';
Query OK, 1 row affected
Rows matched: 1  Changed: 1  Warnings: 0

mysql> COMMIT;
Query OK, 0 rows affected

mysql> SELECT * FROM account;
+----+--------+-------+
| id | tname  | money |
+----+--------+-------+
|  1 | 吴英俊 |   900 |
|  2 | 王小可 |  1100 |
+----+--------+-------+
2 rows in set

mysql>
```

图 8-3　执行转账事务

交事务之前出现异常，事务中未提交的操作就会被取消，因此就可以保证事务的同步性。

4. 事务的隔离级别

数据库是一个共享资源，是可以供多个用户多线程并发访问的，所以很容易出现多个线程同时开启事务的情况，这样就会出现脏读、重复读以及幻读的情况，若对并发操作不加控制就可能会获取和存储不正确的数据，破坏数据库的一致性。为了避免这种情况的发生，就需要为事务设置隔离级别。在 MySQL 中，事务有以下 4 种隔离级别。

事务隔离级别-
读未提交、读提交

（1）READ UNCOMMITTED(读未提交)。是事务中最低的级别，该级别下的事务可以读取到另一个事务中未提交的数据，也被称为"脏读"(Dirty Read)，这是相当危险的。由于该级别较低，在实际开发中避免不了任何情况，所以一般很少使用。

（2）READ COMMITTED(读提交)。大多数的数据库管理系统的默认隔离级别都是READ COMMITTED(如 Oracle)，该级别下的事务只能读取其他事务已经提交的内容，可以避免"脏读"，但不能避免"不可重复读"和"幻读"的情况。"不可重复读"就是在事务内不能够重复读取数据，因为如果两次读取之间，别的线程提交了数据修改，两次读取的结果会不一致。这本来不是错误，但是如果是在生成报表等业务中，"不可重复读"的确会导致很大的问题。"幻读"情况与此类似，"幻读"是指在一个事务内两次查询中数据条数不一致，原因是查询的过程中其他的事务做了添加操作。

（3）REPEATABLE READ(可重复读)。是 MySQL 默认的事务隔离级别，它可以避免"脏读""不可重复读"的问题，确保同一事务的多次数据读取结果一致。理论上，该级别会出现"幻读"的情况，不过 MySQL 的存储引擎通过多个版本并发控制机制解决了该问题，因此该级别是可以避免"幻读"的。

（4）SERIALIZABLE(串行化)。是事务的最高隔离级别，它会强制对事务进行排序，使之不会发生冲突，从而解决"脏读""幻读""不可重复读"的

事务隔离级别-
可重复读、串行化

问题。实际上,就是在每个读的数据行上加锁。这个级别,可能导致大量的超时现象和锁竞争,实际应用中很少使用。

8.1.2 任务实施

1. 事务的提交

在例 8-1 的基础上进行操作,这时的吴账户有 900 元,王账户有 1100 元,开启一个事务,使用 UPDATE 语句实现由王账户向吴账户转 100 元的转账功能,具体语句如下:

```
START TRANSACTION;
UPDATE account SET money=money-100 WHERE tname='王小可';
UPDATE account SET money=money+100 WHERE tname='吴英俊';
```

上述语句执行成功后,可以使用 SELECT 语句来查询 account 表中的余额,查询结果如图 8-4 所示。

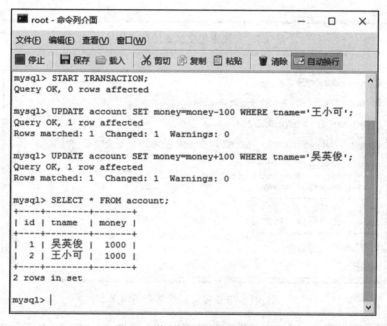

图 8-4　执行更新但未提交事务

从上述结果可以看出,在事务中实现了转账功能。此时,退出数据库然后重新登录,打开 account 表,结果如图 8-5 所示。

从上述结果可以看出,事务中的转账操作没有成功,这是因为在事务中转账成功后还没有提交事务就退出数据库了,由于事务中的语句不能自动提交,因此当前的操作就被自动取消了。接下来再次执行上述语句,然后使用 commit 语句来提交事务,具体语句如下:

```
START TRANSACTION;
UPDATE account SET money=money-100 WHERE tname='王小可';
UPDATE account SET money=money+100 WHERE tname='吴英俊';
COMMIT;
```

上述语句执行成功后,退出数据库然后再重新登录,使用 SELECT 语句查询数据库中各账户的余额信息,查询结果如图 8-6 所示。

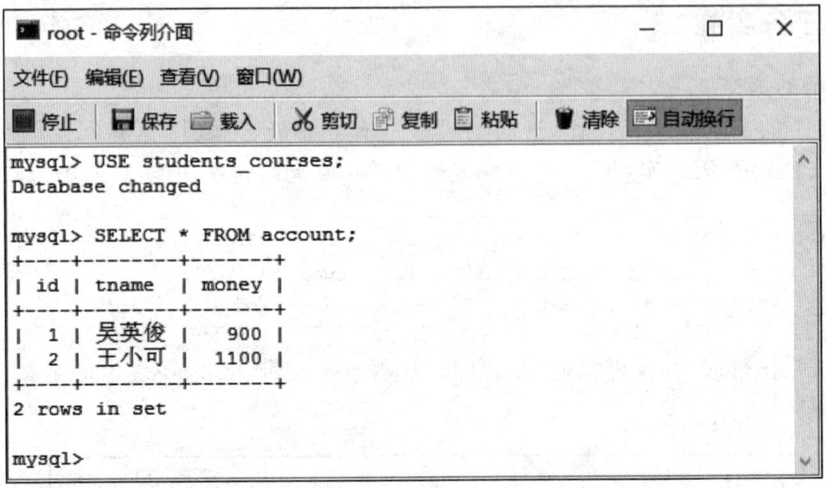

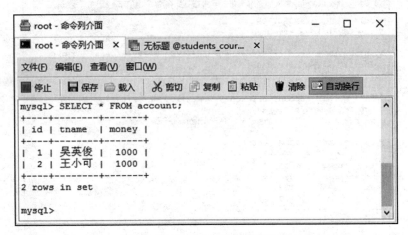

图 8-5　查询未提交事务的处理结果

图 8-6　事务提交后数据查询结果

从上述结果可以看出,事务中的转账操作成功了。需有注意的是,由于事务中的操作都是手动提交的,因此在操作完事务时,一定要使用 COMMIT 语句提交事务,否则事务操作会失败。

2. 事务的回滚

在上一步的基础上进行操作,这时的吴账户有 1000 元,王账户有 1000 元,开启一个事务,通过 update 语句将吴账户的 100 元转给王账户,具体语句如下。

```
START TRANSACTION;
UPDATE account SET money=money-100 WHERE tname='吴英俊';
UPDATE account SET money=money+100 WHERE tname='王小可';
```

上述语句执行成功后,使用 SELECT 语句查询两个账户的金额,查询结果如图 8-7

所示。

从上述结果可以看出,吴账户成功给王账户转账 100 元,如果此时吴账户不想给王账户转账了,由于事务还没有提交,就可以将事务回滚,具体语句如下:

```
ROLLBACK;
```

ROLLBACK 语句执行成功后,再次使用 SELECT 语句查询数据库。操作结果如图 8-8 所示。

```
mysql> SELECT * FROM account;
+----+--------+-------+
| id | tname  | money |
+----+--------+-------+
|  1 | 吴英俊 |   900 |
|  2 | 王小可 |  1100 |
+----+--------+-------+
2 rows in set
```

图 8-7　事务未提交时数据查询结果

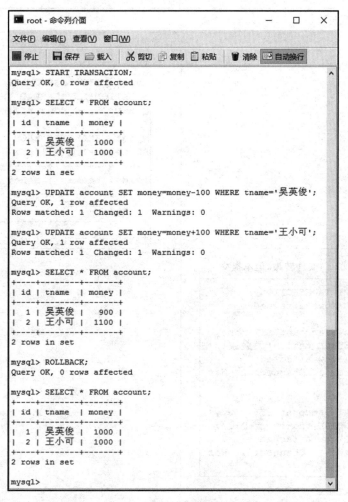

图 8-8　事务回滚操作过程

从查询结果可以看出，数据库中两个账户的金额和更新前一样，说明当前事务中的操作取消了，实现了回滚功能。

3. READ UNCOMMITTED 隔离级别下的事务处理

吴账户要给王账户转账（初始状态两个账户中的余额均为 1000 元）100 元购买商品，如果吴账户开启了一个事务，执行了下面的 UPDATE 语句做了转账的工作。

```
UPDATE account SET money=money-100 WHERE tname='吴英俊';
UPDATE account SET money=money+100 WHERE tname='王小可';
```

如果吴账户先不提交事务，通知王账户来查询，由于王的隔离级别较低，此时就会读到吴事务中未提交的数据，发现吴确实给自己转了 100 元，然后给吴发货，等王发货成功后吴就将事务回滚，此时，王就会受到损失，这就是脏读造成的。

为了演示上述情况，首先需要开启两个命令行窗口（相当于开启两个线程），分别模拟吴英俊和王小可的操作，然后登录到 MySQL 数据库，见表 8-1。

表 8-1 模拟账户操作并设置 READ UNCOMMITTED

吴英俊登录窗口	王小可登录窗口
	设置隔离级别为 READ UNCOMMITTED，查询账户余额 ``` mysql> SET SESSION TRANSACTION ISOLATION LEVEL READ UNCOMMITTED; Query OK, 0 rows affected mysql> SELECT * FROM account WHERE tname='王小可'; +----+-------+-------+ | id	tname	money | +----+-------+-------+ | 2	王小可	1000 | +----+-------+-------+ 1 row in set ```
登录，开启事务，实施转账，但不提交 ``` mysql> START TRANSACTION; Query OK, 0 rows affected mysql> UPDATE account SET money=money-100 WHERE tname='吴英俊'; Query OK, 1 row affected Rows matched: 1 Changed: 1 Warnings: 0 mysql> UPDATE account SET money=money+100 WHERE tname='王小可'; Query OK, 1 row affected Rows matched: 1 Changed: 1 Warnings: 0 ```	

续表

吴英俊登录窗口	王小可登录窗口
电话通知王查询账户	查询账户 ``` mysql> SELECT * FROM account WHERE tname='王小可'; +----+--------+-------+ | id	tname	money | +----+--------+-------+ | 2	王小可	1100 | +----+--------+-------+ 1 row in set ``` 认为货款到账,发货
收到货物后回滚转账操作 ``` mysql> ROLLBACK; Query OK, 0 rows affected mysql> SELECT * FROM account; +----+--------+-------+ | id	tname	money | +----+--------+-------+ | 1	吴英俊	1000
2	王小可	1000	 +----+--------+-------+ 2 rows in set mysql> COMMIT; Query OK, 0 rows affected ```	
	再次查询账户 ``` mysql> SELECT * FROM account WHERE tname='王小可'; +----+--------+-------+ | id	tname	money | +----+--------+-------+ | 2	王小可	1000 | +----+--------+-------+ 1 row in set ```

可以看到,将事务隔离级别设置为 READ UNCOMMITTED 是非常危险的,在实际业务中很少使用。

4. READ COMMITTED 隔离级别下的事务处理

当完成和上一步同样的业务情况,但是将王小可的事务隔离级别设置为 READ COMMITTED。开启两个命令行窗口(相当于开启两个线程),分别模拟吴英俊和王小可的操作,然后登录到 MySQL 数据库,见表 8-2。

通过在 READ COMMITTED 隔离级别开展统计业务,验证"不可重复读"现象,见表 8-3。

表 8-2 模拟账户操作并设置 READ COMMITTED

吴英俊登录窗口	王小可登录窗口
	设置隔离级别为 READ COMMITTED,查询账户余额 ``` mysql> SET SESSION TRANSACTION ISOLATION LEVEL READ COMMITTED; Query OK, 0 rows affected mysql> SELECT * FROM account WHERE tname='王小可'; +----+--------+-------+ | id	tname	money | +----+--------+-------+ | 2	王小可	1000 | +----+--------+-------+ 1 row in set ```
登录,开启事务,实施转账,但不提交 ``` mysql> START TRANSACTION; Query OK, 0 rows affected mysql> UPDATE account SET money=money-100 WHERE tname='吴英俊'; Query OK, 1 row affected Rows matched: 1 Changed: 1 Warnings: 0 mysql> UPDATE account SET money=money+100 WHERE tname='王小可'; Query OK, 1 row affected Rows matched: 1 Changed: 1 Warnings: 0 ```	
电话通知王查询账户	查询账户 ``` mysql> SELECT * FROM account WHERE tname='王小可'; +----+--------+-------+ | id	tname	money | +----+--------+-------+ | 2	王小可	1000 | +----+--------+-------+ 1 row in set ``` 认为货款未到账,不发货
提交操作 ``` mysql> COMMIT; Query OK, 0 rows affected mysql> SELECT * FROM account; +----+--------+-------+ | id	tname	money | +----+--------+-------+ | 1	吴英俊	900
2	王小可	1100	 +----+--------+-------+ 2 rows in set ```	

续表

吴英俊登录窗口	王小可登录窗口
	查询账户 ``` mysql> SELECT * FROM account WHERE tname='王小可'; +----+--------+-------+ | id	tname	money | +----+--------+-------+ | 2	王小可	1100 | +----+--------+-------+ 1 row in set ```

表 8-3 验证不可重复读

管理员登录窗口	王小可登录窗口

查询余额总数
``
mysql> START TRANSACTION;
Query OK, 0 rows affected
 	
mysql> SELECT sum(money) FROM account;
+------------+
| sum(money) |
+------------+
| 2000 |
+------------+
1 row in set
``	

	登录,取款 100 元。无须开启事务,直接更新即可 ``` mysql> UPDATE account SET money=money-100 WHERE tname='王小可'; Query OK, 1 row affected ```

再次查询总金额
``
mysql> SELECT sum(money) FROM account;
+------------+
| sum(money) |
+------------+
| 1900 |
+------------+
1 row in set
``	

两次统计结果不同,在报表生成业务中是不可接受的	

5. REPEATABLE READ 隔离级别下的事务处理

事务隔离级别设置为 REPEATABLE READ,管理员登录并统计 account 表的金额总数和开户数,见表 8-4。

表 8-4 REPEATABLE READ 隔离级别下的事务处理

管理员登录窗口	王小可登录窗口

设置隔离级别为 REPEATABLE READ,查询余额总数
 	
``
mysql> SET SESSION TRANSACTION ISOLATION LEVEL READ COMMITTED;
Query OK, 0 rows affected
 	
mysql> START TRANSACTION;
Query OK, 0 rows affected
 	
mysql> SELECT sum(money) FROM account;
+------------+
| sum(money) |
+------------+
| 2000 |
+------------+
1 row in set
``	

	登录,取款 100 元。无须开启事务,直接更新即可 ``` mysql> UPDATE account SET money=money-100 WHERE tname='王小可'; Query OK, 1 row affected ```

再次查询总金额
 	
``
mysql> SELECT sum(money) FROM account;
+------------+
| sum(money) |
+------------+
| 2000 |
+------------+
1 row in set
``
 	
可以看到在同一事务中两次查询的结果并没有被其他会话的事务影响,避免了重复读情况
	查询总金额
	
	``
	mysql> SELECT sum(money) FROM account;
	+------------+
	| sum(money) |
	+------------+
	| 1900 |
	+------------+
	1 row in set
	``

	向表中增加一条数据 ``` mysql> INSERT INTO account(tname,money) VALUES('张一飞',1000); Query OK, 1 row affected mysql> SELECT * FROM account; +----+--------+-------+ | id	tname	money | +----+--------+-------+ | 1	吴英俊	900
2	王小可	1000
3	张一飞	1000	 +----+--------+-------+ 3 rows in set ```

续表

管理员登录窗口	王小可登录窗口
查询 account 表数据 ``` mysql> SELECT * FROM account; +----+--------+--------+ | id	tname	money | +----+--------+--------+ | 1	吴英俊	900
2	王小可	1100	 +----+--------+--------+ 2 rows in set ``` 可以看到,查询出的数据没有受到其他事务的影响,没有出现幻读	

6. SERIALIZABLE 隔离级别下的事务处理

在之前操作的基础上,管理员登录,设置隔离级别为 SERIALIZABLE,查询 account 表信息,王小可登录取 100 元,见表 8-5。

表 8-5　SERIALIZABLE 隔离级别下的事务处理

管理员登录窗口	王小可登录窗口
隔离级别设为 SERIALIZABLE,查询余额总数 ``` mysql> SET SESSION TRANSACTION I SOLATION LEVEL SERIALIZABLE; Query OK, 0 rows affected mysql> START TRANSACTION; Query OK, 0 rows affected mysql> SELECT * FROM account; +----+--------+--------+ | id	tname	money | +----+--------+--------+ | 1	吴英俊	900
2	王小可	1000
3	张一飞	1000	 +----+--------+--------+ 3 rows in set ```	
	登录,取款 100 元。无须开启事务,直接更新即可 ``` mysql> UPDATE account SET money =money-100 WHERE tname='王小可' ; 1205 - Lock wait timeout exceed ed; try restarting transaction ```

续表

管理员登录窗口	王小可登录窗口
提交事务	再次取款100元,成功 ``` mysql> UPDATE account SET money=money-100 WHERE tname='王小可'; Query OK, 1 row affected Rows matched: 1 Changed: 1 Warnings: 0 mysql> SELECT * FROM account; +----+--------+-------+ | id	tname	money | +----+--------+-------+ | 1	吴英俊	900
2	王小可	900
3	张一飞	1000	 +----+--------+-------+ 3 rows in set ```

任务 8.2　命令方式备份/恢复数据库

8.2.1　相关知识点

1. 故障的种类

系统可能发生的故障有很多种,每种故障需要不同的方法来处理。一般来讲,数据库系统主要会遇到三种故障,即事务故障、系统故障和介质故障。

事务故障指事务的运形没有达到预期的终点就被终止,且不能由应用程序处理的非预期的故障。

系统故障又称软故障,指在硬件故障或软件错误的影响下,导致内存中数据丢失,并使事务处理终止,但未破坏外存中的数据库的情况。

MySQL数据库的备份和恢复方法

介质故障又称硬故障,指由于磁盘的磁头碰撞、瞬时的强磁场干扰等造成磁盘的损坏,破坏外存上的数据库,并影响正在存取的这部分数据的所有事务的情况。

计算机病毒可以繁殖和传播,并造成计算机系统的危害,已成为计算机系统包括数据库的重要威胁,它也会造成介质故障同样的后果。

数据备份与数据恢复方法介绍

2. 故障的恢复方式

事务故障的恢复是由系统自动完成的,对用户是不透明的。系统将撤销当前事务的所有操作,恢复到事务开始前的时间点状态。

系统故障的恢复策略是,首先正向扫描日志文件,找出圆满事务,将其事务标识记入重做队列,找出夭折事务,将其事务标识记入撤销队列,对撤销队列中的各个事务进行撤销处理,对重做队列中的各个事务进行重做处理。

发生介质故障时,磁盘上的数据文件和日志文件都有可能遭到破坏,恢复方法是重装数据库,然后重做已完成的事务。其恢复过程如下:第一步,装入最新的数据库备份文件,将数据库恢复到最近一次转储时的一致性状态;第二步,装入相应的日志文件副本,重做最近一次转储后到故障发生时已完成的所有事务。介质故障的恢复需要 DBA 介入,但 DBA 只需要重装最近转储的数据库备份和有关的各个日志文件副本,然后执行系统提供的恢复命令即可,具体的恢复操作仍然由数据库管理系统完成。

3. 备份策略

备份策略指确定需备份的内容、备份时间及备份方式。各个单位要根据自己的实际情况来制订不同的备份策略。目前被采用最多的备份策略主要有以下三种。

(1) 完全备份(Full Backup)。每天对自己的系统进行完全备份。例如,星期一对整个系统进行备份,星期二再对整个系统进行备份,依此类推。这种备份策略的好处是,当发生数据丢失的灾难时,只要用灾难发生前一天的备份就可以恢复丢失的数据。然而它也有不足之处,首先,由于每天都对整个系统进行完全备份,造成备份的数据大量重复。这些重复的数据占用了大量的磁盘空间,这对用户来说就意味着增加成本。其次,由于需要备份的数据量较大,因此备份所需的时间也就较长。对于那些业务繁忙、备份时间有限的单位来说,选择这种备份策略是不明智的。

(2) 增量备份(Incremental Backup)。星期天进行一次完全备份,然后在接下来的六天里只对当天新的或被修改过的数据进行备份。这种备份策略的优点是节省了磁盘空间,缩短了备份时间。但它的缺点在于,当灾难发生时,数据的恢复比较麻烦。例如,系统在星期三的早晨发生故障,丢失了大量的数据,那么现在就要将系统恢复到星期二晚上时的状态。这时系统管理员就要首先找出星期天的完全备份进行系统恢复,然后找出星期一的备份来恢复星期一的数据,最后找出星期二的备份来恢复星期二的数据。很明显,这种方式很烦琐。另外,这种备份的可靠性也很差。在这种备份方式下,各备份间的关系就像链子一样,一环套一环,其中任何一个备份出了问题都会导致整条链子脱节。比如在上例中,若星期二的备份出了故障,那么管理员最多只能将系统恢复到星期一晚上时的状态。

(3) 差分备份(Differential Backup)。管理员先在星期天进行一次系统完全备份,然后在接下来的几天里,管理员再将当天所有与星期天不同的数据(新的或修改过的)备份到磁盘上。差分备份策略在避免了以上两种策略的缺陷的同时,又具有了它们的所有优点。首先,它无须每天都对系统做完全备份,因此备份所需时间短,并节省了磁盘空间,其次,它的灾难恢复也很方便。系统管理员只需两个备份,即星期天的备份与灾难发生前一天的备份,就可以将系统恢复。

在实际应用中,备份策略通常是以上三种的结合。例如每周一至周六进行一次增量备份或差分备份,每周日进行全备份,每月底进行一次全备份,每年底进行一次全备份。

8.2.2 任务实施

在 MySQL 中主要有三种方式进行数据备份:①使用 mysqldump 命令进行备份;②使用可视化工具提供的备份功能对数据进行处理;③物理备份,直接拷贝数据文件、参数文件、日志文件。前两种方法操作简单、安全性高,是最常用的方法,下面将主要练习这两种备份方法的操作。

1. 使用 mysqldump 命令备份数据库

mysqldump 是采用 SQL 级别的备份机制,它将数据表导成 SQL 脚本文件,在不同的 MySQL 版本之间升级时相对比较合适,这也是最常用的备份方法。mysqldump 程序备份数据库较慢,但它生成的文本文件便于移植。

(1) 备份单个数据库。使用 mysqldump 命令备份单个数据库的语法格式如下:

```
mysqldump -u username -p password dbname
[tbname1][tbname2...]>filename.sql
```

上述语法结构中:
- -u 后面的参数 username 表示用户名。
- -p 后面的参数 password 表示登录密码。
- dbname 表示需要备份的数据库的名称。
- tbname 表示数据库的表名,可以指定一个或多个表,多个表名之间用空格分隔,如果不指定则备份整个数据库,
- filename.sql 表示备份文件的名称,文件名前可加上绝对名称。

需要注意的是,在使用 mysqldump 命令备份数据库时,直接在 DOS 窗口执行命令即可,不需要登录到 MySQL 数据库。

(2) 备份多个数据库。使用 mysqldump 命令不仅可以备份一个数据库,还同时可以备份多个数据库,其语法格式如下:

```
mysqldump -u username -p password --database dbname1 [dbname2 dbname3...]>
filename.sql
```

上述语法格式中,--database 参数后面至少指定一个数据库名称,如果有多个数据库,则数据库名称之间用空格隔开。

(3) 备份所有数据库。使用 mysqldump 数据库被所有数据库时,只需在该命令后面使用--all-databases 参数即可,其语法格式如下:

```
mysqldump -u username -p password --all-databases>filename.sql
```

需要注意的是,如果使用了--all-databases 参数备份所有的数据库,那么在还原数据库时,不需要创建数据库并指定要操作的数据库,因为对应的备份文件中包含 CREATE DATABASE 语句和 USE 语句。

下面进行备份操作,在本例中,用户为 root,备份 students_courses 数据库,生成备份文件为 D:/back_up.sql。操作结果如图 8-9 所示。

(1) 单击操作系统"开始"菜单,在搜索框中输入 cmd 命令,按 Enter 键后弹出 dos 命令窗口。

(2) 找到 MySQL 服务器的 bin 目录,在 dos 命令窗口中输入 CD 命令进入 bin 文件夹下。

(3) 输入备份命令如下。

```
mysqldump -uroot -p students_courses>D:/back_up.sql
```

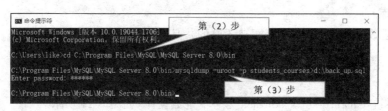

图 8-9　备份操作图

注意：因为参数-p 后没有写用户 root 的登录密码，则系统会提示(输入密码)。按要求输入密码即可。采用这种方式，可以避免密码用明文方式显示。

（4）在指定目录下找到备份文件。按命令则将备份文件 back_up.sql 备份在 D 盘根目录下。

（5）用记事本打开可以看到备份文件中的 SQL 脚本，如图 8-10 所示。

```
/*!40101 SET @OLD_SQL_MODE=@@SQL_MODE, SQL_MODE='NO_AUTO_VALUE_ON_ZERO' */;
/*!40111 SET @OLD_SQL_NOTES=@@SQL_NOTES, SQL_NOTES=0 */;

--
-- Table structure for table `courses`
--

DROP TABLE IF EXISTS `courses`;
/*!40101 SET @saved_cs_client     = @@character_set_client */;
/*!40101 SET character_set_client = utf8 */;
CREATE TABLE `courses` (
  `cno` char(8) COLLATE utf8_bin NOT NULL,
  `cname` varchar(30) COLLATE utf8_bin NOT NULL,
  `xf` int(11) DEFAULT '3',
  `tno` char(10) COLLATE utf8_bin DEFAULT NULL,
  PRIMARY KEY (`cno`),
  UNIQUE KEY `inx_cname` (`cname`),
  KEY `fk_tno` (`tno`),
```

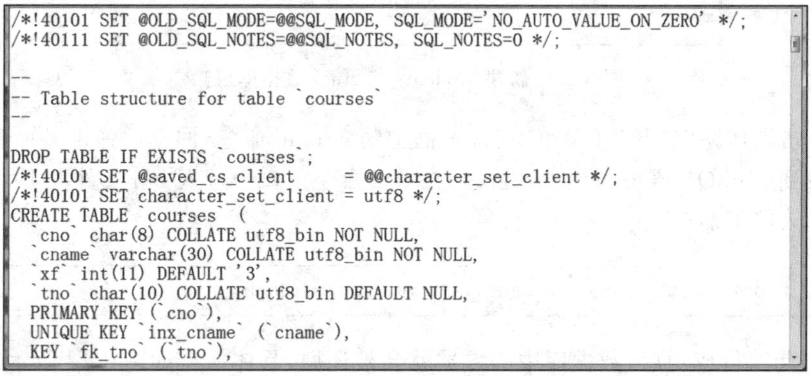

图 8-10　备份文件内容

2. 使用 mysql 命令恢复数据库

当数据库中的数据遭到破坏时，可以通过备份好的数据文件进行还原，这里所说的还原是指还原数据库中的数据，而库是不能被还原的，因此在还原数据库之前必须先创建数据库。通过前面的讲解可知，备份文件语句实际上是由多个 CREATE、INSERT 和 DROP 命令组成的，因此只要使用 mysql 命令执行这些语句就可以将数据还原。

mysql 命令还原数据的语法格式如下：

```
mysql -u username  -p password [dbname]< filename.sql
```

上述语法格式中：

· username 表示用户名。

· password 表示登录密码。

· dbname 表示要还原的数据库名称。

如果使用 mysqldump 命令备份到 filename.sql 文件的语句中包含创建数据库语句，则不需要指定数据库。

下面进行还原数据库操作，在本例中，用户为 root，还原 students_courses 数据库，使用的备份文件为 D:/back_up.sql。

注意：在本例中假设系统中不存在 students_courses 库(如果系统中存在该数据库，则应先删除此库)。

(1) 创建数据库(由于库是不能被还原的),具体语句如下:

```
CREATE DATABASE students_courses_recover;
```

此时,系统中的 students_courses 为一个空数据库,如图 8-11 所示。

```
mysql> CREATE DATABASE students_courses_recover;
Query OK, 1 row affected

mysql> USE students_courses_recover;
Database changed

mysql> SHOW TABLES;
Empty set

mysql>
```

图 8-11　新建 students_courses 数据库成功

(2) 单击操作系统"开始"菜单,在搜索框中输入 cmd 命令,回车后弹出 dos 命令窗口。

(3) 找到 MySQL 服务器的 bin 目录,在 dos 命令窗口中进入 bin 文件夹下。

(4) 输入以下命令。

```
mysql -rroot -p students_courses_recover< D:/back_up.sql
```

上述语句执行成功后,数据库中的数据就会被还原,具体操作如图 8-12 所示。

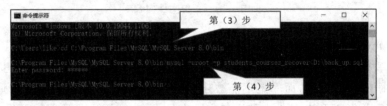

图 8-12　用 mysql 还原数据库

注意:因为参数-p 后没有写用户 root 的登录密码,则系统会提示需输入密码(Enter password:)。此时输入密码即可。采用这种方式,可以避免密码用明文方式显示。

(5) 查看数据。为了验证数据已经还原成功,可以使用 SHOW 语句查询 student_courses 库中的数据,查询结果如图 8-13 所示。

```
mysql> SHOW TABLES;
+------------------------------------+
| Tables_in_students_courses_recover |
+------------------------------------+
| courses                            |
| sc                                 |
| students                           |
| teachers                           |
+------------------------------------+
4 rows in set

mysql>
```

图 8-13　查询还原数据内容

从上述查询结果可以发现,数据已经被还原。

任务 8.3　Navicate 备份/恢复数据库

8.3.1　相关知识点

所谓数据库备份,实际上就是制作数据库中数据结构、对象和数据等的副本,将其存放在安全可靠的位置。而数据库的恢复(还原)则指的是将已备份的数据库恢复(还原)到系统中,将其还原到数据库的某一个正确的状态。

1. 冷备份(Cold Backup)

发生在数据库已经正常关闭的情况下,当正常关闭时会提供给我们一个完整的数据库。冷备份是将关键性文件拷贝到另外的位置的一种说法。冷备份的优点如下。

- 是非常快速的备份方法(只需拷文件)。
- 容易归档(简单拷贝即可)。
- 容易恢复到某个时间点上(只需将文件再拷贝回去)。
- 低度维护,高度安全。

但冷备份也有以下不足。

- 单独使用时,只能提供到"某一时间点上"的恢复。
- 在实施备份的全过程中,数据库必须要只作备份而不能做其他工作。也就是说,在冷备份过程中,数据库必须是关闭状态。
- 若磁盘空间有限,只能拷贝到磁带等其他外部存储设备上,速度会很慢。
- 不能按表或按用户恢复。

值得注意的是,冷备份必须在数据库关闭的情况下进行,当数据库处于打开状态时,执行数据库文件系统备份是无效的。

2. 热备份(Warm/Hot Backup)

热备份是在数据库运行的情况下备份数据库的方法。所以,如果有昨天夜里的一个冷备份而且又有今天的热备份文件,在发生问题时,就可以利用这些资料恢复更多的信息。热备份的优点如下。

- 备份的时间短。
- 备份时数据库仍可使用。
- 可达到秒级恢复(恢复到某一时间点上)。
- 恢复是快速的,在大多数情况下在数据库仍工作时恢复。

热备份的不足如下。

- 不能出错,否则后果严重。
- 若热备份不成功,所得结果不可用于时间点的恢复。
- 因难于维护,所以要特别仔细小心,不允许"以失败告终"。

8.3.2　任务实施

1. 使用 Navicat 进行备份

Navicat for MySQL 是针对 MySQL 数据库管理和开发而制定的比较理想的管理工具,

其直观可视化的图形界面方便用户平时的管理进程。下面以完全备份用户数据库 students_courses 为例来说明使用 Navicat 工具备份数据库的方法。

（1）打开 Navicat 工具，打开到数据库的连接，在其对象资源管理器中选中数据库 students_courses，在界面的菜单栏中选择"备份"功能按钮，单击 新建备份 按钮。

使用 Navicat
工具备份-还
原数据库

（2）打开"新建备份"对话框，在"常规"选项卡（图 8-14）中可以输入本次备份的注释；在"对象选择"选项卡（图 8-15）选中需要备份的对象。

Navicate 备份
文件地址

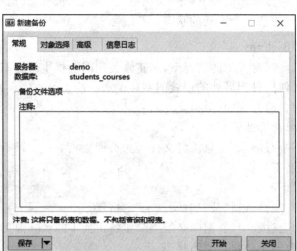

图 8-14 "新建备份"对话框

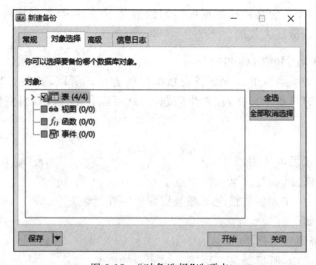

图 8-15 "对象选择"选项卡

（3）在"高级"选项卡，如图 8-16 所示，可以设置本次备份的参数。单击选中"使用指定文件名"复选框，在下面的文本框输入备份文件名 students_courses_backup。

（4）单击"开始"按钮，进度完成后单击"关闭"按钮，如图 8-17 所示。

（5）弹出如图 8-18 所示的对话框，单击"保存"按钮。

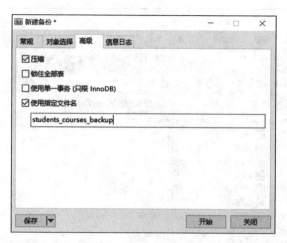

图 8-16 "高级"选项卡

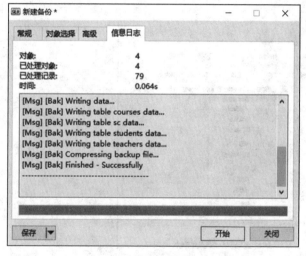

图 8-17 备份完成图

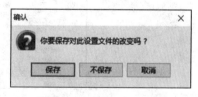

图 8-18 设置保存对话框

（6）回到 Navicat 主界面，选择本数据库的"备份"选项，可以看到本次备份产生文件，如图 8-19 所示。

（7）要找到备份文件的地址，右击备份文件名，如图 8-20 所示。在弹出的快捷菜单中选择"对象信息"命令。

（8）在打开的"常规"选项卡中，"文件"一栏的内容就是该备份对应的文件及其存储路径，如图 8-21 所示。

Navicat 默认存放备份文件的路径为（当前用户）"我的文档"中的"Navicat\MySQL\Servers\服务名称"目录。为防止数据在重装系统后丢失，可以按照如下方式加以修改。

（9）在 Navicat 主窗口右击需要设置的连接，在弹出的快捷菜单中选择"连接属性"命令（如提示关闭当前服务器连接，请选择是），然后在打开的对话框的"高级"选项卡中，在"设置保存路径"文本框中设置新的数据备份路径，如图 8-22 所示。

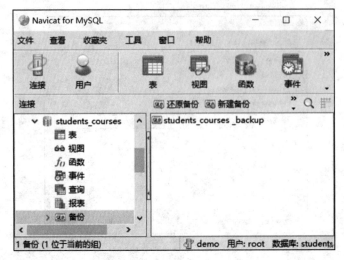

图 8-19　查看备份文件(1)

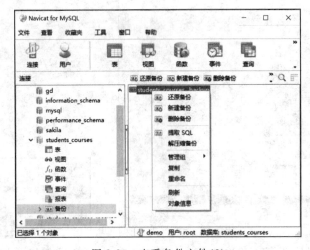

图 8-20　查看备份文件(2)

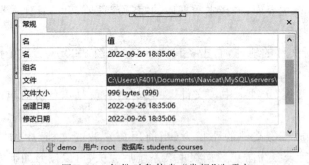

图 8-21　备份对象信息-"常规"选项卡

2. 数据库的恢复

下面以完全还原用户数据库 students_courses 为例来说明使用 Navicat 工具还原数据库的方法。

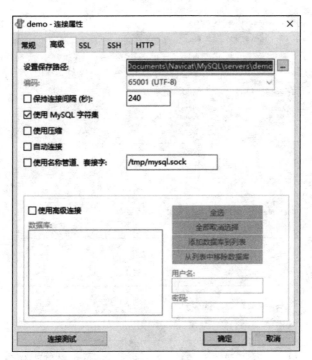

图 8-22 连接属性-"高级"选项卡

（1）打开 Navicat 中到服务器的连接，打开数据库 students_courses 的备份文件列表，选中需要还原的备份文件，如图 8-23 所示。

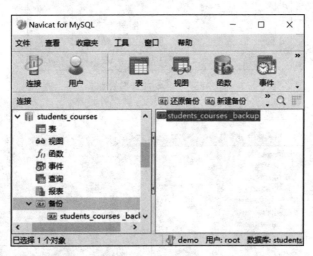

图 8-23 在 Navicat 主界面查看备份对象

（2）单击"还原备份"按钮，打开"还原备份"对话框，如图 8-24 所示。
（3）单击选中"对象选择"选项卡，选择需要还原的对象，如图 8-25 所示。
（4）单击选中"高级"选项卡，选择"服务器选项"和"对象选项"，如图 8-26 所示。
（5）单击"开始"按钮，会看到备份过程的进度条。备份完成后在弹出的对话框中单击"确定"按钮，如图 8-27 所示。

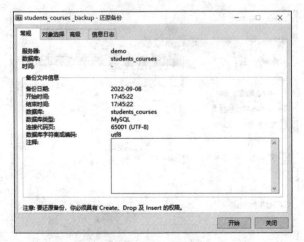

图 8-24 "还原备份"对话框

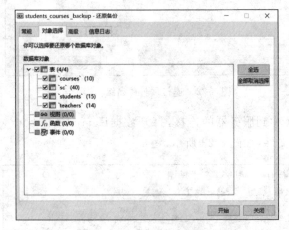

图 8-25 "对象选择"选项卡

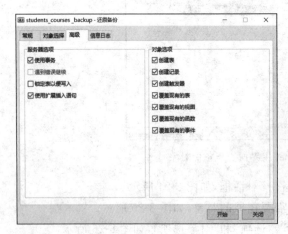

图 8-26 "高级"选项卡

图 8-27 开始备份确认对话框

(6) 单击选中"信息日志"选项卡,将显示还原进度,如图 8-28 所示。完成后单击"关

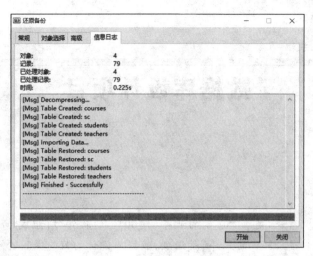

图 8-28 备份进度对话框

闭"按钮,关闭对话框。

8.3.3 拓展提升:物理文件备份方法

使用物理备份方法时,必须保证表没有正在被使用,是一种冷备份方法。如果服务器在你正在拷贝一个表时改变它,拷贝就失去意义。保证拷贝完整性的最好方法是关闭服务器,拷贝文件,然后重启服务器。如果不想关闭服务器,要在执行表检查和拷贝文件的同时锁定服务器。当完成了 MySQL 数据库备份时,需要重启服务器(如果关闭了它)或释放加在表上的锁(如果让服务器运行)。要确保文件是 MyIASM 格式,这种方法对 InnoDB 存储引擎不适用。使用这种方法备份的数据最好回复到相同版本的服务器中,不同版本可能不兼容。

以下为备份过程。

(1) 关闭 mysql 服务。

(2) 备份数据文件。一般在 mysql/data 目录下,当表类型是 MyISAM 时,数据文件则以 Table.frm、Table.MYD、Table.MYI 三个文件存储于/data/ $ databasename/目录中。

以下为还原过程。

(1) 关闭 mysql 服务。

(2) 把备份文件还原到对应的数据目录中。如果表类型是 MyISAM,直接还原到 data/databasename 文件夹。

(3) 更改数据目录权限(chown -R mysql:mysql mysql/data/)。

(4) 启动 mysql 服务,打开 mysql 进行验证。

项目 9

数据库设计项目

◆ 项目提出

一个成功的管理系统,是由"50%的业务 + 50%的软件"所组成,而 50%成功的软件又有"25%的数据库 + 25%的程序"所组成,数据库设计的好坏是一个关键。如果把企业的数据比作生命所必需的血液,那么数据库的设计就是应用中最重要的一部分。从应用系统的整体结构出发,明确表示层、业务逻辑层、数据库层的分工和结构,对深入理解数据库的重要性和设计原则有不可替代的作用。

◆ 项目分析

为实际的应用系统设计的数据库是否符合要求呢?有没有对应的检验标准?如果设计得不好会出现哪些问题?应该怎样将它们进行优化?在实践中已经形成了一些行之有效的方法。本项目将先从应用系统的布局入手,基于数据库在系统中所处的位置和所发挥的作用,采用规范设计法进行数据库设计。

任务 9.1　应用系统结构布局

9.1.1　相关知识

在软件体系架构设计中,分层式结构是最常见,也是最重要的一种结构。目前采用最多的分层式结构一般分为三层,从下至上分别为:数据层、业务逻辑层、表示层。三层结构中,系统主要功能和业务逻辑都在业务逻辑层进行处理。这里所说的三层体系,不是指物理上的三层,不是简单地放置三台机器就是三层体系结构;也不仅仅有 B/S 应用才是三层体系结构,三层是指逻辑上的三层,即使这三个层放置到一台机器上。

应用系统结构

(1) 页面表示层:表示层位于最上层,主要为用户提供一个交互式操作的用户界面,用来接受用户输入的数据以及显示请求返回的结果。

(2) 业务逻辑层:是三层架构中最核心的部分,是连接表示层和数据层的纽带,主要用于实现与业务需求有关的系统功能。

(3) 数据层:数据层主要负责对数据的操作,包括对数据的读取、增加、修改和删除等操作。在 Web 应用系统中,需要建立数据库系统,通常采用 SQL 语言对数据库中的数据进行操作。

三层体系的应用程序将业务规则、数据访问、合法性校验等工作放到了中间层进行处理。通常情况下,客户端不直接与数据库进行交互,而是通过 COM/DCOM 通信与中间层建立连接,再经由中间层与数据库进行交互,如图 9-1 所示。

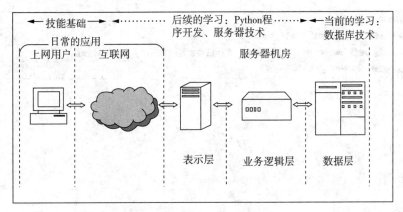

图 9-1 数据库应用系统结构

9.1.2 任务实施

如果需要在个人计算机上完成系统装配,需要先安装 MySQL 数据库(安装步骤详见实训指导书 1.1 或教材)并搭建 Python 运行环境,作为初学者,推荐大家安装 Anaconda3。下面介绍 Anaconda3 的安装。

Python 环境搭建

1. 恢复"广东省农村发展统计数据库"数据库,运行代码,生成图表

创建数据库 gdrural,如图 9-2 所示。然后在"查询"结点上右击并在弹出的快捷菜单中

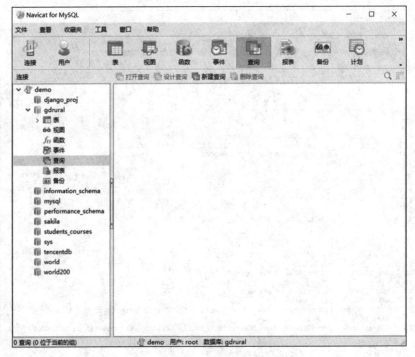

图 9-2 安装后的开始菜单选项

选择"新建查询"命令,打开的查询窗口,如图 9-3 所示。选择"文件"→"载入"命令,选择源码包中提供的文件 data_bp.sql,单击打开。

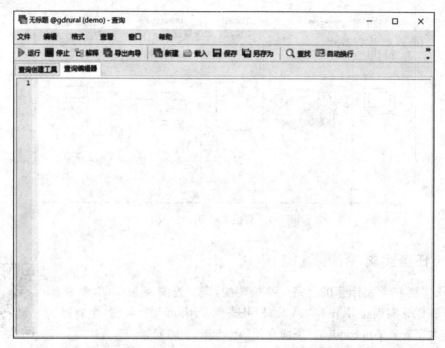

图 9-3　安装后的开始菜单选项

单击"运行"按钮,如图 9-4 所示。

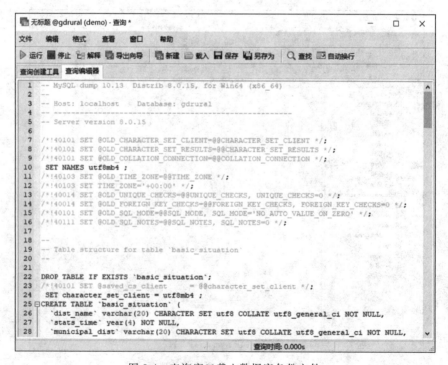

图 9-4　查询窗口载入数据库备份文件

在 Navicat 主窗口,选择 gdrural>"表"选项。将会看到恢复的数据表。如果没有出现数据表,可以右击右窗空白处,在弹出的快捷菜单中选择"刷新"命令,即可看到数据表,如图 9-5 所示。

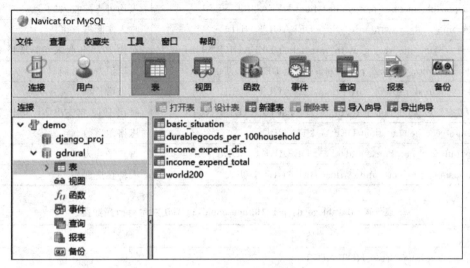

图 9-5 可视化系统数据库表恢复成功

数据库中各表以及字段说明见表 9-1~表 9-4。

表 9-1 basic_situdation:基本情况表

字 段	意 义
'dist_name' varchar(20) NOT NULL	地区名
'stats_time' year(4) NOT NULL	统计年份
'municipal_dist' varchar(20) NOT NULL	所属地级市
'household_num' int(11) DEFAULT NULL	居民户数
'population' int(11) DEFAULT NULL	人口数
'total_labor_num' int(11) DEFAULT NULL	总劳动力数量
'rural_labor_num' int(11) DEFAULT NULL	农村劳动力数量
'ag_labor_num' int(11) DEFAULT NULL	农业劳动力数量

表 9-2 income_expend_dist:各地区收入支出表

字 段	意 义
'dist_name' varchar(20) NOT NULL	地区名
'stat_year' varchar(4) NOT NULL	统计年份
'disposable_income_per_capita' float DEFAULT NULL	人均可支配收入
'consumption_expend_per_capita' float DEFAULT NULL	人均消费支出

表 9-3　income_expend_total：总体收入支出

字　段	意　义
'stat_year' year(4) NOT NULL	统计年份
'disposable_income_per_capita' float DEFAULT NULL	人均可支配收入额
'income_real_growth_rate' float DEFAULT NULL	收入实际增长率
'vs1978_income_real_growth_rate' float DEFAULT NULL	对比 1978 年收入实际增长率
'consumption_expend_per_capita' float DEFAULT NULL	人均消费支出额
'expend_real_growth_rate' float DEFAULT NULL	支出增长率
'vs1978_expend_real_growth_rate' float DEFAULT NULL	对比 1978 年支出实际增长率
'engel_coefficient' float DEFAULT NULL	恩格尔系数
'population_per_household' float DEFAULT NULL	每户平均人口数
'housing_area_per_capita' float DEFAULT NULL	人均住房面积

表 9-4　durablegoods_per_100household：每 100 户耐用商品数量

字　段	意　义
'year' year(4) NOT NULL	年份
'cars' float DEFAULT NULL	汽车
'motorcycles' float DEFAULT NULL	摩托车
'washing_machines' float DEFAULT NULL	洗衣机
'fridges' float DEFAULT NULL	冰箱
'televisions' float DEFAULT NULL	电视机
'air_conditioners' float DEFAULT NULL	空调
'heaters' float DEFAULT NULL	热水器
'telephones' float DEFAULT NULL	电话
'cell_phones' float DEFAULT NULL	手机
'computers' float DEFAULT NULL	计算机

2. Anaconda 安装（如果系统已经安装好 Python 的编译环境可以跳过该步骤）

下载地址：https://www.anaconda.com/download/。

打开下载好的 Anaconda3-2019.07-Windows-x86_64.exe 文件，如图 9-6 所示。单击 Next 按钮。在"用户协议"界面如图 9-7 所示，单击 I Agree 按钮，打开用户选择界面。

如果计算机有多个用户，选择 All Users。不管是选择哪个，后续的安装流程都是相同的。因为个人计算机上一般只有一个用户 User，仅个人使用，这里选择 Just Me，然后继续单击 Next 按钮，打开"选择安装路径"对话框，如图 9-8 所示。

这里建议安装在 C 盘，也就是默认安装位置。如果上一步选择 Just Me，路径就会自动选择在自己的 Windows 账户下（若用户名是 50454，则如图 9-9 所示路径）。安装大概需要 3G 的空间，如果 C 盘空间很紧张也可以安装在其他盘，但将来在使用时在读取速率上可能会有一定的影响。选择好了之后单击 Next 按钮，打开选择高级系统选项对话框。

项目 9　数据库设计项目

图 9-6　安装启动界面

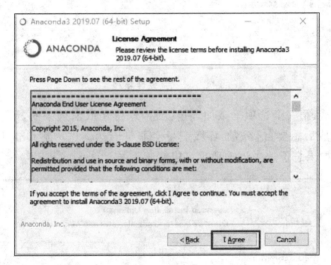

图 9-7　"用户协议"界面

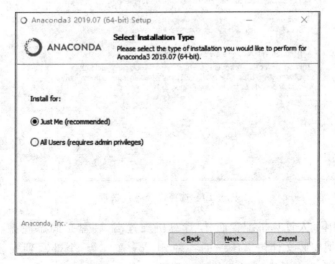

图 9-8　"用户选择"界面

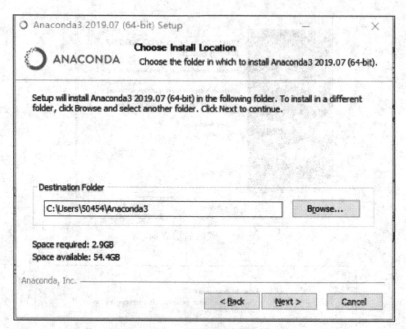

图 9-9 选择安装路径

如图 9-10 所示,第一个选项是添加环境变量,默认是取消选中的,请务必选中该选项,否则,后续安装完成后想要自行添加环境变量会非常麻烦。选中后单击 Install 按钮安装,如图 9-11 所示。如果忘了选中该选项也可以卸载重装。

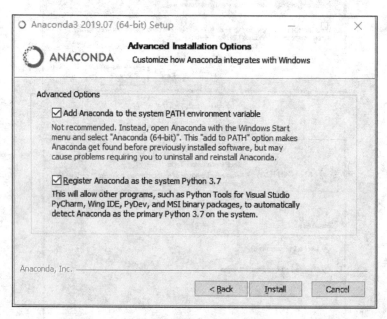

图 9-10 选择高级系统选项

安装时间会因个人计算机配置而异,计算机配置高,硬盘是固态硬盘,速度就更快。安装过程其实就是把安装文件包里压缩的各种 dll、py 文件等,全部写到安装目标文件夹里。完成后单击 Next 按钮,打开 Pycharm 推广界面。

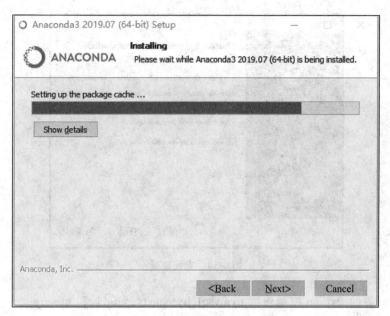

图 9-11　安装进度对话框

如图 9-12 所示,这里是 Pycharm 的一个推广,Pycharm 是一个代码编辑器,在代码编辑器中编辑代码会提供根据不同语法自动缩进以及高亮显示等功能。没有需求的话可以不用管,继续单击 Next 按钮。

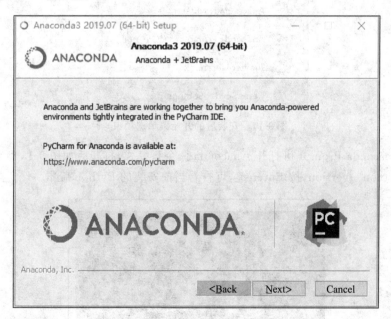

图 9-12　Pycharm 推广界面

单击 Finish 按钮完成安装。如图 9-13 所示,下面是打开 Anaconda 的学习资源的两个选项,也可以取消选中该选项。

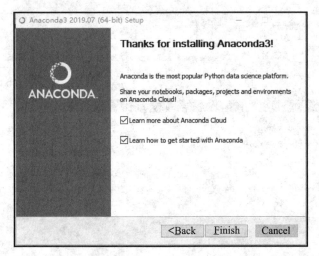

图 9-13　安装完成

3. 安装所需的 Python 框架包括 pymysql、pyecharts、pandas 和 numpy

Anaconda 安装完成后在开始菜单会多出一个快捷方式,也就是 Anaconda 下的 4 个子程序,如图 9-14 所示。

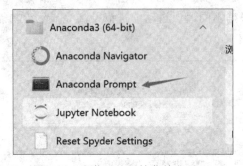

图 9-14　安装后的开始菜单选项(1)

其中 Anaconda Prompt 可打开 Anaconda 命令行模式,打开后如图 9-15 所示。

输入 python --version,按 Enter 键,可查看当前安装的 Python 版本。

图 9-15　安装后的开始菜单选项(2)

在命令行窗口可使用 pip install pymysql 命令来安装 pymysql 第三方库,如图 9-16

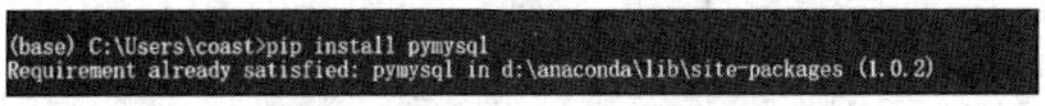

图 9-16　安装 pymysql 库

所示。

单击选择开始菜单 Anaconda 下的 Jupyter Notebook，如图 9-17 所示。

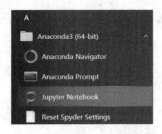

图 9-17　安装后的开始菜单选项

在打开的浏览器中可以看到 jupyter 的默认运行目录，如图 9-18 所示。

图 9-18　浏览器中打开的 jupyter 运行界面

输入代码 import pymysql，然后单击 Run 按钮，当运行框前的中括号内整数自动增加 1，表示框架安装正确，如图 9-19 所示。

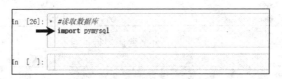

图 9-19　jupyter 编辑窗口

用同样的方法可安装 pyecharts、pandas、numpy 等框架。

4. 数据可视化系统的安装与配置

在资源浏览器中找到 jupyter 运行文件夹，一般在 C 盘的"用户"文件夹中。可以对比浏览器中打开的 jupyter 运行环境中的文件夹信息（图 9-20）和在资源管理器中打开的 jupyter 根目录（图 9-21）中的文件信息，两者一致。

将课程提供的压缩包解压，并拷贝到该目录下，如图 9-22 所示。

在浏览器中看到如图 9-23 所示的 jupyter 运行环境界面。

单击 MySQLChart 打开文件夹，如图 9-24 所示。

双击文件 DBUsing_line.ipynb，打开文件代码，如图 9-25 所示。

可视化系统配置

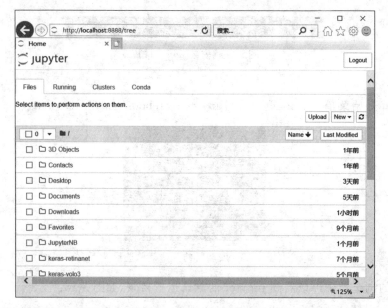

图 9-20 jupyter 运行环境

图 9-21 jupyter 默认运行根目录

图 9-22 将压缩包解压并存入 jupyter 运行的根目录

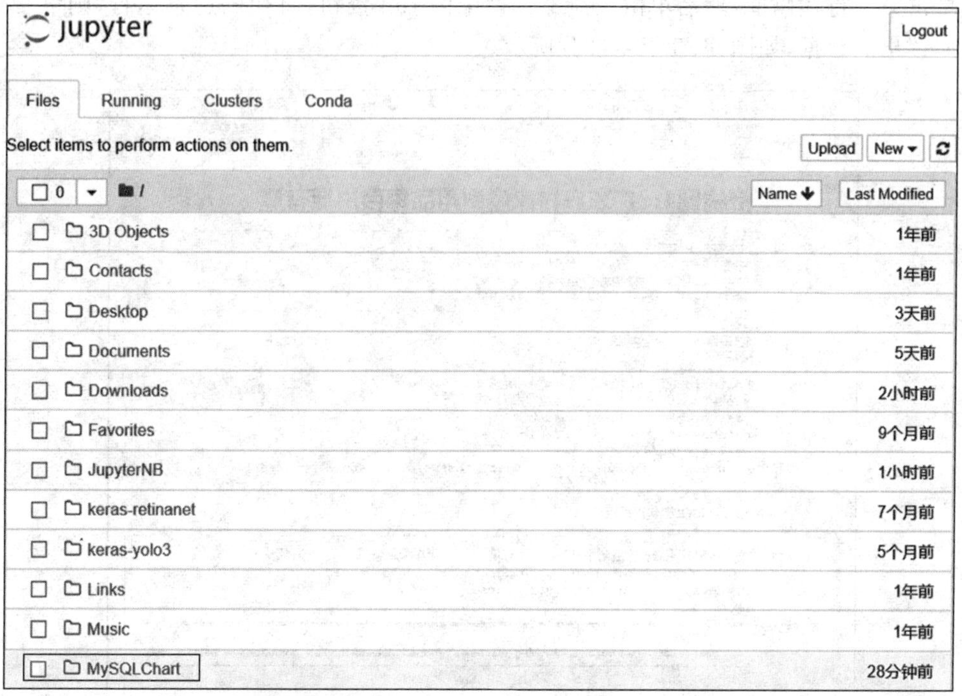

图 9-23　将可视化系统源码装入 jupyter 运行环境

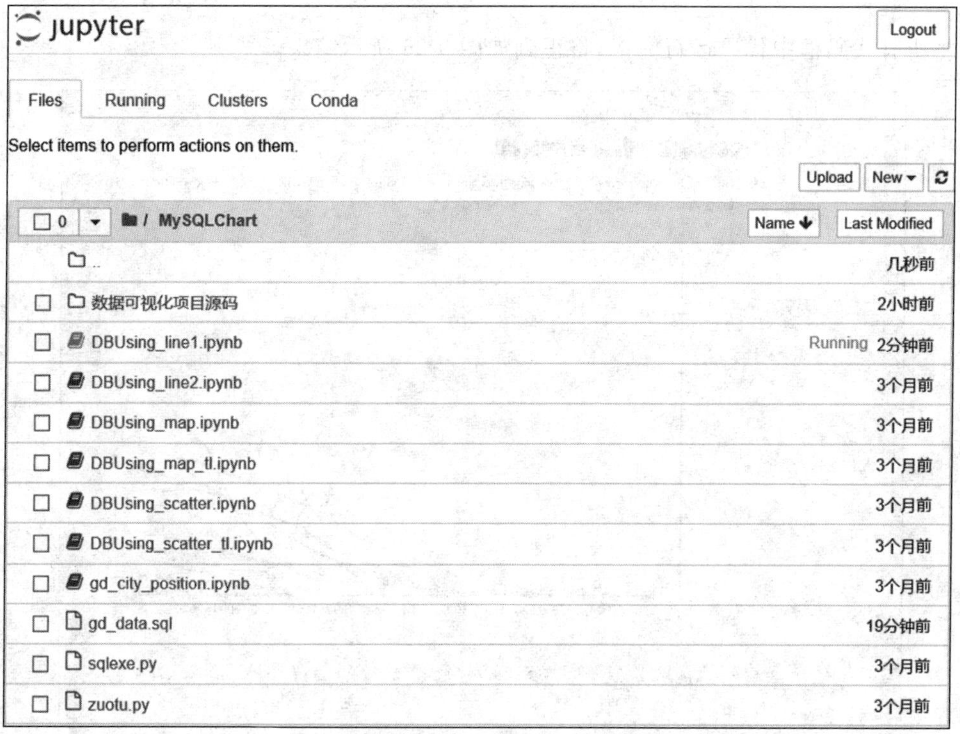

图 9-24　数据可视化系统源码文件目录

单击第 1 行代码框,然后单击快捷工具栏中的 run 按钮,将代码逐条运行,则可看到从数据库读出的数据,如图 9-25 下半部分所示。

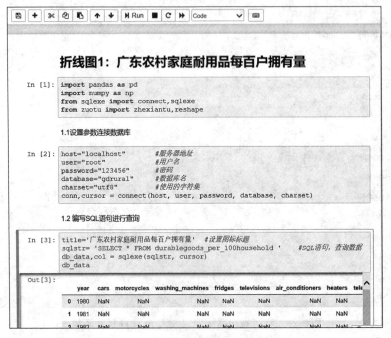

图 9-25　可视化系统数据库表恢复成功

将所有代码框中代码运行完毕,将得到如图 9-26 所示结果。

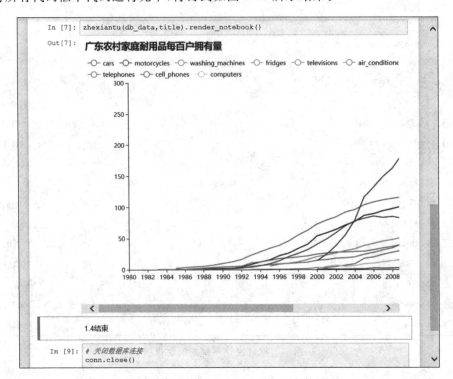

图 9-26　DBUsing_line.ipynb 运行结果

回到 jupyter 的目录页面，可以看到新生成的 html 文件，如图 9-27 所示。

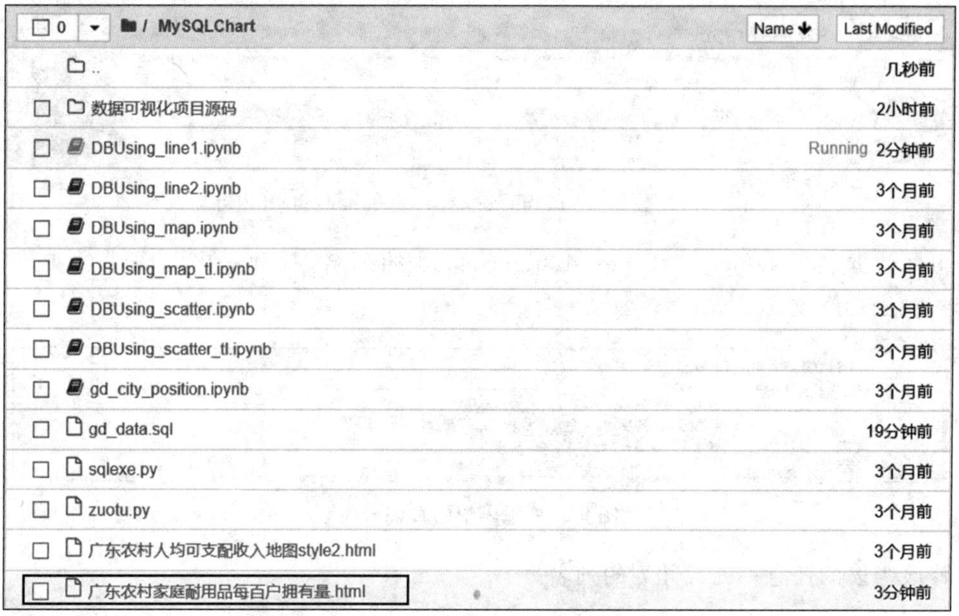

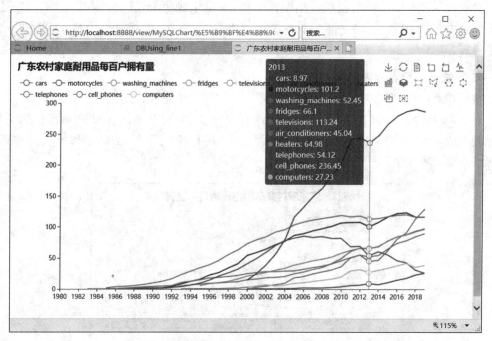

图 9-27　DBUsing_line.ipynb 运行生成 html 文件

双击新生成的 html 文件，打开页面效果如图 9-28 所示。

图 9-28　生成的 html 文件

5. 修改查询语句获得不同的数据和图

查看 durablegoods_per_100household 表中数据如图 9-29 所示。

图 9-29 数据表 durablegoods_per_100household 内容

根据数据表 durablegoods_per_100household 的列名,找到程序源码中的查询语句(图 9-30)进行修改。

代码阅读和修改

图 9-30 源码中的查询语句

修改为表的任意一列或几列的列名。

```
sqlstr= 'SELECT cars,televisions FROM durablegoods_per_100household '
```

再次运行程序,得到不同的图表和 html 文件。

对照如图 9-1 所示的数据库应用制定结构,这里生成的 html 文件就是表示层的内容,Python 源码文件为业务逻辑层内容,数据库 gdrural 则为数据层内容。

6. 测试没有数据库支持的程序

在操作系统的"服务"中,将 MySQL 的服务设置为"停止"状态。

然后,双击如图 9-27 所示的任意 DBUsing_**文件,打开如图 9-31 所示的代码文件,从上到下逐步运行,将会提示错误。这就从反面验证了,没有了数据库系统的支持,应用系统无法正常开展业务。

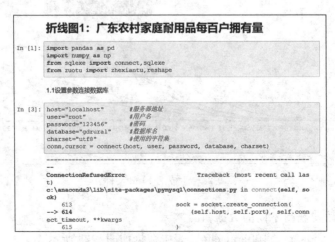

图 9-31 无数据库的系统源码提示运行错误

任务 9.2　数据库设计

9.2.1　相关知识点

利用数据库技术是信息资源管理最有效的手段。而数据库设计是指对于一个给定的应用环境,构造最优的数据库模式,建立数据库及其应用系统,以有效存储数据,从而满足用户信息要求和处理要求。

数据库设计概述

更具体一些,对于一个实际的数据库应用系统,数据库设计最基本的工作就是设计数据库中应该有哪些关系(表)、每个关系(表)中应该有哪些属性列、每列数据的取值范围是什么,关系(表)之间如何定义等内容。

1. 数据库设计方法和工具概述

在过去相当长的一段时期内,数据库设计主要采用手工试凑法。使用这种方法与设计人员的经验和水平有直接关系,缺乏科学理论和工程方法的支持,工程的质量难以保证,常常是数据库运行一段时间后又不同程度地发现各种问题,增加了系统维护的代价。长时间以来,人们提出了各种软件工程的思想和方法,提出了各种设计准则和规程,基本上都属于规范设计方法的范畴。

规范设计方法中比较著名的有新奥尔良(New Orleans)方法。它将数据库设计分为四个阶段,即需求分析(分析用户要求)、概念设计(信息分析和定义)、逻辑设计(设计实现)和物理设计(物理数据库设计)。又有 I. R. Palmer 等主张把数据库设计分为一步接一步的过程,并采用一些辅助手段去实现每一过程。基于 E-R 模型的数据库设计方法,基于 3NF(第三范式)的设计方法,基于抽象语法规范的设计方法等,都是在数据库设计的不同阶段上支持实现的具体技术和方法。规范设计方法从本质上看仍然是手工设计方法,其基本思想是过程迭代和逐步求精。

多年以来,数据库工作者和数据库厂商一直在研究和开发数据库设计工具。经过十多年的努力,数据库设计工具已经实用化和产品化,一般能同时实现数据库设计和应用程序设计。人们开始选择不同的快速应用程序开发(RAD)工具,例如,Microsoft Visual Studio。这些 RAD 工具允许开发者迅速设计、开发、调试和配置各种各样的数据库应用程序,可以自动或辅助设计人员完成数据库设计过程中的很多任务,并且能在满足性能、可扩展性和可维护性这些不断增长的需求上有所帮助,可对应用程序开发工程生命周期中的每个阶段都能提供支持。当前人们已经越来越认识到自动数据库设计工具的重要性。特别是对于大型数据库的设计更需要自动设计工具的支持。目前许多计算机辅助软件工程(Computer Aided Software Engineering,CASE)工具已经把数据库设计作为软件工程设计的一部分。如 ROSE、UML(Unified Modeling Language)等。

2. 数据库设计的基本步骤

数据库设计是信息系统开发和建设中的核心部分。由于数据库应用系统的复杂性,为了支持相关程序运行,数据库设计就变得异常复杂,因此要想实现最佳设计是不可能一蹴而就的,而只能是一个"反复探寻,逐步求精"的过程。

数据库设计过程一般分为需求分析、概念设计、逻辑设计、物理设计、实施和运行维护等阶段。如图 9-32 所示。

接下来会对数据库设计的各个阶段进行详细介绍。

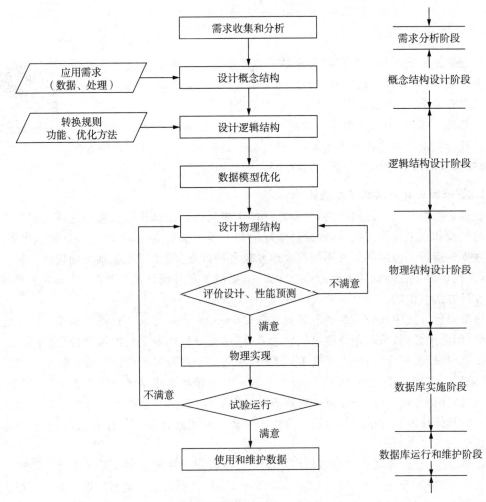

图 9-32　数据库设计过程图

（1）需求分析。设计一个性能良好的数据库系统，明确应用环境对系统的要求是首要的和基本的问题。因此，用户需求的收集和分析是数据库设计的第一步。下面对需求分析的相关内容进行详细介绍。

需求分析的主要任务是通过数据库设计人员详细调查待处理的对象，包括某个单位或组织、某个部门、某个企业的业务管理基本情况等，充分了解原系统手工或原计算机系统的工作概况及工作流程，明确各个用户的各种需求，产生数据流图（DFD）和数据字典（DD），然后在此基础上确定新系统的功能，并产生《系统需求说明书》。值得注意的是，新的数据库系统必须充分考虑今后可能的扩充和改变，不能仅仅按当前应用需求来设计数据库。

如图 9-33 所示为数据库设计中需求分析的基本步骤，包括以下几点。

• 设计人员向用户了解企业或单位的组织机构总体情况。

- 设计人员了解熟悉用户的业务活动,进行系统需求的收集。
- 设计人员确定用户需求的全部内容,撰写需求说明书。
- 确定系统边界,定义数据字典(DD)和数据流图(DFD)。

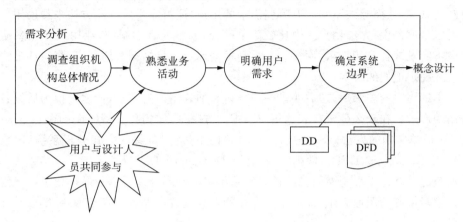

图 9-33　需求分析的步骤

需求分析的重点是调查、收集和分析用户数据管理中的信息需求、处理需求、安全性与完整性要求。

信息需求是指用户需要从数据库中获得的信息的内容和性质。由用户的信息需求可以导出数据需求,即在数据库中应该存储哪些数据。处理需求是指用户要求完成什么处理功能,对某种处理要求的响应时间,处理方式是指联机处理还是批处理等。明确用户的处理需求,将有利于后期应用程序模块的设计。

调查、收集用户需求的具体内容包括以下几点。

- 了解组织机构的情况。调查这个组织由哪些部门组成,各部门的职责是什么,为分析信息流程做准备。
- 了解各部门的业务活动情况。调查各部门输入和使用什么数据,如何加工处理这些数据。输出什么信息、输出到什么部门、输出的格式等。在调查活动的同时,要注意对各种资料的收集,如票证、单据、报表、档案、计划、合同等,要特别注意了解这些报表之间的关系,各数据项的含义等。
- 了解用户希望的主要功能及特殊要求,哪些需求更为重要等。其目的是确保与用户尽早地达成共识并对设计系统有相同而清晰的认识。
- 确定新系统的边界。确定哪些功能由计算机完成或将来准备让计算机完成,哪些活动由人工完成。由计算机完成的功能就是新系统应该实现的功能。

在调查过程中,根据不同的问题和条件,可采用的调查方法很多,如设计人员跟随用户上班(跟班作业)进行观察、了解用户的工作业务、召开专门的系统调研会、请单位或部门专人介绍、设计人员耐心细致的询问、设计调查表请用户填写,以及查阅工作记录等。但无论采用哪种方法,都必须有用户的积极参与和配合。强调用户的参与是数据库设计中的一大特点。

收集用户需求的过程实质上是数据库设计者对各类管理活动进行调查研究的过程。设计人员与各类管理人员通过相互交流,逐步取得对系统功能的一致的认识。但是,由于用户还缺少软件设计方面的专业知识,而设计人员往往又不熟悉业务知识,要准确地确定需求很困难,特别是某些很难表达和描述的具体处理过程。针对这种情况,设计人员在自身熟悉业务知识的同时,应该帮助用户了解数据库设计的基本概念。对于那些因缺少现成的模式,很难设想新的系统,从而导致不知应有哪些需求的用户,还可应用原型化方法来帮助用户确定他们的需求。就是说,先给用户一个比较简单的、易调整的真实系统,让用户在熟悉使用它的过程中不断发现自己的需求,而设计人员则根据用户的反馈调整原型,反复验证最终协助用户发现和确定他们的真实需求。

调查了解用户的需求后,还需要进一步分析和抽象用户的需求,使之转换为后续各设计阶段可用的形式。在众多分析和表达用户需求的方法中,结构化分析(Structured Analysis,SA)是一个简单实用的方法。SA方法采用自顶向下,逐层分解的方式分析系统,用数据流图(Data Flow Diagram,DFD)、数据字典(Data Dictionary,DD)描述系统。

数据流图是软件工程中专门描绘信息在系统中流动和处理过程的图形化工具。因为数据流图是逻辑系统的图形表示,即使不是专业的计算机技术人员也容易理解,所以是极好的交流工具。

数据流图是有层次之分的,越高层次的数据流图表现的业务逻辑越抽象,越低层次的数据流图表现的业务逻辑则越具体。在SA方法中,我们可以把任何一个系统都抽象为如图9-34所示的形式。它是最高层次抽象的系统概貌,要反映更详细的内容,可将处理功能分解为若干子功能,每个子功能还

图9-34 系统高层抽象图

可继续分解,直到把系统工作过程表示清楚为止。在处理功能逐步分解的同时,它们所用的数据也逐级分解,形成若干层次的数据流图。

数据流图表达了数据和处理过程的关系,系统中的数据则借助数据字典来描述。

数据字典是各类数据描述的集合,它是关于数据库中数据的描述,而不是数据本身。数据字典通常包括数据项、数据结构、数据流、数据存储和处理过程五个部分(至少应该包含每个字段的数据类型和数据约束说明)。

在此基础上,编写成《用户需求(功能)说明书》,以阐述所设计的系统必须提供的功能和性能以及所要考虑的限制条件,它不仅是系统测试和用户文档的基础,也是后续设计和编码、测试的基础。

设计者完成了《用户需求(功能)说明书》之后,务必请相关用户对其内容进行仔细的检查,确认这些需求的正确性和还未包括的内容,并进行有关的修正,以确保系统设计者对用户需求的理解正确。

总之,在完成数据库设计中的需求分析后,要很清楚地知道在计算机中长久保留哪些数据,数据之间的联系及其取值范围和其他处理要求等内容,为确定数据库模式做好准备工作。

(2) 概念设计。概念结构设计是设计人员以用户的观点,对用户信息的抽象和描述,是从现实世界到信息世界的第一次抽象,不需要考虑具体的数据库管理系统。

数据库概念结构设计最著名和最常用的方法是 P. P. S Chen 于 1976 年提出的实体-联系方法(Entity-Relationship Approach),简称 E-R 方法。它

概念设计

采用 E-R 模型将现实世界的信息结构统一由实体、属性及实体之间的联系来进行描述。

实体、属性和联系是 E-R 图的最基本的概念,下面分别进行说明。

① 实体:现实世界中存在的可以相互区别的事物或抽象的内容称为实体。比如数据库系统中的使用者张三和李四是实体,与系统有关的具本课程"数据结构""数据库技术"也是实体,与某门课程相关的主教材(书)也是实体。同一类型的实体称为实体集,如所有学生组成学生实体集,所有课程组成课程实体集等。实体集是由实体所组成的,但为了简单方便,在设计 E-R 图时,往往将实体和实体集混为一谈,具体语义需要根据上下文进行理解。在 E-R 图中,用矩形表示实体集,在矩形中说明实体集的类别名,如学生、课程等,如图 9-35 所示。

② 属性:属性是描述实体或联系的一些基本特征。比如说,学生实体集中每个学生都有学号、姓名、性别、年龄等基本信息,课程实体集中有课程名、课程学分等内容。那么每个实体集到底需要描述哪些信息呢?这要根据系统的需求分析结果来进行设计。在 E-R 图中,用椭圆表示实体集的属性,在椭圆中说明属性的名称,如学号、姓名等,并用直线将其与对应的实体联系起来,如图 9-35 所示。

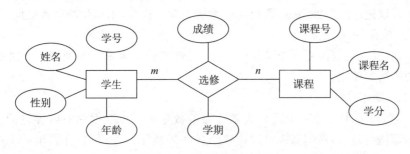

图 9-35　学生选课 E-R 图

③ 联系:联系是指实体之间的相互关系。在同一个系统中的实体集之间可能存在某种关系,如学生选修课程,教师为课程选择教材等都涉及两个以上的关系。联系也可能具备某个特性,比如,学生选修某门课程会有一个成绩,教师为某门课程选择教材时的使用时间信息等。在 E-R 图中,用菱形表示实体之间的联系,在菱形框中说明联系的名称,如选修、授课等,并用直线将其与相关的实体联系起来,如图 9-35 所示,学生实体与课程实体之间有一个"选修"联系,这个联系上具有两个属性,分别是成绩和学期。

联系涉及两个以上的实体集,那么根据一个实体集中的实体和另一个实体集中的实体联系的个数将联系分成三种类型,分别是 1 对 1、1 对多和多对多的联系。

- 1 对 1 联系:假若一个实体集中的一个实体最多与另一个实体集中的一个实体有联系,反之亦然,则称这两个实体集之间的联系为 1 对 1 的联系,也可简写为"1∶1"。在 E-R 图中将与两个实体连接的直线上方均写上 1,来表示实体之间的 1 对 1 的联系。例如,一个学校只有一位校长,每位校长只能在一个学校任职,则学校与校长之间是 1 对 1 的联系,如图 9-36 所示。

图 9-36　1 对 1 的联系

- 1对多联系：假若一个实体集中的一个实体与另一个实体集中的多个实体有联系，而另一个实体集中的一个实体最多与该实体集中的一个实体有联系，则称这两个实体集之间的联系为1对多的联系，也可简写为"$1:n$"。在E-R图中将与两个实体连接的直线上分别写上1和n来表示实体集之间的1对多的联系。例如，一个班级有多位学生，而每位学生只能属于一个班级，则班级与学生之间是1对多的联系，如图9-37所示。

图9-37 1对多的联系

- 多对多联系：假若一个实体集中的一个实体与另一个实体集中的0到多个实体有联系，而另一个实体集中的一个实体也与该实体集中的0到多个实体有联系，则称这两个实体集之间的联系为多对多的联系，也可简写为"$m:n$"。在E-R图中将与两个实体连接的直线上分别写上m和n来表示实体集之间的多对多的联系。例如，一个学生可以选修多门课，每门课也可以被多个学生选修，则学生与课程之间是多对多的联系，如图9-38所示。

请注意，联系也可能涉及多个实体，这时一般将其转化为多个两两联系来进行设计，从而将复杂的问题简单化。

④ E-R图设计实例。

例9-1 假设要求设计一个适合大学选课的数据库。该数据库的内容包括：每个教师可担任多门课程的教学，每门课也可以由多个教师来授课；每一位教师属于一个系，每个系有多位教师；一个系可以开设多门课程，每门课程只归属于一个系；一个学生可以选修多门课，每门课也可以由多个学生选修，学生选修课程会有一个成绩。请用E-R图表达学生选课数据库。

在设计过程中，首先要做的工作是找出实体集，然后分析实体集之间的联系，最后考虑实体集和联系的属性有哪些。

分析上面实例说明，我们可以看出有学生、教师、系和课程四个实体集。学生和课程之间有多对多的选课联系，即一个学生可能选修多门课，每门课也可以由多个学生选修；教师和课程之间也是多对多的联系，系与课程之间是一对多的联系，教师与系之间也是一对多的联系。学生实体的属性有学号、姓名、性别和班级；课程的属性有课程号、课程名和学分；教师的属性有姓名、性别和职称；系的属性有系名、系办地址和联系电话。学生选修课程的联系上应该有成绩属性，而教师授课应该加上教学效果这个属性。综上分析得到E-R图如图9-38所示。

概念设计或者说E-R图设计过程中要贯彻概念单一化原则，即一个实体只用来反映一个事物，一个实体中的所有属性是与实体直接相关的。不要将不相关的数据放在同一个实体中，如果这样将会为后面的逻辑设计和规范化造成很多的麻烦。

要注意的是，对于较复杂的系统，可能需要先按功能或使用者的权限画出局部ER图，然后把各个局部E-R图综合起来形成统一的整体E-R图。

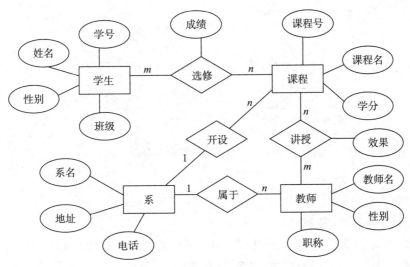

图 9-38 大学选课数据库 E-R 图

（3）逻辑设计。逻辑设计阶段的主要任务和目标是根据概念结构设计的结果设计出数据库的逻辑结构，对于 RDBMS 而言，主要是确定数据库模式中由哪些关系组成，每个关系由哪些属性列构组成，每个属性列的数据类型和宽度等，还需要通过关键字和外码确定表与表之间的关系。这是数据库设计中关键的步骤。

逻辑设计

概念结构设计阶段设计出来的 E-R 图并不能在计算机中直接表示和处理，为了能够使用关系数据库管理系统进行管理，必须将 E-R 图转换成关系模式，这个过程就是逻辑结构设计。

E-R 图是由实体、属性和联系三要素构成，而关系模型中只有唯一的结构—关系模式。因此将 E-R 图转换成关系模式就要将实体、属性和联系转换成关系和关系中的属性。其转换方法如下。

① 将实体集和其属性转换成关系模式：将 E-R 图中的一个实体集转换成一个关系模式，一般来说，首先要确定实体集的名称（实体名）对应关系模式的名称，将实体的属性转换成关系模式的属性，其中，实体标识符就是关系的关键字。

② 联系转换成关系模式：E-R 图中的联系有 3 种，分别是 1 对 1（1∶1）、1 对多（1∶n）和多对多（m∶n），针对三种不同的联系有不同的转换方法。

1 对 1（1∶1）联系向关系模式的转换有两种方法。一种方法是将联系转换成一个独立的关系模式，关系模式的名称就是联系的名称，关系模式的属性包括该联系所关联的两个实体的码及联系的属性，关系的关键字可以取任何一方实体的码。另一种方法也是最常用的方式是将联系归并到关联的两个实体的任何一方，在待归并的一方实体属性集中增加另一方实体的关键字和该联系的属性即可，归并后的实体关键字不变。

例 9-2 一个教师管理班级的 E-R 图如图 9-39 所示，请将其转换成关系模式。

E-R 图中包括有两个实体集和一个 1∶1 的联系，直接将实体集转换为关系模式，对于 1∶1 的联系可采用两种方法进行转换。

第一种方法：将 1∶1 的联系转换成一个关系模式得到的数据库模式如下。

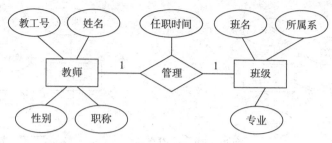

图 9-39 教师管理班级 E-R 图

教师(<u>教工号</u>,姓名,性别,职称)
班级(<u>班名</u>,所属系,专业)
管理(<u>教工号</u>,<u>班名</u>,任职时间)
第二种方法：将 1∶1 的联系归并到教师关系中得到的关系模式如下。
教师(<u>教工号</u>,姓名,性别,职称,班名,任职时间)
班级(<u>班名</u>,所属系,专业)

1 对多(1∶n)联系向关系模式的转换有两种方法。一种方法是将联系转换成一个独立的关系模式,关系模式的名称就是联系的名称,关系模式的属性包括该联系所关联的两个实体的码及联系的属性,关系的关键字是多方实体的关键字。另一种方法是将联系归并到关联的两个实体的多的那一方,在待归并的多方实体属性集中增加 1 方实体的关键字和该联系的属性即可,归并后的多方实体关键字不变。

例 9-3 学院系部与教师之间关系的 E-R 图如图 9-40 所示,请将其转换成关系模式。

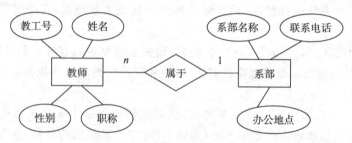

图 9-40 教师与系部关系 E-R 图

E-R 图中包括有两个实体集和一个 1∶n 的联系,直接将实体集转换为关系模式,对于 1∶n 的联系可采用两种方法进行转换。

- 将 1∶n 的联系转换成一个关系模式得到的数据库模式如下。

教师(<u>教工号</u>,姓名,性别,职称)
系部(<u>系部名称</u>,办公地点,联系电话)
教工属于系部(<u>教工号</u>,系部名称)

- 将 1∶n 的联系归并到教师关系中得到的关系模式如下。

教师(<u>教工号</u>,姓名,性别,职称,系部名称)
系部(<u>系部名称</u>,办公地点,联系电话)

多对多(m∶n)联系是能转换成一个独立的关系模式的。关系模式的名称就是联系的名称,关系模式的属性包括该联系所关联的两个实体的码及联系的属性,关系的关键字是两个多方实体的关键字的组合。

通过以上方法,就可以将 E-R 图中的实体、属性和联系转换成为关系模式,建立系统的初始数据库模式,下面通过两个例子来介绍 E-R 图转换成数据库关系模式的方法。

③ 逻辑结构设计实例。

例 9-4 如图 9-35 所示的学生选课 E-R 图,有两个实体,一个多对多的联系,转化成数据库的逻辑结构时变成三个关系,分别是学生、课程和选修。

学生关系对应原来的学生实体集,实体集的属性转换为关系的属性,其关键字为"学号";同样地,课程关系对应原来的课程实体集,课程实体集的属性转换为课程关系的属性;选修联系是多对多的,转换为逻辑模式时成为一个新的关系,其关键字(主码)是与之相关的两个实体的关键字(主码)的组合,再加上联系本身的属性"成绩",三个关系如下。

学生(<u>学号</u>,姓名,性别,班级)

课程(<u>课程号</u>,课程名,学分)

选修(<u>学号</u>,<u>课程号</u>,成绩)

通过选修关系中的外关键字"学号"和"课程号"与学生关系和课程关系联系起来成为一个整体。

例 9-5 图 9-38 所示的大学选课数据库 E-R 图,有四个实体,两个多对多的联系和两个一对多的联系,转化成数据库的逻辑结构时变成六个关系,分别是学生、课程、教师、系、选修和讲授,内容如下。

学生(<u>学号</u>,姓名,性别,年龄)

课程(<u>课程号</u>,课程名,学分,系名*)

教师(<u>教师名</u>,性别,职称,系名*)

系(<u>系名</u>,地址,电话)

选修(<u>学号</u>*,<u>课程号</u>*,成绩)

讲授(<u>课程号</u>*,<u>教师名</u>*,效果)

学生、课程、教师和系这四个关系均对应原来的实体集,但课程是由哪一个系开设的,即系与课程之间的一对多的联系应该表示在课程关系中,即加入系名作为课程关系的外关键字即可;同样地,系与教师之间的一对多的联系也是在教师关系中加入系名即可。选修和讲授联系是多对多的,转换为逻辑模式时成为一个新的关系,其关键字(主码)是与之相关的两个关系的关键字(主码)的组合,再加上联系本身的属性"成绩"或"效果"即可。

(4) 物理设计。数据库最终要存储在物理设备(外存)上,将逻辑设计中产生的逻辑模型结合指定的 RDBMS,设计出最适合应用环境的物理结构的过程,称为数据库物理结构设计。

数据库物理结构设计分为两个步骤,首先是确定数据库的物理结构,其次是对所设计的物理结构进行评价。

① 确定数据库的物理结构。

在设计数据库的物理结构前,设计人员必须要做好以下工作。

- 充分了解给定的 DBMS 的特点,如存储结构和存取方法、DBMS 所能提供的物理环境等。
- 充分了解应用环境,特别是应用的处理频率和响应时间要求。

- 熟悉外存设备的特性，如分块原则、块因子大小的规定、设备的 I/O 特性等。

上述任务完成后，设计人员就可以进行物理结构设计的工作了。该工作主要包括以下内容。

- 确定数据的存储结构：影响数据存储结构的因素主要包括存取时间、存储空间利用率和维护代价三个方面。设计时应根据实际情况对这三个方面综合考虑，如利用 DBMS 的聚簇和索引功能等，力争选择一个折中的方案。
- 设计合理的存储路径：主要指确定如何建立索引。如确定应该在哪些关系模式的哪些列上建立索引，建立哪种类型的索引，一个关系模式建立多少个索引更为合适等。
- 确定数据的存放位置：为了提高系统的存取效率，应将数据分为易变部分与稳定部分、经常存取部分和不常存取部分，确定哪些数据存放在高速存储器上，哪些存放在低速存储器上。
- 确定系统配置：设计人员和 DBA 在进行数据存储时要考虑物理优化的问题，这就需要重新设置系统配置的参数，如同时使用数据库的用户数，同时打开数据库对象数、缓冲区的大小及个数，时间片的大小、填充因子等。这些参数将直接影响存取时间和存储空间的分配。

② 评价数据库物理结构。

对数据库的物理结构进行评价主要涉及时间、空间效率、维护代价三个方面，设计人员必须定量估算各种方案在上述三方面的指标，分析其优缺点，并进行权衡、比较，选择出一个较合理的物理结构。

物理结构设计阶段实现的是数据库系统的内模式，它的质量直接决定了整个系统的性能。因此在确定数据库的存储结构和存取方法之前，对数据库系统所支持的事务要进行仔细分析，获得优化数据库物理设计的参数。

3. 实施和运行维护

在进行概念结构设计和物理结构设计之后，设计者对目标系统的结构、功能已经分析得较为清楚了，但这还只是停留在文档阶段。数据系统设计的根本目的，是为用户提供一个能够实际运行的系统，并保证该系统的稳定和高效。要做到这点，还有两项工作，就是数据库的实施、运行和维护。

（1）数据库的实施。数据库的实施主要是指根据逻辑结构设计和物理结构设计的结果，在计算机系统上建立实际的数据库结构，导入数据并进行程序的调试。它相当于软件工程中的代码编写和程序调试的阶段。

用具体的 DBMS 提供的数据定义语言（DDL），把数据库的逻辑结构设计和物理结构设计的结果转化为程序语句，然后经 DBMS 编译处理和运行后，实际的数据库便建立起来了。目前，很多 DBMS 系统除了提供传统的命令行方式外，还提供了数据库结构的图形化定义方式，极大地提高了工作的效率。

具体地说，建立数据库结构应包括数据库模式与子模式以及数据库空间的描述、数据完整性的描述、数据安全性描述、数据库物理存储参数的描述等几个方面。

此时的数据库系统就如同刚竣工的大楼，内部空空如也。要真正发挥它的作用，还要必须装入各种实际的数据。

（2）数据库的试运行。当有部分数据装入数据库以后，就可以进入数据库的试运行阶段,数据库的试运行也称为联合调试。数据库的试运行对于系统设计的性能检测和评价是十分重要的,因为某些 DBMS 参数的最佳值只有在试运行阶段才能确定。

由于在数据库设计阶段,设计者对数据库的评价多是在简化了的环境条件下进行的,因此设计结果未必是最佳的。在试运行阶段,除了对应用程序做进一步的测试之外,重点执行对数据库的各种操作,实际测量系统的各项性能,检测是否达到设计要求。如果在数据库试运行时,所产生的实际结果不理想,则应回过头来修改物理结构,甚至修改逻辑结构。

(3) 数据库的运行和维护。数据库系统投入正式运行,意味着数据库的设计与开发阶段的基本结束,运行与维护阶段的开始。数据库的运行和维护是个长期的工作,是数据库设计工作的延续和提高。

在数据库运行阶段,完成对数据库的日常维护,工作人员需要掌握 DBMS 的存储、控制和数据恢复等基本操作,而且要经常性地涉及物理数据库,甚至逻辑数据库的再设计,因此数据库的维护工作仍然需要具有丰富经验的专业技术人员(主要是数据库管理员)来完成。

数据库的运行和维护阶段的主要工作有对数据库性能的监测分析和改善、数据库的转储和恢复、维持数据库的安全性和完整性、数据库的重组和重构四个方面。

数据库的实施和维护阶段的主要任务就是在实际的计算机系统中建立数据库应用系统。它包括建立数据库模式(即逻辑结构模式和存储结构模式),通过装入数据建立真实的数据库,按照需求分析中规定的对数据的各种处理需求,结合特定的 DBMS 和开发环境编写出相应的应用程序和操作界面。总之,要在计算机上得到一个满足设计要求的、功能完善和操作方便的数据库应用系统。

在这一阶段,当装入少量实验数据和真实数据之后,就可以编写和调试程序,检查数据库模式的正确性、完整性和有效性,若发现问题则可修改数据库模式结构。

当将数据库应用系统提交给用户使用之后,要对用户在使用过程中的问题进行解决并维护系统的正常运行。

9.2.2 任务实施

按照步骤完成操作,并参照说明完善《数据库设计说明书》。

数据库设计说明书(一)
_____系统

文件状态	文件标识	
[√]草稿	当前版本	
[ ]正式发布	作者	
[ ]正在修改	文件状态	

版本历史

版本/状态	作者	参与者	起止日期	备注
1.0				

1. 引言

任务说明:自己选定一个应用领域(如统计局、疾控中心、气象局等企事业单位公布的数据),模拟任务9.1,设计一个数据库应用系统,并进行数据库设计。完成该部分内容填写。

(1) 编写目的

_____

(2) 背景

名 称	说 明
数据库名称	
数据库系统	
客户端连接工具	
项目任务提出者	
项目开发者	
使用用户	

(3) 术语说明和定义

E-R图:实体关系图

_____

(4) 参考资料

A. 《项目需求分析说明书》

B. 本项目相关的其他参考资料。

2. 外部设计

任务说明:外部设计是研究和考虑所要建立的数据库的信息环境,对数据库应用领域中各种信息要求和操作要求进行详细的分析,了解应用领域中数据项、数据项之间的关系和所有的数据操作的详细要求,了解哪些因素对响应时间、可用性和可靠性有较大的影响等各方面的因素。

(1) 标识符和状态

数据库表前缀:

用户名:

密码:

权限:

有效时间:

说明:系统正式发布后,可能更改数据库用户/密码,请在统一位置编写数据库连接字符串,在发行前请予以改正。

(2) 使用它的程序

本系统主要利用_____作为前端的应用开发工具,使用MySQL作为后台的数据库,Linux 或 Windows 均可作为系统平台。

(3) 约定
- 所有命名一定要具有描述性,杜绝一切拼音或拼音英文混杂的命名方式。
- 字符集采用 UTF-8,请注意字符的转换。
- 所有数据表第一个字段都是系统内部使用主键列,自增字段,不可空,名称为: id,确保不把此字段暴露给最终用户。
- 除特别说明外,所有日期格式都采用 int 格式,无时间值。
- 除特别说明外,所有字段默认都设置不允许为空,需要设置默认值。
- 所有普通索引的命名都是表名加设置索引的字段名组合,例如用户表 User 中 name 字段设置普通索引,则索引名称命名方式为 user_name。
- _____

(4) 支持软件

操作系统:Linux/Windows

数据库系统:MySQL

查询浏览工具:_____

命令行工具:mysql_____

注意:mysql 命令行环境下对中文支持不好,可能无法书写带有中文的 SQL 语句,录入中文时,务必确认编码方式为 UTF-8。

3. 概念结构设计

任务说明:概念数据库的设计是进行具体数据库设计的第一步,概念数据库设计的好坏直接影响逻辑数据库的设计,也影响整个数据库的好坏。《系统需求说明书》中已经列出系统的数据流程图和数据字典,现在就是要用一种模型将用户的数据要求明确地表示出来。概念数据库的设计应该极易于转换为逻辑数据库模式,又容易被用户所理解。概念数据库设计中最主要的就是采用实体-关系数据模型(E-R 图)来确定数据库的结构。数据是表达信息的一种重要的量化符号,是信息存在的一种重要形式。数据模型则是数据特征的一种抽象。它描述的是数据的共性,而不是描述个别的数据。

(1) 实体的定义

任务说明:一般来说,每个实体都相当于数据库中的一个表。如"用户"就是一个实体,属性则为表中的列,如对应于实体"用户"属性包含"用户名""用户 ID"等。本任务中每个实体都有自己的键。但是在实际领域中,经常存在一些实体,它们没有自己的键,这样的实体称为弱实体。弱实体中不同的记录可能完全相同,难以区别,这些值依赖于另一个实体(强实体)的意义,必须与强实体联合使用。

本项目数据库中,基本的实体列表如下:

管理员、用户

(2) 属性的定义

任务说明：在创建了实体之后，就可以标识各个实体的属性了。每个实体都有一组特征或性质，称为实体的属性。实体的属性值是数据库中存储的主要数据，一个属性实际上相当于表中的一个列。下面来看看"文章"(article)实体。这个实体具有哪些属性呢？对于一篇文章来说，都具有文章标题、文章简介、添加时间、文章来源、文章内容、关键字、访问次数、推荐状态、审核状态。

"文章"实体的属性如下：

- 文章标题(title)
- 文章编号(id)
- 添加时间(posttime)
- 作者(author)
- 文章内容(content)
- 关键字(keyword)
- 访问次数(views)
- 审核状态(audit)

其对应的 E-R 图如右侧图所示。

请列出其他的实体和属性。

实体"文章"的 E-R 图

(3) E-R 图的绘制

任务说明：先设计局部 E-R 图，也称用户视图。在设计初步 E-R 图时，要尽量能充分地把组织中各实体对信息的要求集中起来，而不需要考虑数据的冗余问题。局部概念模型设计是从用户的观点出发，设计符合用户需求的概念结构。局部概念模型设计的就是组织、分类收集到的数据项，确定哪些数据项作为实体，哪些数据项作为属性，哪些数据项是同一实体的属性等。确定实体与属性的原则。

- 能作为属性的尽量作为属性而不要划为实体。
- 作为属性的数据元素与所描述的实体之间的联系只能是 $1:n$ 的联系。
- 作为属性的数据项不能再用其他属性加以描述，也不能与其他实体或属性发生联系。

任务说明：设计全局 E-R 模式。综合各局部 E-R 图，形成总的 E-R 图，即用户视图的集成。所有局部 E-R 模式都设计好了后，接下来就是把它们综合成单一的全局概念结构。全局概念结构不仅要支持所有局部 E-R 模式，而且必须合理地表示一个完整、一致的数据库概念结构。

全局 E-R 模式的优化。在得到全局 E-R 模式后,为了提高数据库系统的效率,还应进一步依据处理需求对 E-R 模式进行优化。一个好的全局 E-R 模式,除能准确、全面地反映用户功能需求外,还应满足下列条件。

(1) 实体类型的个数要尽可能的少。
(2) 实体类型所含属性个数尽可能少。
(3) 实体类型间联系无冗余。

任务 9.3 关系规范化

9.3.1 相关知识点

1. 关系规范化基本思想

在设计关系数据库模式时,很容易出现的问题是冗余问题,即一个事实在多个元组中重复。造成这种冗余的最常见的原因是,企图把一个对象的单值和多值特性包含在一个关系中。

假如当在设计一个学生选课数据库时,将学生、课程和系等相关信息包括在一个关系中,见表9-5。

关系规范化 1

关系规范化 2

表 9-5 学生选课表

学 号	姓 名	性别	所在系	系主任	课 程	成 绩
060001001	张也平	男	计算机	周明	数据库技术	86
060001001	张也平	男	计算机	周明	高等数学	65
060001001	张也平	男	计算机	周明	大学英语	70
060001002	李洁	女	文法	黄小光	大学英语	90
060001002	李洁	女	文法	黄小光	法学概论	62
060001003	周明媚	女	计算机	周明	面向对象程序设计	50

这个学生选课关系尽管只有几条记录,但冗余现象却很明显。每个系的系主任名字会在表中出现很多次,每门课程的名字也会因为选修的人数而重复许多次,一个学生的基本信息(姓名、性别等)多次出现等。

就这样,当企图把太多的信息存放在一个关系时,就会出现数据冗余和一些其他问题,如修改异常、删除异常和插入异常。

所谓修改异常即当某个数据出现在关系中多次,修改了其中一些而没有修改某一个时,就会出现异常。例如,计算机系的系主任换人了,在关系中将学生"张也平"对应的系主任改名了,但另一个学生"周明媚"所对应的系主任却忘记修改,这样,同一个系的学生其系主任却不同,这就是修改异常所带来的问题。

删除异常即本意是想删除某个不想要的数据,但可能将另一个想保留的数据也一并删除了。例如,表 9-5 中课程"面向对象程序设计"不再开设,但因为课程和学生信息联系在一起,删除了课程信息也就可能将学生"周明媚"的信息也删除了,这就是删除异常。

插入异常即因为表中的关键字可能是复合关键字,在输入数据记录时必须给出完整的关键字信息,如果不能完整给出,则插入不成功即出现插入异常。例如,如表 9-5 所示的学生选课关系,一个新生刚入学还没有选修课程,由于该表中的关键字是"学号"与"课程"的组合,如果不给出课程名称那么学生的基本信息就无法输入,这是典型的插入异常。

出现这些问题的原因是什么呢?主要是将多种数据信息放在一个关系表中,另外这些信息之间的重要程度也不一样。接下来会先介绍数据依赖的概念,再将这个不好的关系进行规范化,将其转变成多个好的关系。

2. 数据依赖

一个关系中有多个属性,有些属性的值能决定另一些属性的值,有些却不能。例如关系的关键字(主码)在关系中起决定作用,它能决定其他属性的值,如学号→姓名、学号→性别、学号→所在系等。

关系的关键字函数决定该关系的所有其他属性。由于关键字能唯一确定表一个元组,所以,也可以说关系的关键字函数决定该关系的所有属性。一个关系中的所有属性都函数依赖于该关系的关键字。不同的属性在关系模式中所处的地位和扮演的角色是不同的。通常把关键字所在的属性称为主属性,而把关键字属性以外的属性称为非主属性。例如,表 9-5 的学生选课关系,其关键字为(学号,课程),那么"学号"和"课程"即关系中的主属性,而其他属性"姓名""性别""所在系""系主任"和"成绩"即关系的非主属性。

关系中不同的属性对关键字函数依赖的性质和程度是有差别的。有的属于直接依赖,有的属于间接依赖(通常称为传递依赖)。还有当关键字由多个属性组成时,有的属性函数依赖于整个关键字属性集,而有的属性只函数依赖于关键字属性集中的一部分属性。

(1) 完全依赖与部分依赖。对于函数依赖 W→A,如果存在 V⊂W(V 是 W 的真子集)而函数依赖 V→A 成立,则称 A 部分依赖于 W;若不存在这种 V,则称 A 完全依赖于 W。

当存在非主属性对关键字部分依赖时,就会产生数据冗余和更新异常。若非主属性对关键字完全函数依赖,则不会出现这样的问题。

例如,在之前的项目中学生选课关系中,(学号,课程)是关键字,它决定了其他非主属性的值,即有(学号,课程)→所在系,但实际上有学号→所在系,而(学号)⊂(学号,课程),所以"所在系"部分依赖于关键字(学号,课程)。但(学号,课程)→成绩,是完全依赖,因为学号决定不了成绩,又因为一个学生可以选修多门课,对应多个成绩,同样地,课程也决定不了成绩,因为一门课程可以被多个学生选修,也对应多个成绩,只有学号和课程两者的组合才能确定一个具体的成绩。

(2) 传递依赖。对于函数依赖 X→Y,如果 Y—/→X(X 不函数依赖于 Y)而函数依赖 Y→Z 成立,则称 Z 对 X 传递依赖。请注意,如果 X→Y,且 Y→X,则 X,Y 相互依赖,这时 Z 与 X 之间就不是传递依赖,而是直接依赖了。以前所讨论的函数依赖大多数是直接依赖。但见表 9-5,因为有学号→所在系(所在系不能决定学号),而所在系→系主任,所以系主任传递依赖于学号。

部分依赖和传递依赖有一个共同之处,这就是,二者都不是基本的函数依赖,而都是导出的函数依赖。部分依赖是以对关键字的某个真子集的依赖为基础;传递依赖的基础则是通过中间属性联系在一起的两个函数依赖。导出的函数依赖在描述属性之间的联系方面并没有比基本的函数依赖提供更多的信息,在一个函数依赖集中,导出的依赖相对于基本的依赖而言,虽然从形式上看多一种描述方式,但从本质上看,则完全是冗余的。

正是由于关系模式中存在对关键字的这种冗余的依赖导致数据库中的数据冗余和各种异常。解决的途径即消除关系模式中各属性对关键字的冗余的依赖。由于冗余的依赖有部分依赖与传递依赖之分,而属性又有主属性与非主属性之别,把解决的途径分为几个不同的级别,通常以属于第几范式来区别。

3. 关系范式

根据前面的说明,我们总结出关系的特点如下。

- 关系中的每一个属性值都必须是不能再分的元素。例如,学生的"姓名"不能再细分为"姓"和"名"两个属性值,必须把其作为一个整体来看待。
- 每一列中的数值是同类型的数据。例如,学生的年龄列为整数值,性别列从{"男","女"}中取值等。
- 不同的列应该给予不同的属性名。同一个关系中的两个列即使其取值范围相同也必须有不同的属性名,以便区分其不同意义。
- 同一关系中不允许有相同的元组。如果有相同的元组也只保留一个。
- 关系是行或列的集合,所以行、列的次序可以任意交换,不影响关系的实际意义。

范式就是符合某一种级别的关系模式的集合。目前主要有六种范式,即第一范式、第二范式、第三范式、BC 范式、第四范式和第五范式。第一范式满足的要求最低,在第一范式基础上满足进一步要求可以为第二范式、第三范式或 BC 范式。

通过分解把属于低级范式的关系模式转换为几个属于高级范式的关系模式的集合,这一过程称为规范化。

(1) 第一范式(1NF)。如果一个关系模式 R 的所有属性都是不可再分的基本数据项,则这个关系属于第一范式。在任何一个关系数据库系统中,第一范式是对关系模式的一个最起码的要求。不满足第一范式的数据库模式不能称为关系数据库,例如,如表 9-5 所示的关系满足第一范式的要求。

(2) 第二范式(2NF)。如果关系模式 R 属于第一范式,且每个非主属性都完全函数依赖于关键字,则 R 属于第二范式。第二范式就是不允许关系模式中的非主属性部分函数依赖于关键字。对于表 9-5 所示的关系就不满足第二范式的要求,因为存在非主属性"姓名""性别""所在系"等对关键字"(学号,课程)"的部分依赖。

(3) 第三范式(3NF)。如果关系模式 R 属于第一范式,且每个非主属性都不传递依赖于关键字,则 R 属于第三范式。这里应说明一点,即属于第三范式的关系模式必然属于第二范式。因为可以证明部分依赖蕴含着传递依赖。

根据前面的分析,对于表 9-5 所示的关系不满足第三范式的要求,因为存在非主属性"系主任"对关键字"(学号,课程)"的传递依赖,即(学号,课程)→所在系,所在系→系主任。

4. 关系的规范化过程

按照范式理论,在 1NF 的基础上,消除了非主属性对关键字的不完全函数依赖关系,即可得到第二范式(2NF),在 2NF 的基础上,消除了非主属性对关键字的传递函数依赖关系,即可得到第三范式(3NF)。

要将不符合第二、三范式的关系转换成第二、三范式,使用的方法是将关系分解,即将一个关系转换成两到多个关系,消除非主属性对关键字的部分和传递依赖。关系的分解包括两个方面,一方面是把属性分开,以构成两个或多个新的关系模式;另一方面是对元组进行投影而产生两个或多个新的关系中的元组。

例如,表 9-5 所示的学生选课关系只属于 1NF,即只满足第一范式要求的关系,下面将它进行分解,将完全依赖关键字(学号,课程)的成绩与关键字放在一个表中,而将部分依赖关键字中"学号"的属性放在一个关系中,分解成如下两个关系。

学生(学号,姓名,性别,所在系,系主任)

选课(学号,课程,成绩)

在分解后的"学生"关系中,关键字是"学号",它是单属性,不存在非主属性对它的部分依赖,所以满足第二范式的要求;同样地,在关系"选课"中,关键字是(学号,课程),唯一的非主属性"成绩"对关键字是完全依赖的,所以也满足第二范式的要求。

分解后的"选课"关系同样满足第三范式的要求,因为关系中不存在非主属性对关键字的传递依赖。但在关系"学生"中,因为存在非主属性"系主任"对关键字"学号"的传递依赖(学号→所在系,所在系→系主任),所以不满足第三范式的要求。

可以将原"学生"关系根据传递依赖的中间属性分解成如下两个关系。

学生(学号,姓名,性别,所在系)

系(所在系,系主任)

分解后的新的"学生"关系不再保留系主任的信息,系主任只与所在系相关,这就将要表达的数据理顺了关系,新分解得到的二个关系均满足第三范式的要求,即没有了传递依赖。

在具体的实际应用系统的数据库设计过程中,应该使设计的数据库中的关系满足第三范式,这样就能基本消除冗余和各种异常。

物理设计

9.3.2 项目实施

1. 逻辑结构设计

(1) 关系模式初步设计

任务说明:逻辑结构设计的任务是把概念设计阶段建立的基本 E-R 图,按照选定的内容管理系统软件支持的数据模型,转化成相应的逻辑设计模型。也就是可以将实体、实体间的关系等模型结构转变为关系模式,即生成数据库中的表,并确定表的列。

上面实体之间的关系的基础上,将实体、实体的属性和实体之间的联系转换为关系模式。这种转换的原则是:

- 一个实体转换为一个关系,实体的属性就是关系的属性,实体的码就是关系的码。

- 一个联系也转化为一个关系,联系的属性及联系所连接的实体的码都转化为关系的属性,但是关系的码会根据关系的类型变化。1∶1 联系,两端实体的码都成为关系的候选码;1∶n 联系,n 端实体的码成为关系的码;m∶n 联系,两端的实体码的组成为关系的码。

文章表:article(title,id,posttime,author,content,keyword,views,audit)

_____

(2) 消除冗余

任务说明:所谓冗余的数据是指可由基本数据导出的数据,冗余的联系是指可由其他联系导出的联系。冗余数据和冗余联系容易破坏数据库的完整性,给数据库的维护增加困难,应当予以消除。对任务 9.2 中逻辑结构设计所得的关系模式进行优化,使其符合第三范式的标准。

文章表:article(title,id,posttime,author,content,keyword,views,audit)

_____

2. 物理结构设计

任务说明:数据库设计的最后阶段是确定数据库在物理设备上的存储结构和存取方法,也就是设计数据库的物理数据模型,主要是设计表结构。一般地,实体对应于表,实体的属性对应于表的列,实体之间的关系成为表的约束。逻辑设计中的实体大部分可以转换成物理设计中的表,但是它们并不一定是一一对应的。

(1) 设计数据表结构

任务说明:在利用 MySQL 创建一个新的数据表以前,应当根据逻辑模型先分析和设计数据表,描述出数据库中基本表的设计。需要确定数据表名称,所包含字段名称,数据类型,宽度以及建立的主键、外键等描述表的属性的内容。

本项目全部_____个数据表结构设计如下表所示。

文章表 article

表名	article 用于记录所有系统发布的文章和内容,表引擎为 InnoDB 类型,字符集为 UTF-8			
列 名	数据类型	属 性	约束条件	说 明
id	INT(11)	无符号/非空/自动增长	主键	话题编号
authorid	INT(11)	非空/缺省 ''		用户 id
title	VARCHAR(200)	非空/缺省 0		话题标题
content	TEXT	非空/缺省 0		话题内容
views	INT(11)	非空/缺省 0		话题下评论数
keyword	VARCHAR(200)	非空/缺省 0		所属标签 id
posttime	BIGINT(20)	非空/缺省 0		发表时间
audit	CHAR(2)	非空/缺省 0		审核状态

补充说明

(2) 创建数据表

任务说明：通过数据表结构的详细设计，再结合 MySQL 的创建数据表的语法。

本项目的_____个数据表的完整建表 SQL 语句如下所示。

创建文章表 article 的语句如下所示。

```
CREATE TABLE 'article'(
  'id' int(11) NOT NULL auto_increment ,
  'authorid' int(11) NOT NULL DEFAULT '' ,
  'title' varchar(200) NOT NULL ,
  'content' TEXT NOT NULL ,
  'views' int(11) NOT NULL ,
  'keyword' varchar(200) NOT NULL ,
  'posttime' bigint(20) NOT NULL ,
  'audit' char(2) NOT NULL ,
  PRIMARY KEY('id')
)ENGINE= MyISAMDEFAULTCHARSET= utf8 COMMENT= '文章'AUTO_INCREMENT= 15;
```

(3) 数据表记录的输入

任务说明：在创建数据表的时候可以根据系统提示直接输入记录，但是也可以暂时不输入记录。没有记录的数据表叫作空表，可以随时向数据表中追加记录，也可以向已经存在的记录的数据表追加记录。

9.3.3 知识拓展：关系模型理论与关系代数

1. 关系模型理论

关系数据模型是以集合论中的关系概念为基础发展起来的。关系模型中无论是实体还是实体间的联系均由单一的结构类型——关系来表示。在实际的关系数据库中的关系也称为表。一个关系数据库就是由若干个表组成。

根据前面对数据模型的描述，关系数据模型应该由关系数据结构、关系操作集合、数据完整性约束三部分组成。

关系模型概述

（1）关系数据结构。数据模型中的数据结构描述数据的静态特性。关系模型的数据结构非常单一，在关系模型中，现实世界中的所有事物（实体）及其联系均用关系来表示。而这里所说的关系，就是平常我们常用的二维表格。表 9-6 即为教师关系，记录了教师的教工号、姓名、性别、年龄、职称等基本信息。

表 9-6 教师关系

教工号	姓 名	性别	年龄	职 称
1996000011	张伍合	男	39	讲师
2000000003	李映梅	女	35	讲师
2003000008	彭兰明	男	52	副教授
2004000001	赵巧巧	女	28	助教
1988000006	吴好	男	43	教授

（2）关系操作集合。关系操作集合中的关系操作一般包括查询和编辑两大类。查询操作有选择、投影、连接、并、交、差等，这些操作不会改变参加运算的原关系中的数据，只是在原关系中挑选满足要求的元组或属性组成新的结果关系。编辑类操作包括插入、删除和修改，这些操作会改变原关系中的数据。

由于关系可理解为若干元组（行）组成的集合，因此关系操作的特点是集合操作方式，即操作的对象和结果都是元组（行）的集合。

（3）数据完整性约束。关系的完整性约束包括实体完整性、参照完整性和用户定义的完整性三大类。其中实体完整性是保证关系中每个实体的唯一性必须要满足的约束，在具体的 DBMS 实现中表现为表中主键的设置。参照完整性是保证关系之间的联系正常有效而同样必须要满足的约束，在具体的 DBMS 中表现为外键的设置。用户定义的完整性是在实际的应用领域中需要遵循的约束条件，体现了具体应用的实际约束，如给定条件的检查约束等。

数据以"关系"的形式表示，也就是二维表的形式表示，其数据模型就是我们所说的关系模型。用关系模型表示的数据库是关系数据库，在关系数据库中所有数据及数据之间的联系均用"关系"来表达，并且对"关系"进行各种处理之后得到的还是"关系"。

关系和关系数据库中的名词术语及特点

① 属性和域：在现实世界中描述一个事物常常需要取其若干特征来表示，如一个学生的姓名、性别、年龄、身高、体重和籍贯等，如果用关系表示事物，我们将事物的这些特征称为属性。每个属性的取值范围所对应的一个值的集合称为该属性的域。

例如，课程关系中的课程号、课程名称、学分等是属性，而课程号的取值范围是三位的数字字符，即{001～999}，这个取值范围就是我们所说的域。

域是一组具有相同数据类型的值的集合。例如：人名的集合{张三,李四,王五}，性别的集合{男,女}，整数 1～100 的集合{1,2,…,99,100}，实数集合，1900 年以来的日期集合等都有是域。

② 笛卡尔乘积：假定一组域 $D_1, D_2, \cdots, D_n$，这些域中可以有相同的。则 $D_1, D_2, \cdots,$

D_n 的笛卡尔乘积为

$$D_1 \times D_2 \times \cdots \times D_n = \{(d_1, d_2, \cdots, d_n) \mid d_i \in D_i, i=1,2,\cdots,n\}$$

其中,每一个元素$(d_1,d_2,\cdots,d_n)$叫作一个 n 元组或简称为元组。元组中的每一个值 d_i 叫作元组的一个分量。

假设域 A 为学生姓名 $=\{$张明,李好$\}$,域 B 为学生年龄 $=\{18,19,20\}$,域 C 为学生性别 $=\{$男,女$\}$,则 A、B 与 C 的笛卡尔积为

$A \times B \times C = \{$(张明,18,男),(张明,18,女),
　　　　　(张明,19,男),(张明,19,女),
　　　　　(张明,20,男),(张明,20,女),
　　　　　(李好,18,男),(李好,18,女),
　　　　　(李好,19,男),(李好,19,女),
　　　　　(李好,20,男),(李好,20,女)$\}$

这 12 个元组构成的二维表见表 9-7。

表 9-7 A、B 与 C 的笛卡尔积

姓名	年龄	性别
张明	18	男
张明	18	女
张明	19	男
张明	19	女
张明	20	男
张明	20	女
李好	18	男
李好	18	女
李好	19	男
李好	19	女
李好	20	男
李好	20	女

其中,(张明,18,男)和(李好,20,女)等都是元组,张明、18 和男是元组"(张明,18,男)"的分量,李好、20 和女是元组"(李好,20,女)"的分量。

类似的例子有,如果 A 表示某学校学生的集合,B 表示该学校所有课程的集合,则 A 与 B 的笛卡尔积表示所有学生的所有可能的选课情况。

很显然,笛卡尔乘积概括了给定域的所有可能的组合情况,不一定有实际意义。有实际意义的内容往往是其中的部分分量组成,这就是所说的关系。

③ 关系:假定一组域 $D_1,D_2,\cdots,D_n$,这些域中可以有相同的。$D_1 \times D_2 \times \cdots \times D_n$ 的子集叫作在域 $D_1,D_2,\cdots,D_n$ 上的关系。表示为

$$R(D_1,D_2,\cdots,D_n)$$

这里，R 表示关系的名字；n 是关系的目或度，即表中列的数目。

关系中每个分量元素叫作关系中的元组（即表中的一行或记录）。

实际上，关系是笛卡尔积的有一定意义的、有限的子集，所以关系也是一个二维表，表中的每一行对应一个元组，表的每一列对应一个域。由于域可以相同，为了加以区分，必须对每列起一个唯一的名字，称为属性。n 目关系有 n 个属性，当 $n=1$ 时，称该关系为单元关系，当 $n=2$ 时，称该关系为二元关系。

例如，上面介绍的 $A \times B \times C$ 没有什么意义，而学生关系 1 则表示每个学生的姓名、年龄和性别等有意义的信息，见表 9-8，显然表 9-8 是表 9-7 的子集。

表 9-8 "学生"关系 1

姓名	年龄	性别
张明	19	男
李好	18	女

例如，对给定的三个域：D_1（年份集合＝1992,1993）；D_2（电影名集合＝星球大战,独立日）；D_3（电影长度集合＝100,120）。它们的笛卡尔积构成的集合，不是一个有意义的关系，因为，每个电影的长度是固定的，电影的出版年份也是固定的。而表 9-9 所示的电影关系是有意义的。

表 9-9 "电影"关系

年份	电影名	电影长度
1993	星球大战	120
1992	独立日	100

例如，表 9-10 是一个学生关系，记录了学生的学号、姓名、性别和年龄信息。表的每一列标题栏中的名字称为关系的属性，属性描述了该列数据的意义；表中除了标题行之外的每一行称为关系的元组或记录，它表示了具体的数据信息。其中有 4 个元组，记录了 4 个学生的学号、姓名、性别和年龄信息。

表 9-10 "学生"关系 2

学 号	姓 名	性别	年龄
20120003001	张小光	男	19
20120003002	刘和平	男	20
20120003003	陈一新	女	19
20120003004	蔡忠明	男	21

④ 关系模式：是对关系的描述，也是关系的型。关系的内容是关系的值，即一行行的数据记录（元组）。

我们知道，关系实质上是一张二维表，表中的每一行是一个元组，每一列为一个属性。一个元组就是该关系所涉及的属性集的笛卡尔积的一个元素。

关系与关系模式

关系是元组的集合,因此关系模式必须指出这个元组集合的结构,即它由哪些属性组成,这些属性来自哪些域,以及属性与域之间的关系。简化的情况下,通常将关系名称和关系的属性名称的集合称为该关系的模式,记为

关系名(属性名1,属性名2,…,属性名n)

所以表9-7所示学生关系对应的关系模式为

学生(学号,姓名,性别,年龄)

表9-11所示课程关系对应的关系模式为

课程(课程号,课程名,学分)

关系模式有时简称为模式,模式中的属性是一个集合而非有序列表,也就是说属性名的排列顺序不影响关系模式,但为了便于说明和讨论,我们一般会为这些属性根据其重要程度而规定一个"标准"顺序。

关系模式只是一个关系的框架,具有该框架结构的所有元组才是该关系的值,或者说是该关系的内容。关系的模式和关系的值共同确定了一个具体关系。在关系数据库系统中,一个关系可以只有模式而没有值,称为空关系,而绝对不可能没有模式只有值。关系模式一经定义,一般尽量不要修改,通常来说,模式是相对稳定的,而关系的值是具体的数据,它随时都可能被更新,即从关系中删除一个元组或修改一个元组中的某个分量等操作都改变了关系的值,使用权关系具有了新的当前值。

表9-11 "课程"关系

课程号	课 程 名	学分
001	大学英语	3
002	高等数学	4
003	程序设计语言	5
004	数据库技术	4

⑤ 关系数据库模式:在关系模型中,现实世界中的实体以及实体之间的联系都是用关系来表示的。例如学生实体,课程实体和成绩关系都分别用一个关系来表示。在一个给定的应用系统中,所有实体和实体之间的联系的关系的集合构成一个关系数据库。

一个关系数据库中往往包含多个关系,关系数据库中这些关系的集合称为"数据库模式",数据库设计的主要任务是确定其中需要多少个关系,每个关系有多少个属性,属性的名称和数据类型等内容,也就是设计好每个关系的模式。

如果学生成绩管理数据库包含三个关系,即学生、课程和成绩,其数据库关系模式如下:

学生(学号,姓名,性别,年龄)

课程(课程号,课程名,学分)

成绩(学号,课程号,成绩)

即学生、课程和成绩三个关系模式的集合就构成了学生成绩管理数据库的模式。

⑥ 关系的度或目:每个关系都要给定一外名称,称为关系的名字,一般用R表示关系的名称。给定关系中不同属性列的数目称为关系的目或度(度数),用n表示关系的度或目。例如,如表9-7所示的学生关系共有4个属性列,所以此关系的度n为4;如表9-11所示的

课程关系中,共有三个属性列,所以其度数 n 为 3。

⑦ 主键(Primary Key):关系中能唯一标识每个元组的最少属性或属性组称为主键(也称为关键字或主码)。例如"学生"关系中的属性"学号"就是主键,只要学号确定了,就能知道这个学号对应的姓名、性别和年龄等信息,但学生关系中的"性别"和"年龄"不能作为主键,因为即使年龄或性别确定了,还是不能确定学生的姓名和学号等信息,同性别或者同年龄的学生太多了。当然如果这个关系中没有同姓名的学生,则姓名也可以作为主键看待,这要根据具体的情况来决定。当一个关系有多个可选的主键(称为候选码)时,可由关系的设计者或使用者指定其中之一为主键。

在表 9-11 所示的"课程"关系中,"课程号"或"课程名"均可以作为关系的主键,但有可能不同的系别选择同样的课程名称,但课程内容有区别,所以一般使用"课程号"作为主键比较合适。而在表 9-12 所示的"成绩"关系中,单独的学号和课程号都不能作为主键,因为一个学号代表一个学生,每个学生可以选修多门课,从而对应每个学号会有多个记录,同样地,每个课程号对应一门课程,每门课程会有多个学生选修,也就会对应表中多条记录。只有学号和课程号的组合(学号,课程号)才能确定相应的成绩,所以(学号,课程号)为"成绩"关系的主键。主键可能是属性的组合,但必须是最少的。就是说少一个属性不能成为主键,但多一个就有了冗余。

表 9-12 "成绩"关系

学 号	课程号	成绩
20120003001	001	89
20120003001	003	70
20120003001	004	68
20120003002	002	90
20120003002	003	52
20120003003	001	72
20120003004	001	60
20120003004	002	80

⑧ 主属性:关系中包含在候选码中的属性称为主属性。需要注意的是,主键中的属性是主属性,如上面介绍的学生关系中的学号,课程关系中的课程号,成绩关系中的学号和课程号都是主属性。如果关系中有多个可选的主键,即候选码,即便这个候选码没有选择作为主键,那么这些候选码中包含的属性也是主属性。例如,如果学生关系中增加一个"身份证号码"属性,那么"身份证号码"也是学生关系中的候选码,即是主属性。

⑨ 外关键字(Foreign Key):又称为外键或外码。在一个关系数据库中包含有多个关系,如关系 R1、R2 等,如果某个关系 R1 中的某个属性在这个关系中不是主键,而这个属性在另一个关系 R2 中是主键,则该属性为 R1 的外码、外键或外关键字。

例 9-6 假设我们设计的数据库中包含以下三个关系。

学生(学号,姓名,性别,年龄)

课程(课程号,课程名,学分)

成绩(学号,课程号,成绩)

因"成绩"关系中的"学号"属性不是主码,但是这个属性在"学生"关系中是主码,所以"学号"是"成绩"关系中的外码;同样地,"成绩"关系中的"课程号"主码,而在"课程"关系中是主码,所以"课程号"也是"成绩"关系中的外码。这里需要注意的是,成绩关系中的主码是"学号"与"课程号"的组合,而不是其中的某一个属性。在这个例子中,通过成绩关系中的"学号"和"课程号"这两个外码将三个关系联系成一个整体。

例 9-7 学校教工和系部关系模式如下。

系部(<u>系部编号</u>,系部名称,系部主任,办公室,联系电话)

教工(<u>教工号</u>,姓名,性别,年龄,职称,系部编号)

在教工关系中,"系部编号"属性不是主码,但在系部关系中,"系部编号"是主码,因此,"系部编号"在教工关系中是外码。在这个例子中,通过"系部编号"属性将系部关系和教工关系联系起来了。

因此,在一个关系数据库中的若干关系往往是通过外码(外关键字、外键)而相互关联的。

外码(外关键字、外键)这个概念在关系数据库中相当重要,请同学们一定好好理解并掌握其中的含义。

2. 关系代数

从用户的角度来看,关系数据库中保存着他们需要的各种数据。那么保存数据的目的是什么呢?主要是为了今后查询和处理数据方便快捷,也可能是在分析问题或决策时供参考用。具体的关系数据库管理系统(DBMS)有针对数据库的数据查询、数据定义和数据控制等语句,这里首先了解关系的一些基本运算,它是所有数据查询语言的理论基础。

传统的集合运算-并交差

关系代数是过程化的查询语言,所谓过程化语言就是需要用户指导系统对数据库执行一系列操作从而计算得到所需要的结果。关系代数包括运算的集合,这些运算都是以一个或两个关系为输入,产生一个新的关系作为结果。

关系代数的运算分为两大类,一类是传统的集合运算(并、交、差),另一类是专门的关系运算(选择、投影、连接等)。

专门的关系运算连接

(1) 关系的集合运算。设 P1 和 P2 为参加运算的两个关系,如果它们具有相同的属性集,则可以定义并、交、差三种传统的集合运算。

① 并运算:P1∪P2,表示关系 P1 与关系 P2 的并,结果中的元组或者属于 P1 或者属于 P2。

② 差运算:P1−P2,表示关系 P1 与关系 P2 的差,结果中的元组属于 P1 但不属于 P2。

③ 交运算:P1∩P2,表示关系 P1 与关系 P2 的交,结果中的元组既属于 P1 又属于 P2。

例 9-8 关系"课程表 1"与关系"课程表 2"分别见表 9-13 和表 9-14。

表 9-13 "课程表 1"关系

课程号	课 程 名	学分
001	大学英语	3
002	高等数学	4
003	程序设计语言	5

表 9-14 "课程表 2"关系

课程号	课程名	学分
003	程序设计语言	5
004	数据库技术	4

那么"课程表 1"∪"课程表 2"应该见表 9-15。要注意的是,关系"课程表 1"与关系"课程表 2"中含有一个相同的元组(003,程序设计语言,5),在并运算的结果集中只能出现一次。正因为如此,"课程表 1"∩"课程表 2"的结果关系中只包含此一个元组,见表 9-16。

由于元组(003,程序设计语言,5)既出现在关系"课程表 1"中又出现在关系"课程表 2"中,所以"课程表 1"-"课程表 2"的结果应该只包含出现在关系"课程表 1"中不出现在关系"课程表 2"中的两个元组,结果见表 9-17。

表 9-15 "课程表 1"∪"课程表 2"结果关系

课程号	课程名	学分
001	大学英语	3
002	高等数学	4
003	程序设计语言	5
004	数据库技术	4

表 9-16 "课程表 1"∩"课程表 2"结果关系

课程号	课程名	学分
003	程序设计语言	5

表 9-17 "课程表 1"-"课程表 2"结果关系

课程号	课程名	学分
001	大学英语	3
002	高等数学	4

值得特别说明的是,对于关系的集合运算,参加运算的两个关系的模式必须相同,否则运算无法进行。

(2) 专门的关系运算。专门的关系运算主要有三类,即选择、投影和连接,其中连接运算又分为笛卡尔乘积、等值连接和自然连接三类,我们重点要灵活掌握自然连接的运算。

① 选择:选择是从给定关系中找出满足一定条件的元组的运算,其运算符号记为 σ。在做选择运算时需要说明是从哪个关系(二维表)中进行选择,即需要给出关系名。另外,在做选择运算时还需要说明选择的条件,一般用"年龄>19"或"成绩<60"等形式来表示。这种条件形式在比较符号(主要有>、>=、<、<=、=、<>等)前面的一般是关系中表示某个意义的属性列名,而在比较符号后面为给定的

专门的关系运算选择和投影

条件值。

当条件较复杂,使用单个比较运算不能表示条件时,可能需要使用逻辑运算符 AND、OR、NOT 将多个单一条件进行连接。其中 AND 表示逻辑与运算,要求与运算符前后的条件都为真时结果才为真,其他情况结果为假,即要求运算符两边的条件均为真时才满足条件。OR 表示逻辑或运算,要求或运算符前后的条件都为假时结果才为假,其他情况结果为真,即只需要满足其中一个条件即可。NOT 为逻辑非运算,即原条件为真时结果为假,原条件为假时结果为真。

关系代数中选择运算的基本书写形式为

$$\sigma_{条件}(关系名)$$

在关系运算式中,条件写在关系运算符的右下角,关系名需要用圆括号括起来。

选择运算的结果仍然是一个关系,这个结果关系的属性集与原来关系的属性集相同,但元组一般会减少一些,选择运算是从关系的行(元组)的角度进行的选择,如图 9-41 所示。

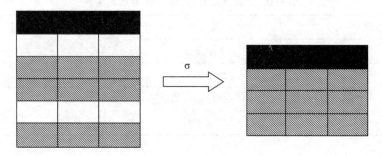

图 9-41 "选择"运算图示

例 9-9 "学生"关系见表 9-7,那么要查找年龄在 20 岁以下的学生信息,其关系运算式为

$$\sigma_{年龄<20}(学生)$$

得到的结果关系见表 9-18。

表 9-18 年龄在 20 岁以下的学生关系

学 号	姓 名	性别	年龄
20120003001	张小光	男	19
20120003003	陈一新	女	19

如果要求在"学生"关系中查找年龄在 20 岁以下的女学生信息,则条件有两个,一个是"年龄<20",另一个是"性别='女'",要求同时满足条件时使用逻辑运算与运算符(AND)进行连接。其关系代数运算式为

$$\sigma_{年龄<20 \text{ AND } 性别='女'}(学生)$$

得到的结果关系见表 9-19。

表 9-19 年龄在 20 岁以下的女学生关系

学 号	姓 名	性别	年龄
20120003003	陈一新	女	19

需要注意的是,在这个关系运算式中,条件"性别='女'"中的女是一个字符值,在关系代数中需要用单引号进行分隔。

② 投影:投影是从给定的关系中选取若干属性的运算,其运算符号记为 π。做投影运算时需要说明是从哪个关系(二维表)中进行投影,即给出关系名;另外投影时还需要说明要投影的列(属性)名,如果投影到多个属性列时属性列之间需要使用逗号分隔。

投影运算的一般表示方式如下:

$$\pi_{列名集}(关系名)$$

投影操作主要是从列的角度进行的运算,如图 9-42 所示。但需要注意的是,投影运算之后不仅取消了原来关系中的某些列,而且可能取消某些元组(重复行)。

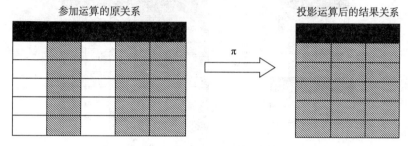

图 9-42 "投影"运算图示

例 9-10 "学生"关系见表 9-7,那么要查找所有学生的姓名和年龄信息,也就是说不需要学生关系中的学号和性别信息,其关系运算式为

$$\pi_{姓名,年龄}(学生)$$

得到的结果关系见表 9-20。

表 9-20 学生关系中的姓名和年龄信息表

姓 名	年龄
张小光	19
刘和平	20
陈一新	19
蔡忠明	21

③ 笛卡尔积:选择和投影运算是一元运算,而笛卡尔积是一种二元运算,它把两个关系的元组以所有可能的方式组合起来,其运算符号为×。两个关系 A 和 B 的笛卡尔积记作为 $A \times B$,其结果为一个新的关系,其属性集是 A 的所有属性与和 B 的所有属性集的合并,如果关系 A 和关系 B 有同名的属性 t,则关系名与属性名中间加一个句点符号(.)来区分,如 A.t 和 B.t 用来区分是来自 A 的属性 t 还是来自 B 的属性 t,所以 $A \times B$ 的属性列数是 A 的属性数加上 B 的属性数。$A \times B$ 的元组是 A 的一个元组和 B 的一个元组串联而成的长元组,因此 $A \times B$ 拥有的元组数是 A 的元组数与 B 的元组数的乘积。

笛卡尔积的运算结果仍然是一个关系,这个关系的属性集来自参加运算的两个关系,元组也是两个关系中元组的组合。它是同时从行和列的角度进行的运算,如图 9-43 所示。

例 9-11 关系 A 和 B 分别见表 9-21 和表 9-22。

表 9-21 关系 A

r	s	t
1	4	3
2	5	4
3	6	5

表 9-22 关系 B

t	x	y
4	5	5
5	6	4
3	7	3

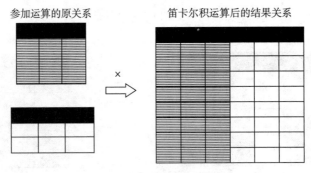

图 9-43 笛卡尔积运算图示

那么在 $A \times B$ 的结果关系中,关系模式应该有六个属性,分别是 r、s、$A.t$、$B.t$、x、y,其元组数为 9,其结果关系见表 9-23。

表 9-23 关系 $A \times B$

r	s	$A.t$	$B.t$	x	y
1	4	3	4	5	5
1	4	3	5	6	4
1	4	3	3	7	3
2	5	4	4	5	5
2	5	4	5	6	4
2	5	4	3	7	3
3	6	5	4	5	5
3	6	5	5	6	4
3	6	5	3	7	3

④ 自然连接:两个关系 A 和 B 的自然连接记为 $A \bowtie B$,得到的结果是一个新的关系,其结果关系中的属性列是关系 A 和 B 的属性的并集(A 和 B 中相同的属性只保留一个)。其元组是这样生成的,假设 A 和 B 有相同的属性列 $r_1, r_2, \cdots, r_n$,那么 A 中的一个元组和 B 中某个元组如果在这些相同属性上取值相同,则组合成一个 $A \bowtie B$ 的一个元组。

例如,关系 A 和 B 见表 9-21 和表 9-22,关系 A 和 B 中各有 3 个属性,相同的属性是 t,所以两者自然连接的结果关系中共有 5 个属性(只取一个 t),A 中第一个元组中的 t 值为

3,只和 B 中第 3 个元组中的 t 值相同,所以两者组合成结果关系中的第一个元组,同样地,A 中的第二个元组和 B 中的第一个元组组合成结果关系中的第二个元组,A 中的第三个元组和 B 中的第二个元组组合成结果关系中的第三个元组。所以 $A \bowtie B$ 的结果关系见表 9-24。

表 9-24　关系 $A \bowtie B$

r	s	t	x	y
1	4	3	7	3
2	5	4	5	5
3	6	5	6	4

例 9-12　对于前面表 9-7 的"学生"关系、表 9-12 的"成绩"关系,这两个关系进行自然连接后的结果见表 9-25。

表 9-25　学生 $\bowtie$ 成绩

学　号	姓　名	性别	年龄	课程号	成绩
20120003001	张小光	男	19	001	89
20120003001	张小光	男	19	003	70
20120003001	张小光	男	19	004	68
20120003002	刘和平	男	20	002	90
20120003002	刘和平	男	20	003	52
20120003003	陈一新	女	19	001	72
20120003004	蔡忠明	男	21	001	60
20120003004	蔡忠明	男	21	002	80

请同学们自己对"课程"关系和"成绩"关系进行自然连接,将其结果以列表显示。另外,表 9-25 所示"学生"关系与"成绩"关系的自然连接结果与"课程"关系进行自然连接,其结果见表 9-26。

表 9-26　学生 $\bowtie$ 成绩 $\bowtie$ 课程

学　号	姓　名	性别	年龄	课程号	成绩	课程名	学分
20120003001	张小光	男	19	001	89	大学英语	3
20120003001	张小光	男	19	003	70	程序设计语言	5
20120003001	张小光	男	19	004	68	数据库技术	4
20120003002	刘和平	男	20	002	90	高等数学	4
20120003002	刘和平	男	20	003	52	程序设计语言	5
20120003003	陈一新	女	19	001	72	大学英语	3
20120003004	蔡忠明	男	21	001	60	大学英语	3
20120003004	蔡忠明	男	21	002	80	高等数学	4

在连接运算中,自然连接是一种特殊且有用的连接,它是把两个关系按属性名相同进行等值连接,对于每对相同的属性只保留一个在结果中。由于结果关系中不存在同名属性,所以每个属性名之前就不需要加上关系名和小数点进行限定。

⑤ 综合运算。如果将上面所学的几种关系代数运算综合起来使用,就能完成一些复杂的查询。必要的时候需要使用圆括号来改变运算的先后顺序。

关系运算综合

例 9-13 一个学生成绩数据库中包括三个关系,分别见表 9-10、表 9-11 和表 9-12。现要求查询学生张小光所选修的所有课程名及其成绩,其关系代数式为

$$\pi_{课程名,成绩}(\sigma_{姓名='张小光'}(学生)\bowtie 成绩 \bowtie 课程)$$

例 9-14 学生成绩数据库中包括三个关系,分别见表 9-10、表 9-11 和表 9-12。现要求查询所有选修了课程"数据库技术"的学生姓名及其成绩,其关系代数式为

$$\pi_{姓名,成绩}(\sigma_{课程名='数据库技术'}(课程)\bowtie 成绩 \bowtie 学生)$$

这两个查询的关系代数式有些类似,但又不完全相同。那么对于涉及多个关系的复杂查询,写好其关系代数式要注意一些什么呢?主要有以下几点。

- 首先要弄清楚这个查询将会涉及哪些关系?这些关系如何连接?对于不需要的关系就不要出现在关系代数式中。例 9-13 中,因为查询涉及学生的姓名信息就与"学生"关系有关,同时涉及选修的课程成绩就与"成绩"关系相关,而课程名又与"课程"关系有关,所以这个查询涉及三个关系,通过"成绩"关系中的"学号"和"课程号"与"学生"关系及"课程"关系进行自然连接。

- 找出查询的条件,写出条件表达式,再分析此条件是对哪个关系进行的运算。在例 9-13 中,给出的条件是学生的姓名"王小光",其他学生的信息不需要考虑,所以应该首先进行的运算是对"学生"关系进行选择姓名"王小光"的运算。在例 9-14 中,条件是选修了课程"数据库技术",所以应该首先对"课程"关系进行选择,即从课程关系中选择课程名称为"数据库技术"的课程,然后进行连接运算。

- 找出要求查询的结果字段,写成投影运算。在例 9-13 中,要求查询的结果是课程名和成绩,这也是投影要得到的结果。在例 9-14 中,要求查询的结果是学生的姓名和成绩,所以投影运算对象的属性名称就是姓名和成绩。

- 一般来说,对于一个较复杂的关系运算式,应该先做选择运算,然后进行关系之间的自然连接,最后进行投影运算。

项目 10

信创数据库入门

◇ **项目提出**

2014 年,习近平总书记主持召开中央网络安全和信息化领导小组第一次会议,亲自担任中央网络安全和信息化领导小组组长。习近平总书记强调,网络安全和信息化是事关国家安全和国家发展、事关广大人民群众工作生活的重大战略问题,要从国际国内大势出发,总体布局,统筹各方,创新发展,努力把我国建设成为网络强国。建设网络强国的战略部署要与"两个一百年"奋斗目标同步推进,向着网络基础设施基本普及、自主创新能力显著增强、信息经济全面发展、网络安全保障有力的目标不断前进。

棱镜门事件的披露震动了世界,网络安全问题引起了全世界的高度关注。对于我国信息系统的安全,各界专家不约而同地给出了同样的答案:必须实现国产软硬件产品的自主可控,只有拥有自主的技术,自主开发的软硬件产品才能最大限度地保护信息与信息系统的安全。

目前我国数据库产业已在市场局部开始取得突破,并迎来了数据库国产化演进的发展拐点,并逐步向着数据库核心应用领域渗透。

◇ **项目分析**

目前国产数据库应用的还比较少,我们必须了解国产数据库有哪些,主要的国产数据库的应用优势。

任务 10.1 达梦数据库的安装与配置

10.1.1 相关知识

1. 国家信创产业发展政策和状况

信创产业作为战略性新兴产业,国家不断出台相关政策对行业的发展进行支持。政策扶持对于信创产业发展推进的意义重大,我国信创产业竞争力不断增强,国产化进程稳步推进。2019 年工信部在《关于促进网络安全产业发展的指导意见(征求意见稿)》中提出要突破网络安全关键技术,积极创新网络安全服务模式,打造网络安全产业生态、全技术应用。

信创产业和达梦数据库介绍

2020 年作为信创发展元年,国家一连颁布五项政策对信创产业发展规划出台相关规定,中共中央、国务院《关于新时代加快完善社会主义市场经济体制的意见》提出"加强国家创新体系建设,编制新一轮国家中长期科技发展规划,强化国家战略科技力量";公安部等部门在《网络安全审查办法》中提出"关键信息基础设施运营者采购网络产品和服务,影响或可能影响国家安全的,应当按照办法进行网络安全审查,将于2020年6月1日起实施";国务院在《关于新时期促进集成电路产业和软件产业高质量发展若干政策的通知》中提出"为进一步优化集成电路产业和软件产业发展环境,深化产业国际合作,提升产业创新能力和发展质量,加速国内科技产业建设,推动国产替代进程"。

2022年开始政策重点提及"数字经济""数字政府"和国家信息化。2022年1月国家发改委在《"十四五"推进国家政务信息化规划》中指出,"要加快推动数字产业化,增强关键技术创新能力,提升核心产业竞争力。提升核心产业竞争力方面,要着力提升基础软硬件、核心电子元器件、关键基础材料和生产装备的供给水平,强化关键产品自给保障能力"。国务院在《"十四五"数字经济发国务院展规划》和《"十四五"国家信息化规划》分别提到"要加快推动数字产业化,增强关键技术创新能力,提升核心产业竞争力。提升核心产业竞争力方面,要着力提升基础软硬件、核心电子元器件、关键基础材料和生产装备的供给水平,强化关键产品自给保障能力",以及"以开源生态构建为重点,打造高水平产业生态;以软件价值提升为抓手,推动数字产业能级跃升;以科技创新为核心,推动网信企业发展壮大"。工信部在《关于开展"携手行动"促进大中小企业融通创新(2022—2025年)》中提到"发挥大企业数字化牵引作用。提升中小企业数字化水平。增强工业互联网支撑作用。以金融为纽带,优化大中小企业资金链;以平台载体为支撑,拓展大中小企业服务链等"。同年6月,国务院在《关于加强数字政府建设的指导意见》指出,"提高自主可控水平。加强自主创新,加快数字政府建设领域关键核心技术攻关,强化安全可靠技术和产品应用,切实提高自主可控水平"。

《"十四五"国家信息化规划》中做出了指标要求,总体发展水平要求数字中国发展指数从2020年的85提升到2025年的95;数字设施、创新能力、产业转型中跟信创产业相关的指标有每万人口新一代信息技术产业发明专利拥有量、IT项目投资占全社会固定资产投资总额的比例、计算机、通信和其他电子设备制造业研发经费投入强度、信息消费规模等。

在地方产业政策的推动下,各地的集成电路、云计算、应用软件、信息安全等领域有望大面积使用国产品牌。国产品牌技术的升级也有利于促进我国信创产业的健康持续发展。天津、山东、南京、上海、广西要求"十四五"期间积极打造信创产品、信创软件产业生态等目标。湖北制定了推动信创产业园区的扩容提质;广州要求软件信息技术服务业收入达8000亿元;浙江要求信息技术创新产业规模达300亿元;重庆力争2025年高技术服务业收入达300亿元;而宁夏、云南等地制定了2025年数据中心利用率或机架数的指标。

2. 达梦数据库介绍

(1) 简介。达梦数据库管理系统是达梦公司推出的具有完全自主知识产权的高性能数据库管理系统。达梦数据库管理系统的最新版本是8.0版本,即DM8。

(2) 优点。达梦数据库有以下优点。

① 信创性好:对国产服务器和操作系统的兼容性好,达梦针对国产CPU、国产服务器、国产操作系统做了专门的适配,达梦数据库对中文的支持也非常好。

② 运维成本低:达梦数据库安装相对简单,针对国人习惯进行了优化,学习成本和运维工作量较低。

③ 操作简单:GUI界面做得非常简洁,大部分工作都可以通过鼠标在图形化界面上完成,同时还能生成命令预览。

④ 强大的数据迁移工具：达梦还提供了几乎所有数据库的迁移工具。

⑤ 跨平台：DM8 实现了平台无关性，支持 Windows 系列、Linux（2.4 及 2.4 以上内核）、UNIX、Kylin、AIX、Solaris 等主流操作系统。

（3）适用场景。达梦数据库在公安、政务、信用、司法、审计、住建、国土、应急等领域应用非常广泛。

10.1.2 任务实施

DM8 在各个操作系统下的数据库服务器版本具有相同的内核，本任务介绍 DM8 在 Windows 操作系统下的安装和配置（注：根据版本的用途，安装 DM8 程序后，默认装有一个许可证（License）。如果用户想拥有更多授权的许可证，请向达梦公司申请或购买）。

达梦数据库
安装与配置

1. DM8 的安装

（1）运行安装程序。用户将 DM 安装光盘放入光驱中，插入光盘后安装程序自动运行或直接双击 setup.exe 安装程序后，程序将检测当前计算机系统是否已经安装其他版本 DM。如果存在其他版本 DM，将弹出提示对话框，如图 10-1 所示。

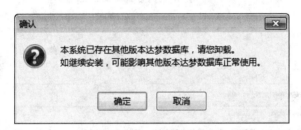

图 10-1 版本监测对话框

单击"确定"按钮继续安装，将弹出语言与时区选择对话框。单击"取消"按钮则退出安装。

（2）语言与时区选择。请根据系统配置选择相应语言与时区，单击"确定"按钮继续安装，如图 10-2 所示。

图 10-2 语言与时区设定窗口

（3）欢迎页面。单击"开始"按钮继续安装，如图 10-3 所示。

（4）许可证协议。在安装和使用 DM 之前，该安装程序需要用户阅读许可协议条款，用户如接受该协议，则选中"接受"单击按钮，并单击"下一步"按钮继续安装；用户若选中"不接受"单击按钮，将无法进行安装，如图 10-4 所示。

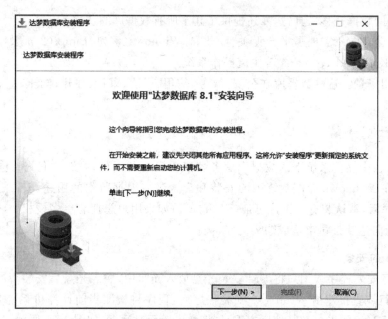

图 10-3 安装向导提示对话框

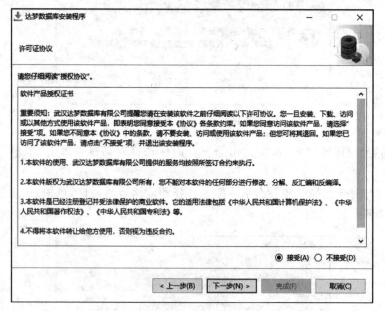

图 10-4 "许可证协议"对话框

（5）查看版本信息。用户可以查看 DM 服务器、客户端等各组件相应的版本信息，如图 10-5 所示。

（6）验证 Key 文件。单击"浏览"按钮，选择 Key 文件，安装程序将自动验证 Key 文件信息。如果是合法的 Key 文件且在有效期内，用户可以单击"下一步"按钮继续安装，如图 10-6 所示。

（7）选择安装组件。DM 安装程序提供四种安装方式，即典型安装、服务器安装、客户端安装和自定义安装，用户可根据实际情况灵活地选择，如图 10-7 所示。

图 10-5 "版本信息"对话框

图 10-6 "Key 文件"窗口

下面是四种安装方式所安装的内容。
① 典型安装:服务器、客户端、驱动、用户手册、数据库服务。
② 服务器安装:服务器、驱动、用户手册、数据库服务。
③ 客户端安装:客户端、驱动、用户手册。
④ 自定义安装:用户根据需求选择组件,可以是服务器、客户端、驱动、用户手册、数据库服务中的任意组合。

选择需要安装的 DM 组件,并单击"下一步"按钮继续。

图 10-7 "选择组件"窗口

一般地,作为服务器端的机器只需选择"服务器安装"选项,特殊情况下,服务器端的机器也可以作为客户机使用,这时,机器必须安装相应的客户端软件。

(8) 选择安装目录。DM 默认安装在%HOMEDRIVE%\dmdbms 目录下,用户可以通过单击"浏览"按钮自定义安装目录,如图 10-8 所示。如果用户所指定的目录已经存在,则弹出如图 10-9 所示警告消息框提示用户该路径已经存在。若确定在指定路径下安装请单击"确定"按钮,则该路径下已经存在的 DM 某些组件,将会被覆盖;否则单击"取消"按钮返回,重新选择安装目录。

图 10-8 "选择安装位置"窗口

注意：安装路径里的目录名由英文字母、数字和下划线等组成，不建议使用包含空格和中文字符的路径等。

（9）安装前小结。显示用户即将进行的安装的有关信息，例如产品名称、版本信息、安装类型、安装目录、可用空间、可用内存等信息，用户检查无误后单击"安装"按钮进行 DM 的安装，如图 10-10 所示。

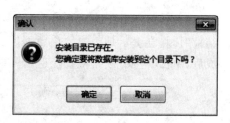

图 10-9 安装目录"确认"对话框

（10）安装过程。安装过程如图 10-11 所示。

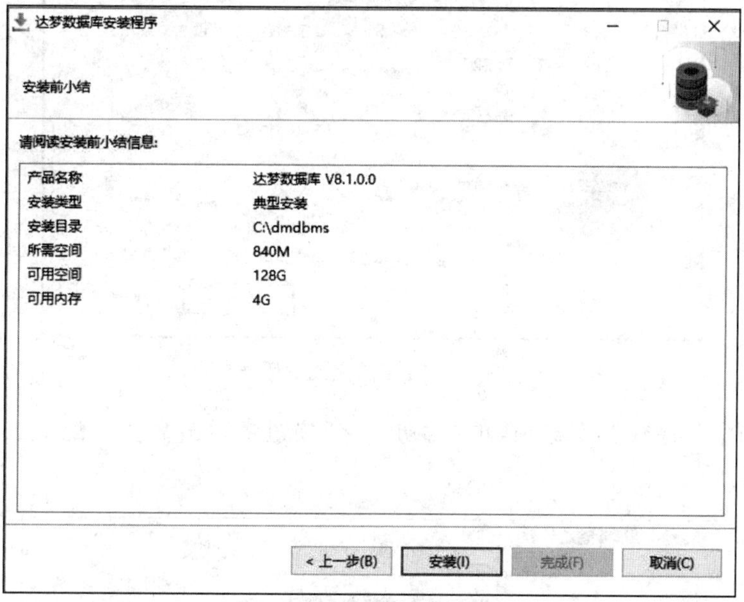

图 10-10 "安装前小结"对话框

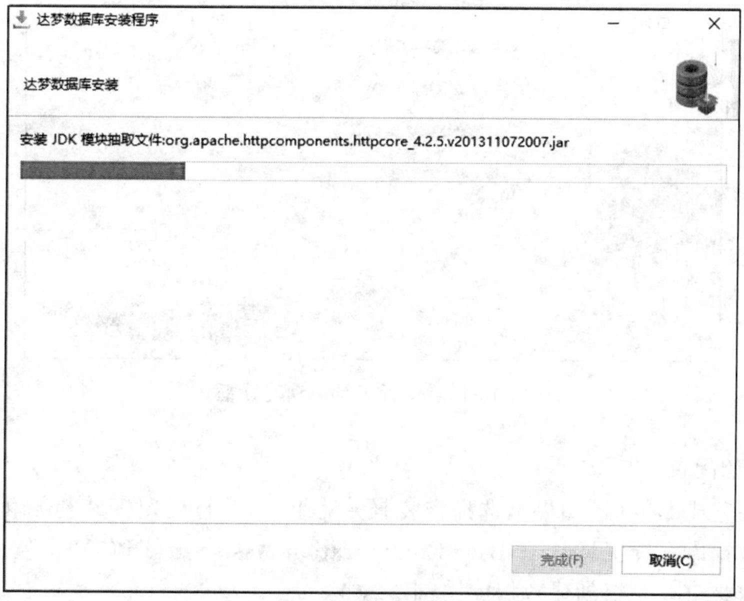

图 10-11 安装进度对话框

(11)初始化数据库。如用户在选择安装组件时选中服务器组件,数据库自身安装过程结束时,将会提示是否初始化数据库,如图 10-12 所示。若用户未安装服务器组件,安装完成后,单击"完成"按钮将直接退出。单击"取消"取消将完成安装,关闭对话框。

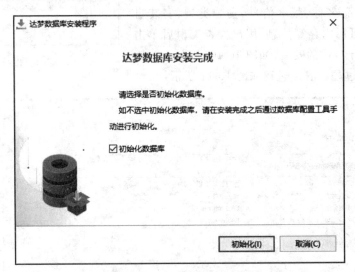

图 10-12　安装完成对话框

若用户选中创建数据库选项,单击"初始化"按钮将弹出数据库配置工具对话框,如图 10-13 所示。

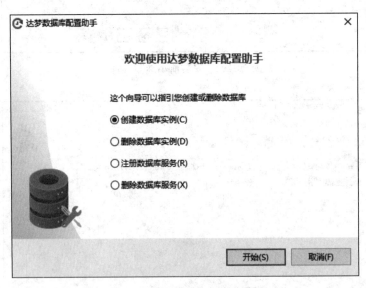

图 10-13　配置工具启动对话框

2. DM8 的配置

用户安装完成 DM 时,如果已选择安装服务器组件,并且确定安装初始化数据库,安装程序将调用数据库配置工具(DataBase Configuration Assistant,DBCA)来实现数据库初始化。以下内容将重点介绍创建数据库实例步骤。

(1) 选择操作方式。用户可选择创建数据库实例、删除数据库实例、注册数据库服务和删除数据库服务四种操作方式,本章只详细介绍创建数据库实例的使用步骤,删除数据库实例、注册数据库服务和删除数据库服务的详细操作,请参见达梦数据库联机帮助或达梦系统管理员手册,如图10-13所示。

选择创建数据库实例,单击"开始"按钮进入下一步骤。

(2) 创建数据库模板。系统提供三套数据库模板供用户选择,即一般用途、联机分析处理和联机事务处理,用户可根据自身的用途选择相应的模板,如图10-14所示。

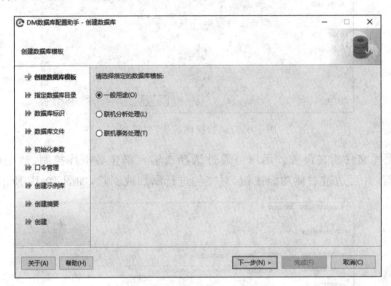

图10-14 "创建数据库模板"对话框

(3) 选择数据库目录。用户可通过浏览或是输入的方式选择数据库所在目录,如图10-15所示。

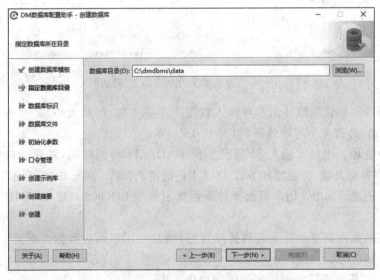

图10-15 "指定数据库所在目录"对话框

(4) 输入数据库标识。用户可输入数据库名称、实例名、端口号等参数,如图 10-16 所示。

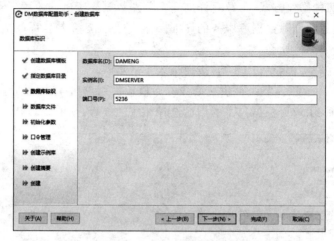

图 10-16 "数据库标识"对话框

(5) 数据库文件所在位置。用户可通过选择或输入确定数据库控制、数据库日志等文件的所在位置,并可通过右侧功能按钮,对文件进行添加或删除,如图 10-17 所示。

图 10-17 "数据库文件所在位置"对话框

(6) 数据库初始化参数。用户可输入数据库相关参数,如簇大小、页大小、日志文件大小、选择字符集、是否大小写敏感等,如图 10-18 所示。

(7) 口令管理。用户可输入 SYSDBA、SYSAUDITOR 的密码,对默认口令进行更改,如果安装版本为安全版,将会增加 SYSSSO 用户的密码修改,如图 10-19 所示。

(8) 选择创建示例库。用户可选择是否创建示例库 BOOKSHOP 或 DMHR,如图 10-20 所示。

(9) 创建数据库摘要。在安装数据库之前,将显示用户通过数据库配置工具设置的相关参数,如图 10-21 所示。

单击"完成"按钮进行数据库实例的初始化工作。

(10) 安装初始化数据库。如图 10-22 所示。

项目 10　信创数据库入门

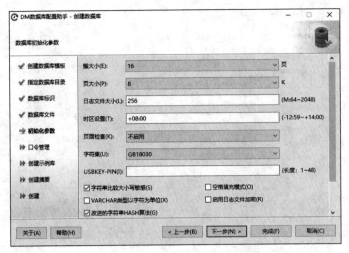

图 10-18　"数据库初始化参数"对话框

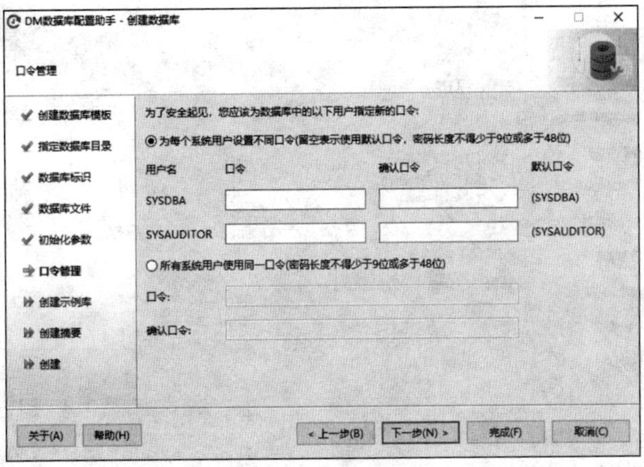

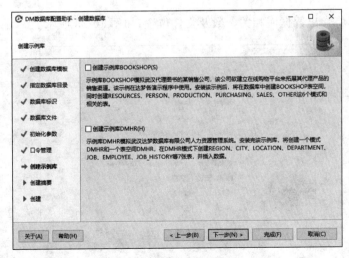

图 10-19　"口令管理"对话框

图 10-20　"创建示例库"对话框

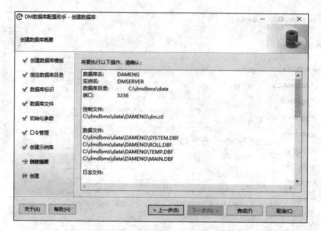

图 10-21 "创建数据库概要"对话框

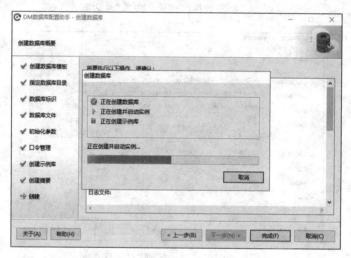

图 10-22 "创建数据库"对话框

安装完成后将弹出数据库相关参数及文件位置,如图 10-23 所示。

图 10-23 "创建数据库完成"对话框

单击"完成"按钮,安装初始化数据库完成。

任务 10.2　达梦数据库的启动和连接

10.2.1　相关知识

1. DM8 的状态

DM 数据库包含以下几种状态。

- 配置状态(MOUNT):不允许访问数据库对象,只能进行控制文件维护、归档配置、数据库模式修改等操作。
- 打开状态(OPEN):不能进行控制文件维护、归档配置等操作,可以访问数据库对象,对外提供正常的数据库服务。
- 挂起状态(SUSPEND):与 OPEN 状态的唯一区别就是限制磁盘写入功能;一旦修改了数据页,触发 REDO 日志、数据页刷盘,当前用户将被挂起。

达梦数据库的模式与状态

OPEN 状态与 MOUNT 和 SUSPEND 状态之间能相互转换,但是 MOUNT 和 SUSPEND 两个状态之间不能相互转换。

2. DM8 的模式

DM 数据库主要包含以下几种模式。

- 普通模式(NORMAL):用户可以正常访问数据库,操作没有限制。
- 主库模式(PRIMARY):用户可以正常访问数据库,所有对数据库对象的修改强制生成 REDO 日志,在归档有效时,发送 REDO 日志到备库。
- 备库模式(STANDBY):接收主库发送过来的 REDO 日志并重做。数据对用户只读。

三种模式只能在 MOUNT 状态下设置,模式之间可以相互转换。

对于新初始化的库,首次启动不允许使用 MOUNT 方式,需要先正常启动并正常退出,然后才允许 MOUNT 方式启动。

一般情况下,数据库为 NORMAL 模式,如果不指定 MOUNT 状态启动,则自动启动到 OPEN 状态。

在需要对数据库配置时(如配置数据守护、数据复制),对服务器需要指定 MOUNT 状态启动。当数据库模式为非 NORMAL 模式(PRIMARY、STANDBY 模式),无论是否指定启动状态,服务器启动时自动启动到 MOUNT 状态。

10.2.2　任务实施

1. 启动 DM8

(1)菜单方式。安装完成 DM8 数据库后(默认情况下安装成功后 DM 服务会自动启动),在 Windows 的开始菜单中选择如图 10-24 所示的"DM 服务查看器"选项可以启动 DM 数据库。

达梦数据库服务管理与连接

单击 DM 服务查看器选项后,会弹出如图 10-25 所示的窗口。

在弹出界面中选中所要启动的数据库并右击,在弹出的快捷菜单中选择"启动"命令即可。

图 10-24 "达梦数据库"菜单栏

图 10-25 "DM 服务查看器"窗口

(2) Windows 服务方式。安装 DM 数据库并且新建一个 DM 实例后,Windows 的服务中会自动增加一项和该实例名对应的服务。例如新建一个实例名为 DMSERVER 的 DM 数据库,Windows 的服务中会增加一项名称为 DmServiceDMSERVER 的服务。打开 Windows 的管理工具,选择"服务"选项,打开 Windows 服务控制台,如图 10-26 所示,选择 DmServiceDMSERVER,用鼠标在工具栏中单击"启动"按钮或者右击并在弹出的快捷菜单中选择"启动"命令,启动 DM 数据库。

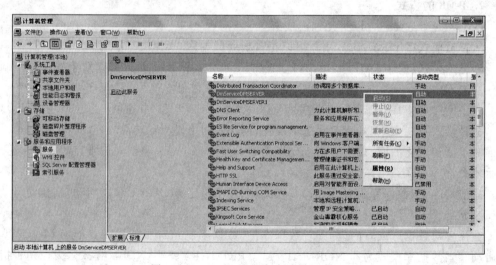

图 10-26 Windows 服务方式设置窗口

(3) 命令行方式。进入 DM 安装目录下的 bin 目录,直接打开应用程序 dmserver 就可以启动 DM 数据库。或者先打开 Windows 命令提示符工具,在命令工具中执行命令进入 DM 服务器的目录,再执行 dmserver 的命令启动 DM 数据库,如图 10-27 所示。

命令行方式启动如下:

```
dmserver [ini_file_path] [-noconsole] [mount]
```

其中参数说明如下。

- dmserver 命令行启动参数可指定 dm.ini 文件的路径,非控制台方式启动及指定数据库是否以 MOUNT 状态启动。关于数据库状态见下一节介绍。

- dmserver 启动时可不指定任何参数,默认使用当前目录下的 dm.ini 文件,如果当前目录不存在 dm.ini 文件,则无法启动。
- dmserver 启动时可以指定-noconsole 参数。如果以此方式启动,则无法通过在控制台中输入服务器命令。

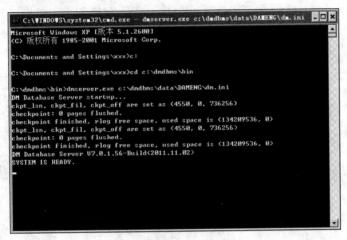

图 10-27 达梦命令行窗口

当不确定启动参数的使用方法时,可以使用 help 参数,会打印出格式、参数说明和使用示例。使用方法如下:

```
dmserver help
```

当以控制台方式启动 dmserver 时,用户可以在控制台输入一些命令,服务器将在控制台打印出相关信息或执行相关操作。支持的命令见表 10-1。

表 10-1 控制台常用命令表

命 令	操 作
EXIT	退出服务器
LOCK	打印锁系统信息
TRX	打印等待事务信息
CKPT	设置检查点
BUF	打印内存池中缓冲区的信息
MEM	打印服务器占用内存大小
SESSION	打印连接个数
DEBUG	打开 DEBUG 模式

无论是在何种操作系统下运行,DM 数据库在启动时都会进行 LICENSE 检查。若 LICENSE 过期或 KEY 文件与实际运行环境不配套,DM 服务器会强制退出。可通过查看 V$LICENSE 了解所安装的 DM 数据库的 LICENSE 信息。

2. 关闭 DM8

(1) 菜单方式。在 Windows 窗口中选择"开始"→"达梦数据库"→"DM 服务查看器"

命令,在弹出的界面中,选中要关闭的数据库并右击,在弹出的快捷菜单中选择"停止"命令。

(2) Windows 服务方式。安装 DM 数据库并且新建一个 DM 实例后。Windows 的服务中会自动增加一项和该实例名对应的服务。例如,新建一个实例名为 DMSERVER1 的 DM 数据库,Windows 的服务中会增加一项名称为 DmServiceDMSERVER1 的服务。打开 Windows 的管理工具,选择服务,打开 Windows 服务控制台,如图 10-28 所示,选择 DmServiceDMSERVER1,在工具栏中单击"停止"按钮或者右击并在弹出的快捷菜单中选择"停止"命令,关闭 DM 数据库。

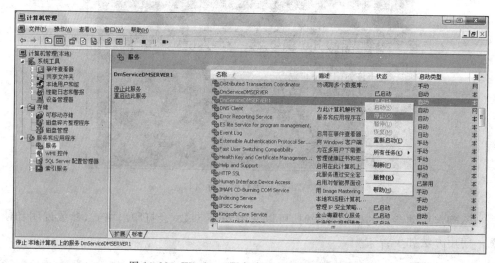

图 10-28　Windows 服务窗口关闭 DM 数据服务

(3) 命令行方式。在启动数据库的命令工具中输入 exit,然后按 Enter 键,关闭 DM 数据库,如图 10-29 所示。

图 10-29　命令行方式关闭 DM 数据服务

3. 登录达梦数据库

（1）打开 DM 管理工具。在开始菜单中选择"DM 管理工具"选项，如图 10-30 所示。

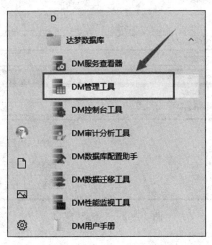

图 10-30　菜单中的 DM 管理工具

（2）单击"新建连接"按钮。也可以单击"注册连接"按钮，方法是一样的。只是需要在注册连接完成之后，双击连接对象再登录数据库，如图 10-31 所示。

（3）输入刚才创建数据库实例时配置的端口号、用户名及密码。因为是在本地创建的数据库，所以主机名选择 LOCALHOST。如果要连接远程主机的数据库，则输入远程主机的 IP 地址。

输入用户名及口令，通常使用 SYSDBA 数据库管理员进行登录，默认密码为 SYSDBA，如图 10-32 所示。

（4）连接成功。连接成功后，就可以对数据库的用户、表空间和表等进行操作维护了，如图 10-33 所示。

（5）修改连接名。当数据库的连接对象过多时，可以通过右击并在弹出的快捷菜单中选择"重命名"命令的方式修改数据库连接名，以便于区分不同的连接，如图 10-34、图 10-35 所示。

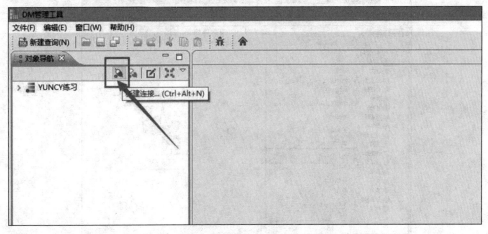

图 10-31　DM 管理工具中新建连接

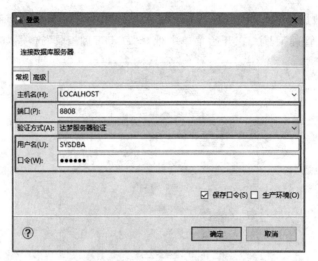

图 10-32 "登录"窗口

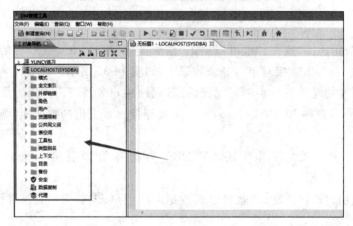

图 10-33 "DM 管理工具"主窗口及菜单栏

图 10-34 修改连接名

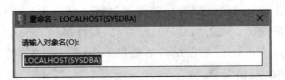

图 10-35　输入对象名对话框

任务 10.3　openGauss 数据库的安装

10.3.1　相关知识点

openGauss 是一款全面友好开放,携手伙伴共同打造的企业级开源关系型数据库。openGauss 提供面向多核架构的极致性能、全链路的业务、数据安全、基于 AI 的调优和高效运维的能力。openGauss 深度融合华为在数据库领域多年的研发经验,结合企业级场景需求,持续构建竞争力特性。

1. openGauss 介绍

openGauss 网站(https://opengauss.org/zh/)提供了有关 openGauss 软件的最新信息。

(1) openGauss 是一个数据库管理系统。数据库是结构化的数据集合。它可以是任何数据,购物清单、图片库或公司网络中的大量信息。要添加、访问和处理存储在计算机数据库中的海量数据,就需要一个数据库管理系统(DBMS)。数据库管理系统可以对数据库进行统一的管理和控制,以保证数据库的安全性和完整性。由于计算机非常擅长处理大量数据,因此数据库管理系统作为独立实用程序或其他应用程序的一部分在计算中发挥着核心作用。

(2) openGauss 数据库是关系型的。关系型数据库是指采用了关系模型来组织数据的数据库,其以行和列的形式存储数据。行和列被称为表,一组表组成了数据库。关系模型可以简单理解为二维表格模型,而一个关系型数据库就是由二维表及其之间的关系组成的一个数据组织。

(3) openGauss 的 SQL 部分代表"结构化查询语言"。SQL 是最常用的用于访问和处理数据库的标准计算机语言。根据编程环境,可以直接输入 SQL,将 SQL 语句嵌入以另一种语言编写的代码中,或者使用隐藏 SQL 语法的特定语言 API。

SQL 由 ANSI/ISO SQL 标准定义。SQL 标准自 1986 年以来一直在发展,并且存在多个版本。一般来说,SQL92 是指 1992 年发布的标准,SQL99 是指 1999 年发布的标准,SQL2003 是指 2003 年发布的标准。SQL2011 是指该标准的当前版本。openGauss 支持标准的 SQL92/SQL99/SQL2003/SQL2011 规范。

(4) openGauss 软件是开源的。开源意味着任何人都可以使用和修改软件。任何人都可以下载 openGauss 软件并使用它,而无须支付任何费用。可以研究源代码并对其进行更改以满足个人的需要。openGauss 软件使用木兰宽松许可证 V2 (http://license.coscl.org.cn/MulanPSL2/)来定义软件的使用范围。

2. openGauss 特性

openGauss 数据库具有高性能、高可用、高安全、易运维、全开放的特点。

(1) 高性能。提供了面向多核架构的并发控制技术结合鲲鹏硬件优化,在两路鲲鹏下 TPCC Benchmark 达成性能 150 万 tpmc。针对当前硬件多核 numa 的架构趋势,在内核关键结构上采用了 Numa-Aware 的数据结构。提供 Sql-bypass 智能快速引擎技术。针对频繁更新场景,提供 ustore 存储引擎。

(2) 高可用。支持主备同步,异步以及级联备机多种部署模式。数据页 CRC 校验,损坏数据页通过备机自动修复。备机并行恢复,10 秒内可升主提供服务。提供基于 paxos 分布式一致性协议的日志复制及选主框架。

(3) 高安全。支持全密态计算,访问控制、加密认证、数据库审计、动态数据脱敏等安全特性,提供全方位端到端的数据安全保护。

(4) 易运维。基于 AI 的智能参数调优和索引推荐,提供 AI 自动参数推荐。慢 SQL 诊断,多维性能自监控视图,实时掌控系统的性能表现。提供在线自学习的 SQL 时间预测。

(5) 全开放。采用木兰宽松许可证协议,允许对代码自由修改、使用,引用。数据库内核能力全开放。提供丰富的伙伴认证,培训体系和高校课程。

3. openGauss 安装硬件和软件环境

openGauss 服务器应具备的最低硬件要求。在实际产品中,硬件配置的规划需考虑数据规模及所期望的数据库响应速度,见表 10-2、表 10-3。

表 10-2 硬件环境要求

项目	配置描述
内存	功能调试建议 32GB 以上。 性能测试和商业部署时,单实例部署建议 128GB 以上。 复杂的查询对内存的需求量比较高,在高并发场景下,可能出现内存不足。此时建议使用大内存的机器,或使用负载管理限制系统的并发
CPU	功能调试最小 1×8 核 2.0GHz。 性能测试和商业部署时,建议 1×16 核 2.0GHz。 个人开发者最低配置 2 核 4G,推荐配置 4 核 8G。 目前,openGauss 仅支持鲲鹏服务器和基于 X86_64 通用 PC 服务器的 CPU
硬盘	用于安装 openGauss 的硬盘需最少满足以下要求。 至少 1GB 用于安装 openGauss 的应用程序。 每个主机需大约 300MB 用于元数据存储。 预留 70% 以上的磁盘剩余空间用于数据存储。 建议系统盘配置为 Raid1,数据盘配置为 Raid5,且规划 4 组 Raid5 数据盘用于安装 openGauss。 有关 Raid 的配置方法请参考硬件厂家的手册或互联网上的方法进行配置,其中 Disk Cache Policy 一项需要设置为 Disabled,否则机器异常掉电后有数据丢失的风险。 openGauss 支持使用 SSD 盘作为数据库的主存储设备,支持 SAS 接口和 NVME 协议的 SSD 盘,以 RAID 的方式部署使用
网络要求	300 兆以上以太网。 建议网卡设置为双网卡冗余 bond。有关网卡冗余 bond 的配置方法请参考硬件厂商的手册或互联网上的方法进行配置

表 10-3　软件环境要求

软件类型	配置描述
Linux 操作系统	ARM 架构： openEuler 20.3LTS（推荐采用此操作系统） 麒麟 V10 X86 架构： openEuler 20.3LTS CentOS 7.6
Linux 文件系统	剩余 inode 个数 > 15 亿（推荐）
工具	bzip2

10.3.2　任务实施

1. 获取安装包

（1）从 openGauss 开源社区下载对应平台的安装包。登录 openGauss 开源社区（www.opengauss.org）。

选择对应平台的最新安装包下载。对于个人开发者或非企业级环境，下载极简安装包（不安装 OM 等组件）即可，如图 10-36 所示。

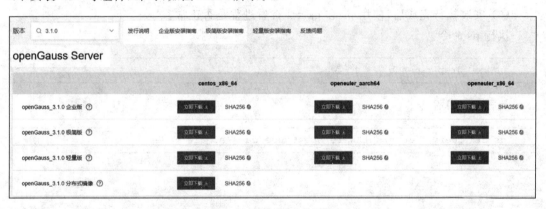

图 10-36　官网下载页面

选择相应的版本，单击"下载"按钮。

本书中以轻量版为例讲解。

（2）检查安装包。解压安装包，检查安装目录及文件是否齐全，在安装包所在目录执行以下命令。

```
mkdir openGauss
tar -jxf openGauss-3.1.0-openEuler-64bit.tar.bz2 -C openGauss
ls -lb openGauss/
```

2. 开始安装

（1）创建用户组 dbgroup。

```
groupadd dbgroup
```

（2）创建用户组 dbgroup 下的普通用户 omm。

```
useradd -g dbgroup omm
passwd omm
```

（3）使用 omm 用户登录到 openGauss 包安装的主机，解压 openGauss 压缩包到安装目录。

```
tar -jxf openGauss-3.1.0-openEuler-64bit.tar.bz2 -C /opt/software/openGauss
```

（4）假定解压包的路径为/opt/software/openGauss，进入解压后目录下的 simpleInstall。

```
cd /opt/software/openGauss/simpleInstall
```

（5）执行 install.sh 脚本安装 openGauss。

```
sh install.sh -w xxxx
```

上述命令中，-w 是指初始化数据库密码（gs_initdb 指定），安全需要必须设置。

（6）安装执行完成后，使用 ps 和 gs_ctl 查看进程是否正常。

执行 ps 命令。

```
ps ux | grep gaussdb
```

执行 gs_ctl 命令。

```
gs_ctl query -D /opt/software/openGauss/data/single_node
```

参 考 文 献

[1] 贺桂英. MySQL 数据库技术与应用[M]. 广州:广东高等教育出版社,2017.
[2] 曾凤生,郑燕娥. 数据库原理及应用(MySQL)[M]. 北京:中国铁道出版社,2019.
[3] 王珊,萨师煊. 数据库系统概论[M]. 5 版. 北京:高等教育出版社,2014.
[4] MySQL 官网. https://www.mysql.com/cn/[EB/OL].
[5] 华为技术有限公司. 数据库原理与技术——基于华为 GaussDB[M]. 北京:人民邮电出版社,2021.
[6] 华为技术有限公司. 数据库原理与技术实践教程——基于华为 GaussDB[M]. 北京:人民邮电出版社,2021.
[7] 传智播客. MySQL 数据库入门[M]. 北京:清华大学出版社,2020.
[8] 张海粟. 达梦数据库应用基础[M]. 2 版. 北京:电子工业出版社,2021.
[9] 袁晓洁,孙国荣. 数据库原理和实践教程 GBase 8t Based on Informix 剖析与应用[M]. 北京:电子工业出版社,2015.
[10] 王庆喜,赵浩婕. MySQL 数据库应用教程[M]. 北京:中国铁道出版社,2016.
[11] 贺桂英,周杰. 信息安全技术[M]. 北京:人民邮电出版社,2018.
[12] 史蒂芬·弗伊尔斯坦,比尔·普里比尔. Oracle PL SQL 程序设计[M]. 6 版. 北京:人民邮电出版社,2022.
[13] 前瞻经济学人 APP. https://baijiahao.baidu.com/s?id=1747371176076734167&wfr=spider&for=pc[EB].